高等学校计算机专业规划教材

# Java基础与应用

王养廷 李永飞 郭慧 编著

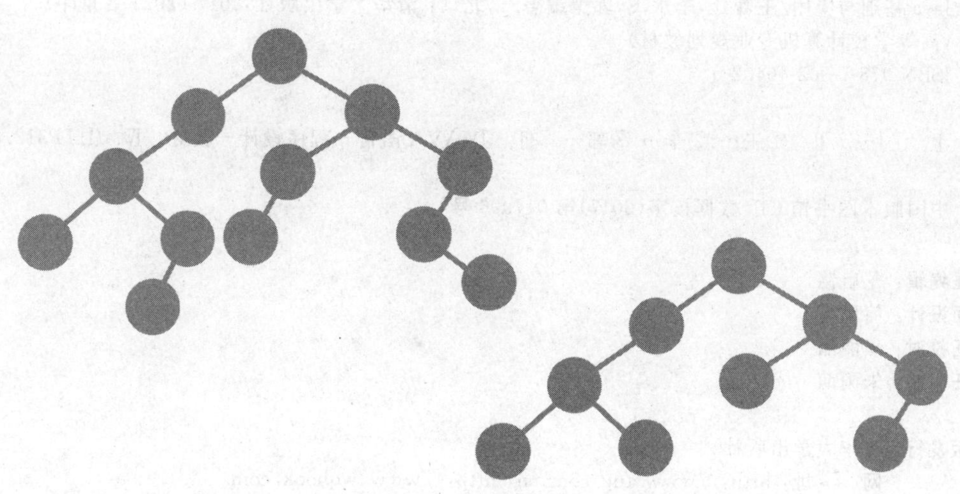

清华大学出版社
北京

## 内容简介

本书从程序设计的角度来介绍Java语言，阐述如何应用Java语言设计出有Java特色的应用程序。全书共分三篇，第一篇为Java基础，介绍Java的开发环境、程序开发过程、基本的语法、语句，重点介绍应用Java语言进行简单Java程序的开发过程，强调程序的设计过程和调试过程；第二篇为Java面向对象程序设计，介绍应用Java语言的类、对象、接口来设计面向对象的Java程序，通过一个个实例展示什么是面向对象程序设计，如何设计有Java特色的面向对象程序，并给出了有Java语言特色的简单框架程序；第三篇为Java应用开发，给出了多个Java应用实例，这些实例采用层层推进、模块组合的方式，从简单的功能开始，逐步增加内容，最后完成一个有一定规模且实用的基于网络的学生成绩查询管理系统。

本书内容浅显易懂，按照问题来组织内容，每章解决一个问题，围绕这个问题来设计程序，讲解所用到的相关知识，让读者通过实例学习Java程序设计，逐步培养Java程序设计思路。本书既可以作为高等学校学生学习Java程序设计的教材，也可以作为自学Java语言读者的参考书。



**图书在版编目(CIP)数据**

Java基础与应用/王养廷，李永飞，郭慧编著. —北京：清华大学出版社，2017（2021.8重印）
（高等学校计算机专业规划教材）
ISBN 978-7-302-46402-0

Ⅰ. ①J…　Ⅱ. ①王…　②李…　③郭…　Ⅲ. ①JAVA语言—程序设计—教材　Ⅳ. ①TP312.8

中国版本图书馆CIP数据核字(2017)第017906号

**责任编辑**：龙启铭
**封面设计**：何凤霞
**责任校对**：焦丽丽
**责任印制**：朱雨萌

**出版发行**：清华大学出版社
**网　址**：http://www.tup.com.cn，http://www.wqbook.com
**地　址**：北京清华大学学研大厦A座　　**邮　编**：100084
**社 总 机**：010-62770175　　**邮　购**：010-83470235
**投稿与读者服务**：010-62776969，c-service@tup.tsinghua.edu.cn
**质量反馈**：010-62772015，zhiliang@tup.tsinghua.edu.cn
**课件下载**：http://www.tup.com.cn，010-83470236
**印 装 者**：三河市龙大印装有限公司
**经　销**：全国新华书店
**开　本**：185mm×260mm　　**印　张**：23.25　　**字　数**：538千字
**版　次**：2017年2月第1版　　**印　次**：2021年8月第7次印刷
**定　价**：49.00元

---

产品编号：071644-01

# 前言

本书从程序设计的角度介绍如何应用 Java 语言编写程序，全书共计25 章，每一章都按照问题的解决过程进行组织，重点讲述程序设计的过程。本书不是系统地介绍 Java 语言的语法和知识点，而是重点讲解设计程序中最常用的语法和知识点。本书的重点是使读者学会如何应用 Java 语言来设计程序，而非 Java 语言本身。

在学习 Java 语言的过程中，经常会遇到下面三个问题：第一个问题是怎样能够自己独立编写 Java 程序并得到运行结果？第二个问题是如何编写出有别于其他语言的具有 Java 自身特点的程序？第三个问题是如何编写出有一定规模的 Java 程序？第一个问题是学习各种语言都会遇到的问题，学习者能够学会语言的语法和知识，但是不知道怎样编写程序，也不知道如何修改程序中的错误以得到正确的运行结果。本书的第一部分重点介绍设计程序的过程，包括程序的编写、编译和运行过程以及常见错误的分析和修改，让学习者不断地编写程序、编译程序、运行程序，最后能够独立完成程序的编写与调试。因此本书第一篇在内容安排上重点介绍如何设计程序，给出程序的运行过程，列出常见问题，让学习者可以逐步学会独立完成程序，通过看到自己程序的正确结果逐步培养学习 Java 语言的兴趣和自信心。第二个问题更加重要，多数学校都是先开设 C 语言课程，再开设 Java 课程，因此在学习 Java 的时候很容易产生一个错觉，觉得 Java 语法和 C 语言很像，二者应该差不多。但实际上两者差别很大，C 语言是从处理流程来组织程序，而 Java 语言是从对象角度组织程序。C 语言的核心和精华是函数和指针，Java 语言的核心是封装、继承和多态。学习 Java 语言的基础是类，主要是如何组织一个类，处理流程只是类内方法的任务。因此本书第二篇从对象的角度来组织实例，从基础知识程序平滑地过渡到类的设计，并带领学习者逐步学习面向对象编程的思想，最后能够设计出有面向对象味道和特色的程序，例如框架程序。第三个问题也很重要，实际的软件项目的规模都非常大，几十万行程序很常见，简单演示程序与大程序之间在组织、设计和实现上都有很大区别。因此需要在学习 Java 语言时，能够尝试编一些大一点的程序，逐步了解和掌握如何开发有一定规模的程序。本书第三部分设计了多个实例，这些实例相互关联，逐步深入，经过不断扩充和完善，最后形成一个比较大的程序。另外本书还强调程序设计的规范，要求学习者不仅能够写出可以运行的程序，还应让程序代码符合规范。

本书内容上组织成三篇。第一篇是Java基础，包括第1～6章，从设计一个最简单的Java程序开始，学习Java程序的编辑、编译和运行过程；学习Java语言的基本语法，包括类型、变量、表达式；学习Java语言的基本语句，分支结构和循环结构；学习Java语言的数组；学习如何设计Java方法，进行方法提取。第二篇是面向对象程序设计，包括第6～20章，讲解Java语言中类的定义和组成；对象实例化过程；类的封装和Java类的构成；类的组合关系和类的继承关系；继承的实现方法；类的静态属性和静态方法；对象多态的实现；抽象类和接口的定义与应用，最后给出一个体现面向对象特色的框架程序实例。第三篇是Java应用开发，包括第21～25章，学习如何应用Java语言来开发规模更大的程序，从学生成绩排序开始讲起，介绍基本的排序方法和应用集合类提供的排序方法实现排序；接下来介绍如何保存学生的信息，分别实现了保存到文件和数据库两种方法，并实现了对存储后的数据的读取和修改；为了更直观地查看学生信息和成绩，进一步提供了图形界面的学生成绩管理；最后提供了基于网络应用的客户机/服务器结构的学生成绩管理，并改进为多线程的学生成绩查询，这5章的内容既相互独立，又相互关联，层层推进，最后形成一个具有一定实用性的学生成绩管理系统。

本书前20章按照同一个模式组织，各章分为示例程序、相关知识、训练程序、拓展知识和实做程序五个部分。示例程序从提出问题开始，给出解决问题的程序和运行结果。接下来在相关知识中介绍本章用到的Java语法和知识点。在此基础上给出一个相似的问题，参考示例程序进行分析，设计出程序。随后给出的拓展知识是提高部分，适合想深入学习Java程序设计的读者，主要是对Java语言的实现机理和相关内容的深入探讨，读者也可以跳过这一节。最后给出实做程序，让读者在学习本章内容的基础上进行实际程序设计练习，检验自己的学习情况。后5章主要是从软件开发的角度进行介绍，并给出了一些程序的拓展点，读者可以在理解程序的基础上进行拓展，完善程序功能。

本书的全部程序都已在JDK1.6环境下编译通过，每一章的示例程序、训练程序、相关知识和拓展知识中的程序段都有对应的实例。本书讲解的大量实例是逐步改进的，每一次改进的程序分别放在不同的章节目录下，实做程序都给出了参考实现，所有程序都已经编译通过并运行正确。

本书为任课教师提供配套的教学资源，包括电子教案、本书用到的软件、实例程序和参考实做程序。需要的读者可以从出版社网站www.tup.com.cn下载。另外本书作者提供了一个QQ群：275116341，欢迎使用教材的教师加入，一起探讨教材及相关问题。

本书第1～10章由郭慧编写，第11～20章由王养廷编写，第21～25章由李永飞编写，全书由王养廷负责统稿。对本书的不足和错误之处，恳请读者批评和指正。

作　者

2017年1月

# 目录

## 第一篇 Java基础

## 第 9 章 完善 Student 类 /94



## 第 10 章 Student 类组合 /111



## 第 11 章 Student 类方法重载 /125



## 第 12 章 Student 类实例计数 /134



## 第 13 章 泛化类 Person /145

# 第一篇

# Java 基 础

Java 语言作为最流行的程序设计语言，受到越来越多的程序设计语言学习者的关注，想学好 Java 程序设计语言需要从最基础的语法、语句和最基本的程序学起。

本篇从设计一个最简单的 Java 程序开始，学习 Java 程序的编辑、编译和运行过程；学习 Java 语言的基本语法，包括类型、变量、表达式；学习 Java 语言的基本语句、分支结构和循环结构；学习 Java 语言的数组；学习如何设计 Java 方法，进行方法提取。通过设计一个一个的简单程序来学习 Java 语言的基础知识。

像其他所有的计算机语言一样，Java 程序设计语言也只是一个工具，学习 Java 编程不仅需要学习基本知识，更重要的是练习写程序，通过不断的程序编写实践，最终学会这门计算机语言。因此在本书的第一篇中重点学习如何来设计出一个个 Java 语言小程序，并能让这些程序运行起来。当程序在编译和运行中出现错误时，学会如何查找错误、分析产生问题的原因、修改程序中的问题。发现错误和修改错误就是调试程序，这是一个程序员的基本功。希望通过不断编写程序、调试程序的练习，逐步学会自己独立完成一个程序的设计和运行，能够编写 Java 小程序，解决一些小问题，并通过成功程序的积累，逐步建立学习 Java 语言的信心，逐渐培养编写程序的愿望和兴趣，逐步走进 Java 程序设计的世界。

# 第1章 第一个 Java 程序

**学习目标**

- 了解 Java 程序的基本结构,掌握简单 Java 程序的编写方法,掌握 Java 程序的编辑、编译和运行步骤;
- 掌握 Java 开发工具包的安装和配置方法;
- 了解 Java 程序的编写规范,了解 Java 程序的运行机制。

## 1.1 示例程序

Java 程序设计语言是目前最流行的程序设计语言之一,也是面向对象程度较高的程序设计语言,此处不讨论 Java 程序设计语言的相关背景和特点,而是从一个 Java 程序入手来告诉大家如何学习 Java 程序设计,如何使用 Java 语言来编写程序。下面开始第一个 Java 程序。

### 1.1.1 HelloWorld 程序

几乎所有的程序设计语言教材都是从显示"HelloWorld"的程序开始的,本书也从这个最简单的 Java 程序开始,编写显示字符串"HelloWorld!"的程序,如程序 1.1 所示。

**【程序 1.1】** 程序 HelloWorld.java。

```
public class HelloWorld {
    public static void main(String[] args){
        System.out.println("Hello World!");
    }
}
```

程序 1.1 的编译和运行结果如图 1.1 所示。在当前目录下输入命令:

```
javac HelloWorld.java
```

编译程序 HelloWorld.java,如果编译正确则没有任何提示。编译完成后,可以在当前目录下看到多了一个文件 HelloWorld.class,这个文件是 Java 程序的编译结果,见到这个文件表示编译成功。下一个是运行命令:

```
java HelloWorld
```

运行编译好的 Java 程序 HelloWorld.class 文件。图 1.1 是运行结果，显示字符串"Hello World!"。

```
D:\program\unit1\1-1\1-1>javac HelloWorld.java

D:\program\unit1\1-1\1-1>java HelloWorld
Hello World!
```

图 1.1　程序 1.1 运行结果

### 1.1.2　HelloWorld 程序分析

程序 1.1 是一个最简单的程序，显示字符串"Hello World!"。Java 程序是按照类进行组织的，一般情况下，一个类对应一个源程序文件。类的关键字是 class，一个类的结构如下：

```
public class HelloWorld{
    ...
}
```

关键字 public 用来定义类的访问权限(关于访问权限将在第 8 章中详细讲解，目前将所有类都声明为 public 就可以了)。关键字 class 是类的标识，表示要定义一个类。HelloWorld 是类名，类名是用户自己定义的。大括号{}中的内容是类体，是类中定义的具体内容。程序 1.1 在类中定义了一个 main()方法，方法样式如下：

```
public static void main(String[] args){
    ...
}
```

方法 main()是程序的主方法，也就是执行程序的入口，目前 main()方法的定义格式按照程序 1.1 样式来写就可以，第 7 章将进一步介绍这个方法。程序 1.1 的 main()方法中有一条语句，用于输出字符串"Hello World!"。

```
System.out.println("Hello World!");
```

这条语句的作用是输出一个字符串，字符串的内容就是在括号中的"Hello World!"。读者现在只要能够按照程序 1.1 所示的样子来编写程序就可以了，一些相关内容将在后面逐步进行介绍和讲解。

## 1.2　相关知识

看到程序 1.1 的运行结果，大家一定想知道应该怎样编写一个 Java 程序，得到运行结果。想编写一个 Java 程序，需要在计算机上安装和配置 Java 开发工具包，然后编辑程

序、编译程序、运行程序，最后就可以看到结果了。

### 1.2.1　下载安装工具包

Java 开发工具包可以从 SUN 公司（Oracle 公司）网站上下载，或者是从其他的网站下载。开发包有不同的版本，目前最新的版本是 1.8。对于初学者来说，只要有一个 1.5 或者以上的版本就可以了，高版本中一些新的内容初学者用不到。建议大家使用 1.6 版本，这个版本是一个广泛使用的版本，可以方便找到各种资料。本书也是以 1.6 版本为例进行介绍，其他版本也都类似，书中讲解的例子在 1.5 及 1.6 版本上都可以运行。

Java 开发工具包有两个部分 JDK 和 JRE。JDK（Java Development Kit，Java 开发包）为开发者提供 Java 开发环境，JRE（Java Runtime Environment，Java 运行环境）是运行 Java 程序所需要的环境，如果只是为了运行 Java 程序，仅安装 JRE 也可以。JDK 中包括了 JRE 中的运行环境，所以对于开发者只安装 JDK 就可以了。

本书使用 1.6 版本安装包 jdk-6u10-rc2-bin-b32-windows-i586-p-12_sep_2008.exe。运行安装包后开始安装，按照安装程序的提示一步一步进行安装就可以了。安装程序默认的安装目录是 C:\Program Files，建议自己新建一个安装目录，例如 D:\Java，把程序安装到自己指定的目录下，如图 1.2 所示。另外，建议在安装到图 1.2 步骤时，将“源代码”左侧的箭头选中，这样安装程序会把 JDK 基础库的源码安装到安装目录下，方便以后开发程序时参考。

安装完成后可以在 Java 目录下看到两个子目录：jdk1.6.0 和 jre1.6，分别存放了安装的 JDK 和 JRE，安装好的 JDK 目录结构如图 1.3 所示。

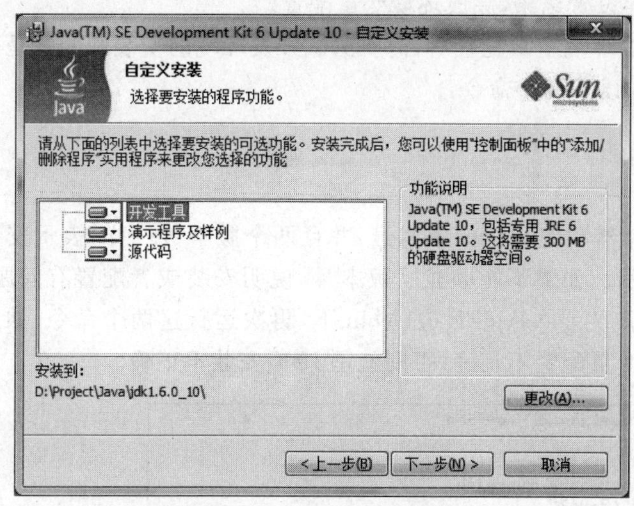

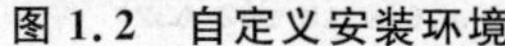
图 1.2　自定义安装环境

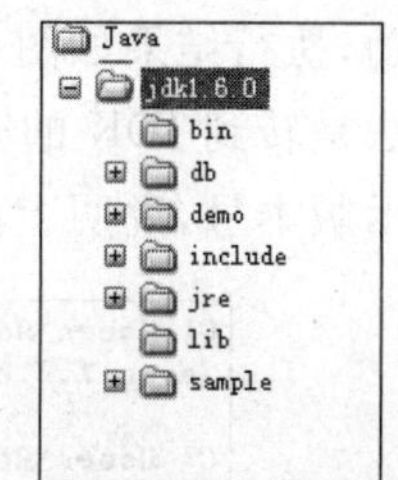

图 1.3　JDK 安装目录结构

### 1.2.2　配置

安装完成后，需要对相关的环境变量进行配置。配置环境变量的过程对于不同的操作系统版本有所不同，下面以 Windows XP 为例进行配置，其他的系统的配置过程可以自已到网上查找相关的资料。

第一步，右击“我的电脑”，出现弹出菜单，选择“属性”项，弹出“系统属性”对话框，选择“高级”页，单击“环境变量”按钮，弹出“环境变量”窗口，如图 1.4 所示。

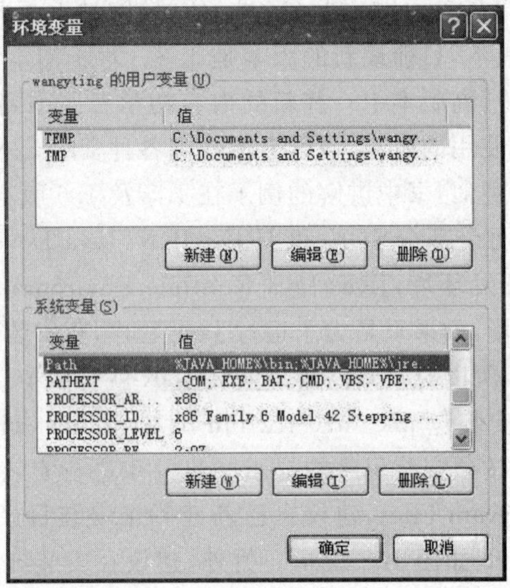

图 1.4 “环境变量”窗口

第二步，设置环境变量，新建环境变量 JAVA_HOME，添加值为 JDK 所在目录，如“D:\java\jdk1.6.0”，保存设置。编辑变量 Path，在前面输入字符串“%JAVA_HOME%\bin;”，结果如图 1.4 所示。保存设置结果，完成环境变量配置。

第三步，测试开发环境。完成环境变量配置后，需要测试开发环境的安装和配置是否正确，打开 cmd 命令行窗口，输入以下两个命令：

```
javac -version
java -version
```

如果能够正确显示 Java 编译器和虚拟机的版本号，并且两个版本号一样，表示安装配置成功，执行结果如图 1.5 所示。如果不能够显示版本号，说明安装或者配置有问题，判断方法是转到 JDK 的安装目录 D:\java\jdk1.6.0\bin 下，再次运行这两个命令，如果可以显示版本号，说明上面环境变量配置不正确；否则就是 JDK 安装不正确。

```
C:\Users\Administrator>javac -version
javac 1.6.0_10-rc2

C:\Users\Administrator>java -version
java version "1.6.0_10-rc2"
Java(TM) SE Runtime Environment (build 1.6.0_10-rc2-b32)
Java HotSpot(TM) Client VM (build 11.0-b15, mixed mode, sharing)
```

图 1.5 配置测试结果

特别说明，设置环境变量的作用是为了在任意目录下都可以访问 JDK 的 bin 目录下的程序，执行用于编译和运行程序的 java.exe 和 javac.exe 程序。

### 1.2.3　编辑程序

有了 Java 开发工具包就可以开发 Java 程序了，但在开发程序之前先做一些准备工作。为了方便管理，建议创建一个目录来存放自己编写的 Java 程序，例如，本书的样例程序都存放在目录“D:\program”中。如果分得再细一点，可以为每一章再分别创建一个子目录，例如第 1 章的程序存放在子目录“D:\program\unit1”中。

为了输入和编辑 Java 的源程序，还需要一个编辑工具。常见的编辑工具很多，目前常用的有 UltraEdit 和 EditPlus 等，作者使用的是 UltraEdit 编辑器。如果没有专用的编辑器，也可以使用 Windows 的记事本。

准备工作完成后，就可以开始编写源程序了。打开编辑器，输入 Java 程序代码，输入完成后，保存源程序文件。需要说明的是，保存的文件名必须与类名一样，并且扩展名是“.java”。例如，程序 1.1 对应的文件名为“HelloWorld.java”。程序保存完成后，进入程序所在的目录，如“D:\program\unit1\1-1\1-1”，可以看到该目录下有刚刚保存的 Java 源程序 HelloWorld.java。目录结构和文件如图 1.6 所示。

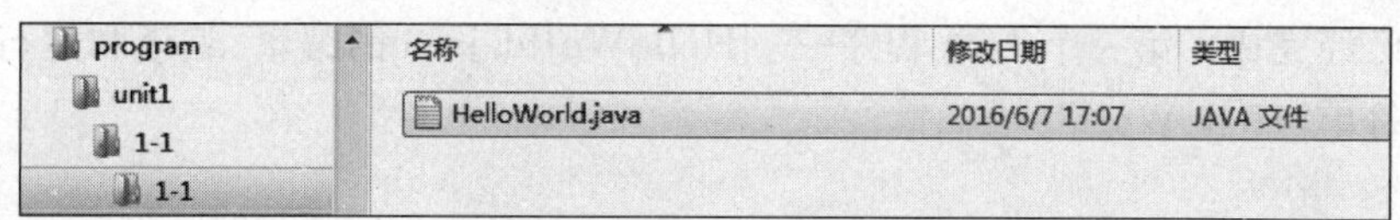


图 1.6　Java 源程序文件

有的读者也许会问为什么不使用集成开发环境(例如 Eclipse)来开发 Java 程序？集成开发环境的确很方便，也可以提高开发效率，但却隐藏了很多具体的实现细节，不利于初学者理解 Java 程序的开发过程。因此作者强烈推荐 Java 初学者使用简单的编辑工具来编写程序，等到有了一定的基础后再选择合适的集成环境进行开发。

### 1.2.4　编译运行程序

保存好 Java 源程序，就可以编译源程序了。编译命令把源程序编译成目标程序，在 Windows 的 cmd 命令行窗口中进入源程序所在的目录，执行编译命令 javac，输入命令：

```
javac HelloWorld.java
```

编译过程如图 1.7 所示。

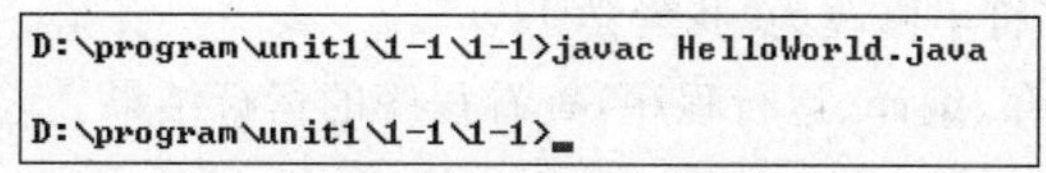


图 1.7　编译源程序

编译如果有错误，则给出错误提示。如果没有错误，再次查看“D:\program\unit1\1-1\1-1”目录下的文件结构，如图 1.8 所示。除原来的 Java 源程序文件 HelloWorld.java 外，又多了一个目标文件 HelloWorld.class。目标文件在 Java 中称为字节码文件或者 class 文件。

编译完成后，就可以使用 java 命令运行 Java 的字节码(class)文件，输入命令：

```
java HelloWorld
```

运行结果如图 1.9 所示。

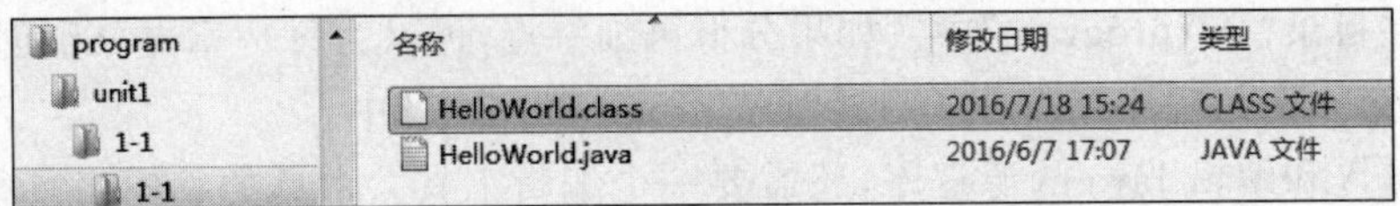


图 1.8　字节码文件

```
D:\program\unit1\1-1\1-1>javac HelloWorld.java

D:\program\unit1\1-1\1-1>java HelloWorld
Hello World!

D:\program\unit1\1-1\1-1>
```

图 1.9　程序运行结果

至此已经完成了第一个 Java 程序——HelloWorld.java 的编辑、编译和运行，结果显示一个字符串“HelloWorld!”。

## 1.3 训 练 程 序

下面参照程序 1.1，尝试自己编写一个 Java 程序，显示字符串“我爱学 Java”，通过这个程序学会如何自己编写一个 Java 程序。

### 1.3.1 程序分析

在编写程序之前，需要想一想应该如何来写这个程序，也就是进行程序设计，简单说就是整理一下思路，或者说打个草稿。先来看看要写的这个程序与程序 1.1 的相似之处，都是显示一个字符串，只是显示的内容不同。由此可以这样来编写程序：

(1) 要编写程序的框架与程序 1.1 相同。

(2) 程序的类名可以自己定义，例如 HappyJava，这样对应的源程序文件名就是 HappyJava.java。

(3) 程序显示的字符串修改为“我爱学 Java”。

修改好程序后，保存、编译、运行程序，查看程序的运行结果。

### 1.3.2 参考程序

为了方便读者学习，这里给出了参考程序 1.2。需要说明的是，程序是个人对问题的理解和给出的解决方法，每个人写的程序可能不会完全相同，只要能够完成要求的功能就可以了。因此给出的程序称为参考程序，供读者写程序时候参考，读者所写的程序不必与这个程序完全一样。

**【程序 1.2】** 程序 HappyJava.java。

```
public class HappyJava{
    public static void main(String[] args){
        System.out.println("我爱学 Java ");
    }
}
```

### 1.3.3 程序调试

前面讲的程序比较简单，每次编译都能够正确通过，运行后也能够得到正确的结果。但在实际的程序开发中完全不是这个样子，编写的程序在编译时可能出现错误，运行时也不一定能够得到希望的结果。在这种情况下就需要进行程序调试，找出程序的问题所在。

所谓的程序调试就是检查自己的想法和计算机的执行过程在哪里出现了不一致，找到这个地方，分析计算机是如何执行这段程序的，从而修改自己的程序，最终让程序能够按照自己的想法执行。例如，如果把程序 1.2 中的语句：

```
System.out.println("我爱学 Java ");
```

修改为：

```
System.out.println("我爱学 Java );
```

保存后重新编译就会报错，错误信息如图 1.10 所示。

```
D:\program\unit1\1-3\3-1>javac HappyJava.java
HappyJava.java:3: 未结束的字符串字面值
        System.out.println("我爱学Java);
                           ^
HappyJava.java:3: 需要 ';'
        System.out.println("我爱学Java);
                                       ^
HappyJava.java:5: 进行语法解析时已到达文件结尾
}
 ^
3 错误
```

**图 1.10　程序编译错误信息**

出现错误后，首先要分析原因。在编译时，编译器给出的错误都是语法错误，也就是说程序语句不符合 Java 的语法格式。对于语法错误，需要认真检查和比对，找到出错的位置，然后修改源程序，保存后再次进行编译，直到通过为止。从图 1.10 中的错误提示可以看出，程序 HappyJava.java 的第 3 行出现一个错误，提示是“未结束的字符串字面值”。这个提示的意思是在第 3 行有一个字符串没有结束，就是字符串两端少了一个引号，进一步在下面的提示指示了字符串开始和结束的位置。知道错误后，就可以找到错误位置并进行修改，修改后再次编译，直到编译正确为止。编译正确的程序在运行时可能还会出现错误，例如，将语句：

```
public static void main(String[] args){
```

修改为：

```
public static void main1(String[] args){
```

这时候编译正确，但运行的时候会报错，错误信息如图 1.11 所示。

```
D:\program\unit1\1-3\3-1>javac HappyJava.java

D:\program\unit1\1-3\3-1>java HappyJava
Exception in thread "main" java.lang.NoSuchMethodError: main
```

图 1.11　程序运行错误

同样需要分析错误原因，根据给出的错误提示是找不到 main 方法，可以分析出产生错误的位置是方法名，进行修改后再次编译运行，直到运行结果正确为止。

刚开始编写 Java 程序的时候，很多读者一看到编译器报错或者运行结果出错就不知所措了，这时候需要静下心来仔细研究错误提示，按照提示信息一步一步找到错误，并进行修改。如果看不懂错误提示，可以到网上搜索一下错误的含义以及修改方法。刚开始编写程序时遇到的错误一般都是比较简单的错误，很容易在网上找到答案。修改错误的过程，可以有效提高自己的程序设计能力，提高自己学习 Java 语言的兴趣和自信心。

## 1.4　拓展知识

### 1.4.1　开发工具

Eclipse 是目前主流的 Java 开发工具，它是一种可扩展的开放源代码 IDE。2001 年 11 月，IBM 公司捐出价值 4000 万美元的源代码组建了 Eclipse 联盟，并由该联盟负责该工具的后续开发。业界厂商合作创建了 Eclipse 平台，允许在同一 IDE 中集成来自不同供应商的工具，并实现了 Java 开发工具之间的互操作性，从而显著改变了项目工作流程，使开发者可以专注在实际的嵌入式目标上。Eclipse 的最大特点是它能接受由 Java 开发者自己编写的开放源代码插件，为工具开发商提供了更好的灵活性，使它们能更好地控制自己的软件技术。

MyEclipse 企业级工作平台（MyEclipse Enterprise Workbench，MyEclipse）是对 Eclipse IDE 的扩展，它可以在数据库和 J2EE 的开发、发布以及应用程序服务器的整合方面极大地提高工作效率。它是功能丰富的 J2EE 集成开发环境，包括了完备的编码、调试、测试和发布功能，完整支持 HTML、Struts、JSF、CSS、JavaScript、SQL、Hibernate。MyEclipse 是 Eclipse 的插件，也是一款功能强大的 J2EE 集成开发环境，支持代码编写、配置、测试以及除错。

除了以上两个主流的 Java 开发工具，市面上还有一些其他的开发 Java 开发工具，读者如果感兴趣可以到网上自己查找相关资料，在此不再赘述。

### 1.4.2　Java API 文档

与所有程序设计语言一样，为了方便开发者开发程序，Java 设计者提供了开发 Java

程序的 Java API 文档。该文档中列出了 Java 语言用到的基础类库中各个类的说明，包括类的属性和方法的说明。学习 Java 程序设计语言，首先要学会如何自己应用 Java API 文档来查找所需的类、方法的说明。说明文档样式如图 1.12 所示。不同版本的 Java 对应有不同的 Java API 文档，读者可以到网上下载相应的文档，方便随时查阅。

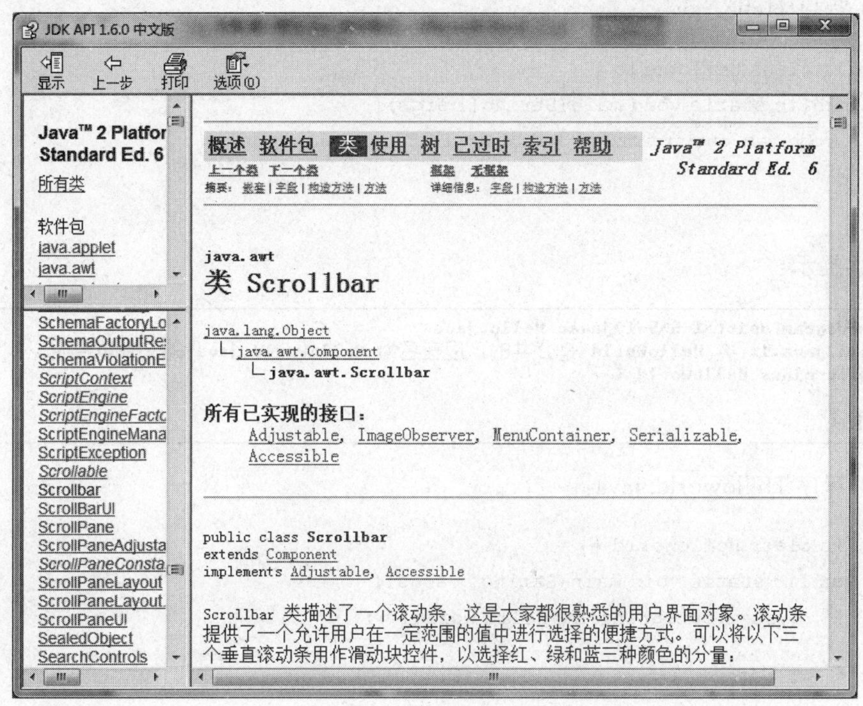


图 1.12 Java API 文档

### 1.4.3 编码规范

好的程序不仅能够实现需要的功能，还应该符合开发规范。不同公司有不同的开发规范，但这些规范大同小异。SUN 公司提供了 Java 的编码规范，可以作为大家开发 Java 程序的指导。关于编码规范详细说明可以下载文档 Java code convention。建议读者在以后的学习中也按照规范的要求来编写程序。

有的读者可能会问：程序能够完成功能不就可以了吗？为什么要按照编码规范来编写程序？学习程序设计的目的是为了将来从事软件开发工作，软件企业要求员工不仅能够编写完成指定功能的程序，还要求员工编写的程序符合开发规范要求。符合规范的程序可以避免一些潜在的错误，提高程序的可读性，方便其他人阅读你写的程序。既然是软件公司通行的需要，学习 Java 语言的同时也要学会编码规范。

编码规范的详细说明可以参见文档 Java code convention，如果不想详细学习这个文档，只要能够按照本书所给的编码格式来编写程序，基本上也可以做到符合规范要求。

## 1.5 实做程序

1. 分析下列程序或操作出现错误的原因,并改正错误。

(1) 程序 Hello.java:

```
public class HelloWorld {
    public static void main(String[] args){
        System.out.println("Hello World!");
    }
}
```

错误提示:

```
D:\program\unit1\1-5\5-1>javac Hello.java
Hello.java:1: 类 HelloWorld 是公共的, 应在名为 HelloWorld.java 的文件中声明
public class HelloWorld {
       ^
1 错误
```

(2) 程序 Helloworld.java:

```
public class HelloWorld {
    public static void main(String[] args){
        system.out.println("Hello World!");
    }
}
```

错误提示:

```
D:\program\unit1\1-5\5-1>javac Helloworld.java
Helloworld.java:3: 软件包 system 不存在
              system.out.println("Hello World! ");
                    ^
1 错误
```

2. 请分析下面执行命令中的错误,并改正错误。

(1) 使用 javac 命令对 HelloWorld.java 进行编译后,使用 HelloWorld 命令执行程序:

```
D:\program\unit1\1-5\5-2>javac HelloWorld.java

D:\program\unit1\1-5\5-2>HelloWorld
```

(2) 使用 javac 命令对 HelloWorld.java 进行编译后,使用 java HelloWorld.class 命令执行程序:

```
D:\program\unit1\1-5\5-2>javac HelloWorld.java

D:\program\unit1\1-5\5-2>java HelloWorld.class_
```

(3) 使用 javac 命令对 HelloWorld.java 进行编译后,使用 java Helloworld.java 命令

执行程序：

```
D:\program\unit1\1-5\5-2>javac HelloWorld.java

D:\program\unit1\1-5\5-2>java HelloWorld.java
```

3. 参照程序 1.1 和程序 1.2 完成一个相似的 Java 程序，显示一个字符串“想学好 Java，就要天天写程序！”。

4. 编写一个 Java 程序，显示如下所示的图形。完成程序的编辑、编译和运行全过程，并检查运行结果是否与所给图形相符。

```
   *
  ***
 *****
*******
```

要点提示：

(1) 图形由多行组成；

(2) 每一行的符号由‘*’号和空格组成，作为字符串显示。

# 第2章 显示学生成绩

**学习目标**

- 掌握标识符和关键字的使用；
- 掌握变量的定义以及如何在程序中使用变量；
- 掌握表达式和运算符优先级,以及程序中表达式的应用；
- 了解如何为程序添加注释。

## 2.1 示例程序

### 2.1.1 显示学生信息

第1章完成了一个最基本的Java程序,下面来做个有一点实际意义的程序,显示一个学生的基本信息。假设有一个学生,他的信息如下：

```
姓名:张三
年龄:23
成绩:87.67
```

在程序1.1的基础上来完成这个程序,可以使用三条显示语句,来分别显示学生的姓名、年龄和成绩,实现代码如程序2.1所示。

**【程序2.1】** 程序StudentInfo.java。

```
public class StudentInfo{
    public static void main(String[] args){
        System.out.println("姓名:张三");
        System.out.println("年龄:23");
        System.out.println("成绩:87.67");
    }
}
```

程序2.1的编译和运行结果如图2.1所示。

这个程序比较简单,把程序1.1显示"HelloWorld!"的语句修改为三条显示语句,分别显示学生的姓名、年龄和成绩。

```
D:\program\unit2\2-1\1-1>javac StudentInfo.java

D:\program\unit2\2-1\1-1>java StudentInfo
姓名：张三
年龄：23
成绩：87.67
```

图 2.1　程序 2.1 运行结果

### 2.1.2　引入变量

程序 2.1 中学生的信息直接作为字符串显示出来了，但在实际程序开发中一般不这样处理。比如，学生的年龄可能在许多地方都会用到，而且年龄的值会随着时间的推移而增加，因此使用变量来保存年龄值更加合适。可以定义三个变量来分别保存学生的姓名、年龄和成绩，实现代码如程序 2.2 所示。

**【程序 2.2】**　程序 StudentInfo.java。

```
public class StudentInfo{
    public static void main(String[] args){
        String name="张三";
        int age=23;
        double grade=87.67;

        System.out.println("姓名:"+name);
        System.out.println("年龄:"+age);
        System.out.println("成绩:"+grade);
    }
}
```

程序 2.2 的编译和运行结果如图 2.2 所示。

```
D:\program\unit2\2-1\1-2>javac StudentInfo.java

D:\program\unit2\2-1\1-2>java StudentInfo
姓名：张三
年龄：23
成绩：87.67
```

图 2.2　程序 2.2 运行结果

程序 2.2 定义了三个变量：字符串类型变量 name 用来存储学生的姓名，整型变量 age 用来保存学生的年龄，双精度浮点数类型变量 grade 用来存放学生的绩。类型的相关说明在下一节进行介绍。在显示学生的信息时，显示语句中的“+”表示字符串连接，把要输出的变量值先转换成字符串，再与其他字符串进行连接，并显示连接后的结果。

### 2.1.3　增加注释

程序 2.2 能够完成要求的功能，显示一个学生的信息。软件公司开发的软件不仅有能够完成功能的程序代码，还应该有详细的程序注释对程序代码进行解释和说明。程序2.2增加注释后如程序2.3所示。

**【程序2.3】** 为程序StudentInfo.java增加注释。

```
/**
 * 类描述:显示学生信息
 * 作者:王养廷
 * 日期:XX年XX月XX日
 */
public class StudentInfo{
    /**
     * main方法是Java主方法
     * 功能:显示一个学生信息
     * 参数:无
     * 返回值:无
     */
    public static void main(String [] args){
        //name学生姓名
        String name="张三";
        //age学生年龄
        int age=23;
        //grade学生成绩
        double grade=87.67;

        System.out.println("姓名:"+name);
        System.out.println("年龄:"+age);
        System.out.println("成绩:"+grade);
    }
}
```

Java语言有三类注释，分别是行注释、块注释和Javadoc注释。一般常用行注释和Javadoc注释。

行注释格式为：//注释内容

块注释格式为：/* 注释内容 */

Javadoc注释格式为：/** 注释内容 */

在程序中需要增加注释的地方通常有：类定义之前，每个变量定义前和每个方法定义前。类之前的注释一般是Javadoc注释，如程序2.3中StudentInfo类前的注释，用来说明类的用途、功能、类的实现者和修改时间。变量之前的注释一般使用行注释，用来说明变量的用途和注意事项，如程序2.3中变量name定义之前的注释。每个方法之前一般也有注释，用来说明方法的功能、参数要求和返回值。

注释语句不会被编译执行，但注释是程序中不可或缺的一部分。添加注释的目的是为了提高程序的可读性，便于其他程序员阅读和修改程序。为自己的代码加上恰当、简洁注释是一个优秀程序员的良好习惯。

## 2.2 相关知识

### 2.2.1 标识符和关键字

Java 中的标识符由字母、下画线、美元符号 $ 和数字组成，并且第一个字符不能是数字。要特别注意的是，Java 中的标识符是严格区分字母大小写的，如 HelloWorld 和 helloworld 是两个不同的标识符。

有一些单词在 Java 中具有特定的意义，这些单词称为关键字。在编写程序时不能将关键字作为程序中的变量名来使用。在 Java 中共有 52 个关键字，这些关键字全部使用小写字母。例如前面程序中用到的 class 和 public。

### 2.2.2 数据类型和变量

**1. 数据类型**

在 Java 中有 8 种基本数据类型，可以定义数字、字符和逻辑值。每种类型名字、含义、取值范围和存储长度如表 2.1 所示。

**表 2.1 Java 数据类型**

| 数据类型 | 含 义 | 取值范围 | 存储长度 |
|---|---|---|---|
| int 型 | 表示整型 | $-2^{31}\sim2^{31}-1$ | 4 字节 |
| byte 型 | 表示字节型整数 | $-2^{7}\sim2^{7}-1$ | 1 字节 |
| short 型 | 表示短整型 | $-2^{15}\sim2^{15}-1$ | 2 字节 |
| long 型 | 表示长整型 | $-2^{63}\sim2^{63}-1$ | 8 字节 |
| float 型 | 表示浮点数 | $10^{-38}\sim10^{38}, -10^{38}\sim -10^{-38}$ | 4 字节 |
| double 型 | 表示双精度浮点数 | $10^{-308}\sim10^{308}, -10^{308}\sim -10^{-308}$ | 8 字节 |
| char 型 | 表示字符 | 0～65535 | 2 字节 |
| boolean 型 | 表示逻辑值 | true,false | 1 位 |

除了基本类型，Java 还有引用类型，包括接口引用类型、类引用类型和数组引用类型，这些类型的具体定义在后面进行介绍。

在 Java 中，char 类型可以用来表示一个字符，如果需要表示由多个字符组成的字符串则要使用 String 类。例如，在程序 2.2 中字符串变量 name 的值为“张三”，在定义 name 变量时就可以使用 String 类，格式为 String name=“张三”。

**2. 变量**

Java 程序可以定义变量，变量名是一个标识符。变量用来保存程序中的各种数据，定义的格式为：

```
类型 变量名 [=变量初值];
```

例如程序 2.2 中定义变量年龄：

```
int age=23;
```

变量定义时可以赋初值，也可以不赋初值。一般情况下，变量在定义时不赋初值，而是在使用前赋初值。Java 程序设计语言是强类型程序设计语言，因此变量的定义与使用需要遵循常见的三部曲：

第一步：变量定义；

第二步：变量赋初值；

第三步：变量使用。

典型的变量使用过程如下面程序段所示。

```
int age;                                  //变量定义
age=23;                                   //变量初始化
age=age+1;                                //变量使用
```

引用类型变量的定义、初始化和使用与基本类型变量有所不同，具体内容将在第 8 章中介绍。

Java 是强类型语言，在 Java 程序编译时要对程序中所有变量的类型进行检查，如果出现类型不兼容的情况就会报错。例如下面程序段：

```
int i;
long l;
l=100;
i=l;
```

把这个程序段放到一个程序中，在编译的时候会报错，如图 2.3 所示。

```
Test.java:6: 可能损失精度
找到:   long
需要:   int
                i = l;
                    ^
1 错误
```

图 2.3 编译报错

从报错的提示信息可以看出，程序出错的原因是把一个长整型的变量 l 赋给了整型变量 i，这个赋值可能会导致长整型变量 l 的部分数据丢失，从而出现数据错误的情况。如果程序设计者确认这个赋值操作不会出错，可以强制把 l 转换成整型，再进行赋值，修改后的程序如下：

```
int i;
long l;
l=100;
i=(int)l;
```

再次编译程序，就不再报错了。(int)l 表示把变量 l 转换成 int 类型，这种转换称为强制类型转换，(int)表示程序设计者希望把一个数据转换成 int 类型。如果希望转换成其他类型的数据，在括号内写上对应的类型名称就可以了。在实际程序设计中，经常会使用到强制类型转换。

## 2.2.3　运算符和表达式

**1. 运算符**

(1) 算数运算符。算术运算符用于进行数学运算，各运算符的用法和示例如表 2.2 所示，这里假设 a 为 int 类型且值为 3。

**表 2.2　算术运算符**

| 运算符 | 含义 | 示例 | 结果 | 说　明 |
|---|---|---|---|---|
| － | 负号 | －2 | －2 | |
| ＋＋ | 自加 | ＋＋a | 4 | 在使用 a 之前，先使 a 的值加 1 |
| | | a＋＋ | 4 | 在使用 a 之后，再使 a 的值加 1 |
| －－ | 自减 | －－a | 2 | 在使用 a 之前，先使 a 的值减 1 |
| | | a－－ | 2 | 在使用 a 之后，再使 a 的值减 1 |
| * | 乘法 | a＊2 | 6 | |
| / | 除法 | 12/a | 4 | |
| % | 取余数 | 10％a | 1 | |
| ＋ | 加法 | a＋5 | 8 | |
| － | 减法 | a－5 | －2 | |

(2) 关系运算符。关系运算符主要用于比较两个值的大小关系，判断结果为逻辑值 true 或 false。关系运算符如表 2.3 所示。

**表 2.3　关系运算符**

| 运算符 | 含　义 | 示例 | 结　果 |
|---|---|---|---|
| ＞ | 大于 | 2＞3 | false |
| ＞＝ | 大于等于 | 3＞＝3 | true |
| ＜ | 小于 | 5＜3 | false |
| ＜＝ | 小于等于 | 2＜＝3 | true |
| ＝＝ | 等于 | 2＝＝3 | false |
| != | 不等于 | 2!＝3 | true |

(3) 逻辑运算符。逻辑运算符用于对 boolean 类型的值进行计算，计算的结果也是 boolean 类型。逻辑运算符的用法如表 2.4 所示。

表 2.4 逻辑运算符

| 运算符 | 含义 | 示例 | 结果 |
|---|---|---|---|
| ! | 非 | !A | 当 A 为 true,结果为 false<br>当 A 为 false,结果为 true |
| && | 与 | A&&B | 当 A 和 B 均为 true 结果为 true<br>其他情况结果为 false |
| \|\| | 或 | A\|\|B | 当 A 和 B 均为 false 结果为 false<br>其他情况结果为 true |

**2. 表达式**

Java 表达式是将运算符和操作数连接起来组成的符合 Java 规则的式子。在编写表达式和计算表达式的值时都要注意运算符的优先级和结合性。各个运算符的优先级和结合性如表 2.5 所示。在表达式中还可以通过使用小括号来改变运算的顺序。

表 2.5 运算符的优先级和结合性

| 运 算 符 | 优先级 | 结合性 |
|---|---|---|
| -,++,--,!,~ | 1 | 从右到左 |
| *,/,%, | 2 | 从左到右 |
| +,- | 3 | 从左到右 |
| <<,>> | 4 | 从左到右 |
| >,>=,<,<=,instance of | 5 | 从左到右 |
| ==,!= | 6 | 从左到右 |
| & | 7 | 从左到右 |
| ^ | 8 | 从左到右 |
| \| | 9 | 从左到右 |
| && | 10 | 从左到右 |
| \|\| | 11 | 从左到右 |
| ?: | 12 | 从右到左 |
| =,+=,-=,*=,/=,%= | 13 | 从右到左 |

下面给出一个程序来说明如何定义变量,根据运算符优先级来计算表达式的值,如程序 2.4 所示。

**【程序 2.4】** 程序 Calculate.java。

```
public class Calculate{
    public static void main(String [] args){
        String result="Result is:";
        int x=10;
```

```
        long y=123;
        float m=(float)12.23;
        double n=23.23;
        boolean b,s;
        b=(x+y)>(m+n);
        s=m+11 ==n;
        System.out.println(result+s);
    }
}
```

在程序 2.4 中,b=(x+y)>(m+n)是一条赋值语句,先计算表达式(x+y)>(m+n),再将结果赋值给变量 b,由于 x+y 的值为 133,m+n 的值为 35.46,因此(x+y)>(m+n)结果为 true。语句 s =m+11 == n 也是赋值语句,由于精度原因表达式( m+11)==n 结果为 false,程序的执行结果如图 2.4 所示。

```
D:\program\unit2\2-2\2-1>javac Calculate.java

D:\program\unit2\2-2\2-1>java Calculate
Result is:false
```

图 2.4 程序 2.3 执行结果

说明一下,为了阅读程序方便,可以考虑把语句 s=m+11 == n 修改为 s=(m+11==n)。这样就不需要考虑运算符优先级,直接可以得到结果。因此建议大家在编写程序的时候,如果遇到复杂的表达式,可以拆分成多个简单的表达式。当多个不常用的运算符相邻时,可以使用小括号显式地给出优先级,这样可以方便阅读程序。

## 2.3 训练程序

下面参照程序 2.2,尝试编写一个程序来显示一个教师的基本信息,包括教师的姓名、性别、年龄和工资。

### 2.3.1 程序分析

参考程序 2.2,定义 4 个变量来表示教师的信息:

name:教师的姓名,字符串类型
sex:教师性别,字符串类型
age:教师年龄,整型
salary:教师工资,浮点型

接下来给变量赋值,最后显示教师的信息。

### 2.3.2 参考程序

根据以上分析,参照程序 2.2 的设计过程,编写一个显示教师信息的程序,参考程序如程序 2.5 所示。

**【程序 2.5】** 程序 TeacherInfo.java。

```
/*
 * 类描述:显示教师信息
 * 作者:XXX
 * 日期:XX年XX月XX日
 */
public class TeacherInfo{
    /**
     * main 方法是 Java 主方法
     * 功能:显示一个教师信息
     * 参数:无
     * 返回值:无
     */
    public static void main(String[] args){
        //name 教师姓名
        String name="王老师";
         //sex 教师年龄
        String sex="男";
         //age 教师年龄
        int age=43;
         //salary 教师工资
        double salary=3800;

        System.out.println("姓名:"+name);
        System.out.println("性别:"+sex);
        System.out.println("年龄:"+age);
        System.out.println("工资:"+salary);
    }
}
```

程序 2.5 运行结果如图 2.5 所示。

```
D:\program\unit2\2-3\3-1>javac TeacherInfo.java

D:\program\unit2\2-3\3-1>java TeacherInfo
姓名: 王老师
性别: 男
年龄: 43
工资: 3800.0
```

**图 2.5　程序 2.5 运行结果**

程序 2.5 定义了 4 个变量 name、sex、age 和 salary,分别表示教师的姓名、性别、年龄和工资,对变量依次进行赋值,最后输出各个变量的值。

## 2.4 拓展知识

### 2.4.1 Java虚拟机

前面实现的程序都需要经过编译、运行才能得到结果。编译程序将源程序.java文件编译成.class文件，执行程序java.exe装载编译后的.class文件，解释并执行。因此也将java.exe程序称为Java虚拟机(Java Virtual Machine,JVM)。

Java虚拟机通过在实际计算机上运行程序来仿真模拟各种计算机功能的实现，SUN公司给出了Java虚拟机的建议体系结构，不同的公司可以根据这个规范来实现自己的Java虚拟机。SUN公司建议的虚拟机体系结构如图2.6所示。

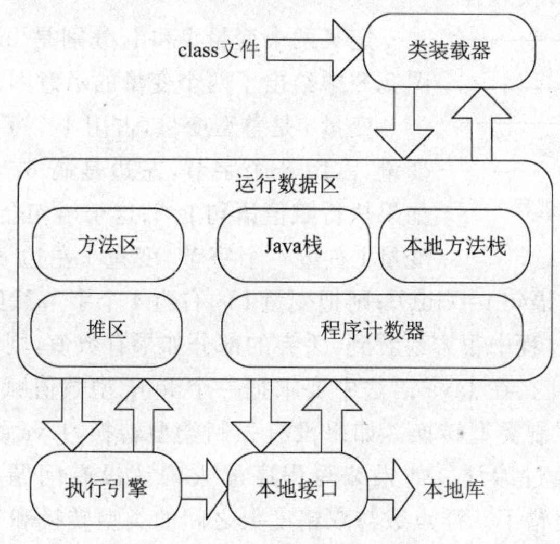


**图2.6 Java虚拟机体系结构**

类装载器负责将要执行的class文件装入内存；方法区保存Java的类信息；堆区保存Java的对象实例；栈区保存Java程序的运行栈，每个线程对应一个运行栈；本地方法栈是在调用本地方法时使用；程序计数器是指令计数器；执行引擎负责解释、执行class码；本地接口负责将执行引擎需要执行的内容转换成本地代码执行。

在后面的课程学习中，还会涉及到Java虚拟机的知识，到时候再进一步讲解。如果想对Java有深入理解，就需要了解Java虚拟机的工作原理，有关Java虚拟机的更多内容可以参考其他相关图书。

### 2.4.2 变量存储

程序中定义的每一个Java变量，在执行的时候都会对应内存中的一个存储单元，例如，程序2.2中语句int age=23，执行时变量age对应在内存中有一个存储单元，如图2.7所示。

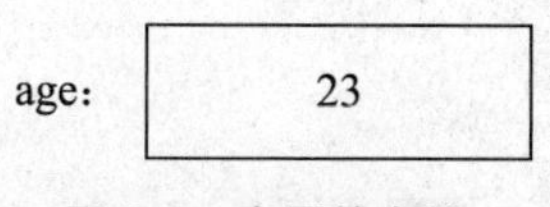


**图2.7 变量的存储**

图 2.7 中的方框表示一个内存存储单元，这个单元对应变量 age，该单元的数值是 23。一个单元具体需要多大的内存空间和变量的数据类型有关，例如，变量 age 定义为 int 类型，根据前面的类型说明，int 类型需要 4 个字节的存储空间，因此这个单元的大小就是 4 个字节。至于每个变量在内存中的具体位置在后面会进行说明。想深入了解变量和类型相关内容请参考其他相关图书。

### 2.4.3 变量类型转换

不同类型的变量参与运算或者是相互赋值时需要进行类型转换，前面已经介绍了类型转换的方法和过程。为什么类型转换过程中会出现问题？原因是不同类型的数值在内存中的存放格式和占用的存储空间都是不同的。下面以 int 类型和 long 类型的变量进行转换为例来讲解类型转换过程。

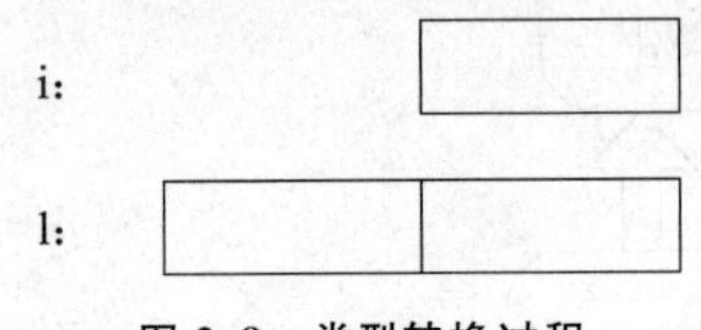

图 2.8 类型转换过程

定义两个变量 i 和 l，分别是 int 类型和 long 类型，图 2.8 中给出了两个变量的示意图。

变量 i 是整型变量，占用 4 个字节。变量 l 是长整型变量，占用 8 个字节，左边是高 32 位，右边是低 32 位。如果执行赋值语句 l=i；这个语句会将变量 i 的数值赋给变量 l 右边 4 个字节，变量 l 左边 4 个字节使用符号填充。如果反过来，赋值语句 i=(int)l；则把变量 l 的右边 4 个字节赋给变量 i，左边的 4 个字节丢弃了。从这个过程中很容易看到，丢弃的部分如果有数值，则会出现错误。通过上面分析就可以明白为什么在 Java 语法中要求把一个 long 型数值赋给一个 int 型数值时需要添加(int)，进行强制类型转换。如果没有强制类型转换，Java 编译器认为这个语句可能会有问题，不能通过编译。如果编写程序的人确认没有问题，加上强制类型转换(int)，编译器就不再报错了。浮点数与双精度数之间的类型转换和整型数与长整型数相似，关于浮点数和双精度数的存储格式请参考相关资料。

## 2.5 实做程序

1. 请根据错误提示找出下列程序中存在错误，并分析原因。

(1) 程序 Test.java：

```
public class Test {
    public static void main(String[] args){
        float f;
        double d=1.23;
        f=d;
    }
}
```

错误提示：

```
D:\program\unit2\2-5\5-1\1>javac Test.java
Test.java:5: 可能损失精度
找到:  double
需要:  float
                f = d;
                    ^
1 错误
```

(2) 程序 Test.java:

```
public class Test {
    public static void main(String[] args){
        float f=1.23;
    }
}
```

错误提示:

```
D:\program\unit2\2-5\5-1\2>javac Test.java
Test.java:3: 可能损失精度
找到:  double
需要:  float
                float f = 1.23;
                          ^
1 错误
```

(3) 程序 Test.java:

```
public class Test {
    public static void main(String[] args){
        float f;
        float temp= (float)1.23;
        f=temp+2.34;
    }
}
```

错误提示:

```
D:\program\unit2\2-5\5-1\3>javac Test.java
Test.java:5: 可能损失精度
找到:  double
需要:  float
                f = temp + 2.34;
                         ^
1 错误
```

2. 阅读程序,写出执行结果。

(1) 程序 Test.java:

```
public class Test {
    public static void main(String[] args){
        char ch=0x41;
        System.out.println(ch);
    }
}
```

（2）程序 Test.java：

```
public class Test {
    public static void main(String[] args){
        boolean flag=false;
        int x=20;
        System.out.println(flag ==x>20);
    }
}
```

3. 修改第 2 题(2)程序，将显示语句中的表达式拆分成多个简单表达式。

要点提示：

（1）表达式 x>20 的结果可以保存到一个 boolean 类型变量中。

（2）比较(1)的结果与 flag 是否相等。

（3）显示比较结果。

4. 编写一个 Java 程序，显示一张桌子的信息，包括桌子的形状（长方形、方形、圆形、椭圆形）、腿数、高度、桌面面积。定义变量来保存桌子的信息，并显示各个信息的值。

要点提示：

（1）显示桌子信息和显示学生信息的方法是一样的，只是显示的内容不同。

（2）注意各个变量的数据类型，桌子的形状可以用字符串 String 来存储。

5. 编写一个 Java 程序，实现两个数的交换，并输出交换后的结果。

要点提示：

（1）假设有两个整型变量 a 和 b，设计一个临时变量 temp 辅助交换。

（2）交换过程如下：

```
temp=a;
a=b;
b=temp;
```

# 第3章 学生成绩分级

**学习目标**

- 学会应用分支语句设计程序;
- 学会应用 Scanner 类输入数据;
- 掌握多分支程序设计的方法。

## 3.1 示例程序

### 3.1.1 显示考试结果

第2章完成了一个有点实际意义的程序,即显示一个学生的姓名、年龄和成绩。下面继续来丰富这个程序,根据学生成绩不同,显示出学生是否通过考试。判断的条件为:

通过:成绩>=60
未通过:成绩<60

要显示学生考试结果,就需要根据学生的成绩进行判断,看看学生的成绩是否大于等于60分,是则通过,否则不通过。在程序2.3的基础上修改代码,结果如程序3.1所示。

**【程序3.1】** 程序 StudentInfo.java。

```
/**
 * 程序功能:显示一个学生信息
 * 作者:XXX
 * 日期:XX年XX月XX日
 */
public class StudentInfo{
    /**
     * main 方法是 Java 主方法
     * 功能:显示一个学生信息
     * 参数:没有用到
     * 返回值:无
     */
    public static void main(String [] args){
        //name 学生姓名
        String name="张三";
```

```
        //age 学生年龄
        int age=23;
        //grade 学生成绩
        double grade=87.67;
        //是否通过考试
        String result="通过";

        if(grade<60){
            result="不通过";
        }

        System.out.println("姓名:"+name);
        System.out.println("年龄:"+age);
        System.out.println("成绩:"+grade);
        System.out.println("考试结果:"+result);
    }
}
```

程序 3.1 的编译和运行结果如图 3.1 所示。

```
D:\program\unit3\3-1\1-1>javac StudentInfo.java

D:\program\unit3\3-1\1-1>java StudentInfo
姓名：张三
年龄：23
成绩：87.67
考试结果：通过
```

**图 3.1　程序 3.1 运行结果**

成绩 grade 变量的值为 87.67，if 语句中的条件 grade＜60 不成立，result 变量值为“通过”，因此输出考试结果为“通过”。

### 3.1.2　输入学生成绩

程序 3.1 中，直接把学生成绩赋值为一个固定值，但在实际应用程序开发中，这个数据可能是从键盘输入或者是从其他的程序传过来的。下面修改程序，从键盘读入学生的成绩，再进行判断。修改后的程序如程序 3.2 所示。

**【程序 3.2】**　修改程序 StudentInfo.java，学生成绩从键盘读入。

```
/**
 * 程序功能:显示一个学生信息
 * 作者:XXX
 * 日期:XX 年 XX 月 XX 日
 */
import java.util.Scanner;
```

```
public class StudentInfo{
    /**
     * main 方法是 Java 主方法
     * 功能:显示一个学生信息
     * 参数:没有用到
     * 返回值:无
     */
    public static void main(String [] args){
        //name 学生姓名
        String name="张三";
        //age 学生年龄
        int age=23;
        //grade 学生成绩
        double grade;
        //是否通过考试
        String result="通过";

        Scanner sc=new Scanner(System.in);
        grade=sc.nextDouble();

        if(grade<60){
            result="不通过";
        }

        System.out.println("姓名:"+name);
        System.out.println("年龄:"+age);
        System.out.println("成绩:"+grade);
        System.out.println("考试结果:"+result);
    }
}
```

编译和运行程序 3.2,输入数据 55.4,得到执行结果如图 3.2 所示。

```
D:\program\unit3\3-1\1-2>javac StudentInfo.java

D:\program\unit3\3-1\1-2>java StudentInfo
55.4
姓名: 张三
年龄: 23
成绩: 55.4
考试结果: 不通过
```

**图 3.2 程序 3.2 运行结果**

程序中定义了双精度类型变量 grade 来保存成绩,成绩数值从键盘输入。在 Java 语言中,接收从键盘输入的数据可以使用 Scanner 类的方法。Scanner 类是 java. util 包中的类,因此需要首先使用语句 import java. util. Scanner 将该包引入到程序中,然后定义一个 Scanner 类的对象。

```
Scanner sc=new Scanner(System.in);
```

再通过对象调用 Scanner 类中的输入方法来读入数据，读入的数据类型不同，调用的方法也不一样，具体的方法包括 nextByte()、nextDouble()、nextFloat()、nextInt()、nextLine()、nextLong()、nextShort()。在程序 3.2 中，语句 grade=sc.nextDouble()调用 nextDouble()方法，把从键盘输入的双精度浮点数赋值给变量 grade，如图 3.2 所示。

这个程序还可以再进行改进，输入成绩之前输出一行提示："请输入学生成绩："，这样程序就更人性化了。具体修改如下，在输入成绩之前增加一条显示提示信息的语句。

```
System.out.println("请输入学生成绩:");
Scanner sc=new Scanner(System.in);
grade=sc.nextDouble();
```

修改后的程序运行结果如图 3.3 所示。

```
D:\program\unit3\3-1\1-3>javac StudentInfo.java

D:\program\unit3\3-1\1-3>java StudentInfo
请输入学生成绩:
55.4
姓名: 张三
年龄: 23
成绩: 55.4
考试结果: 不通过
```

**图 3.3　程序 3.2 改进后运行结果**

这里建议当需要用户从键盘输入数据时，都先输出一条提示语句，提示用户接下来需要输入数据。

## 3.2　相关知识

### 3.2.1　基本语句

Java 语言的基本语句包括方法调用语句、表达式语句和复合语句。

方法调用语句，是调用某一个类或者对象的方法。例如程序 3.1 中调用 Scanner 类对象 sc 的 nextDouble()方法的语句：

```
grade=sc.nextDouble();
```

表达式语句，是在表达式的末尾加上分号";"，例如，上面例子中给一个字符串变量赋值的语句：

```
result="不通过";
```

Java 语言允许使用一对大括号"{"和"}"把一条或者多个语句扩起来，组成一个代码块，称为复合语句。在逻辑上，一个代码块相当于一条语句，例如程序 3.1 中的分支语句，可以使用下面语句块实现，条件成立时执行括号中的两条语句：

```
if(grade<60){
    result="不通过";
    System.out.println("成绩"+grade);
}
```

上面介绍的三种语句是 Java 的基本语句，这些基本语句可以组成不同的程序段，也可以作为其他复合语句的基本组成部分。

### 3.2.2 条件分支语句

if 语句是 Java 语言中的条件分支语句，其作用是根据不同条件来执行不同的操作。if 语句格式如下：

```
if(条件表达式){
    若干条语句
}
[ else{
    若干条语句
} ]
```

其中，条件表达式是一个逻辑表达式，其结果是一个逻辑值，如果这个值为 true，则执行条件后面紧跟着的若干条语句。方括号[]里面的 else 部分是可选的，如果有 else 部分，则在条件表达式为 false 的时候执行 else 后面的若干条语句。如果没有 else 部分，条件表达式为 false 时执行 if 语句后面的下一条语句。例如下面程序段就是一个没有 else 部分的 if 语句。

```
if(grade<60){
    result="不通过";
    System.out.println("成绩"+grade);
}
```

条件变量 grade<60 为 true 时执行括号中的语句，为 false 时括号中的语句不执行。可以修改这段程序，增加 else 部分，修改后的程序码如下：

```
String result="";
…
if(grade<60){
    result="不通过";
}
else{
```

```
    result="通过";
}
```

修改后的程序，与原来的程序段功能完全一样，读者可以想想为什么是一样的？可以自己多找几个成绩数据来试试，看看两段程序的运行结果是否一致。

### 3.2.3 多分支语句

如果有多种情况需要处理，则可以使用多分支条件语句。多分支 if 语句格式如下：

```
if(条件表达式 1){
    若干条语句 1
}
else if(条件表达式 2){
    若干条语句 2
}
…
else if(条件表达式 n){
    若干条语句 n
}
[else{
    若干条语句
}]
```

与条件分支语句相同，所有多分支语句中的条件表达式都是一个逻辑表达式，结果为 true 或者 false。如果条件表达式 1 的结果为 true，执行后面的若干条语句 1，执行完结束；否则判断条件表达式 2，如果条件表达式 2 的结果为 true，则执行后面的若干条语句 2，执行完结束；否则继续判断后面的条件表达式。如果所有条件表达式全部为 false，则执行最后 else 部分的语句。

多分支 swith 语句属于相对少用的语句，除非应用中特别适合使用该语句，一般情况下尽量使用多分支 if 语句来实现。如果使用对象的状态常量作为条件，也可以考虑使用多态技术来实现，有关多态技术参见第 14 章。

## 3.3 训练程序

参照程序 3.2 增加新功能。根据学生的成绩进行分级，级别包括优秀、良好、及格和不及格四个等级，等级与成绩对应关系如下：

```
优秀:成绩>=90
良好:成绩>=75 且成绩<90
及格:成绩>=60 且成绩<75
不及格:成绩<60
```

要求从键盘读入学生成绩，显示学生成绩等级。

### 3.3.1 程序分析

由于学生成绩分成多个级别，因此适合使用多分支语句来实现。上面列出的判断方法就是不同的条件，等级就是执行结果。程序思路如下：

先判断学生成绩是否大于等于 90，如果是则等级为优秀；
否则再判断成绩是否大于等于 75，如果是则等级为良好；
否则在判断成绩是否大于等于 60，如果是则等级为及格；
否则学生成绩为不及格。

### 3.3.2 参考程序

根据上面分析过程，参考程序 3.2 把这个分析过程转化成多分支语句，得到程序结果如程序 3.3 所示。

**【程序 3.3】** 程序 StudentInfo.java。

```
/**
 * 程序功能:显示一个学生信息
 * 作者:XXX
 * 日期:XX 年 XX 月 XX 日
 * /
import java.util.*;
public class StudentInfo{
    /**
     * main 方法是 Java 主方法
     * 功能:显示一个学生信息
     * 参数:没有用到
     * 返回值:无
     * /
    public static void main(String [] args){
        //name 学生姓名
        String name="张三";
        //age 学生年龄
        int age=23;
        //grade 学生成绩
        double grade=0;
        //成绩级别
        String result="";
        System.out.println("请输入学生成绩:");
        Scanner sc=new Scanner(System.in);
        grade=sc.nextDouble();

        if(grade >=90){
```

```
                result="优秀";
            }
            else if(grade< 90 && grade >= 75){
                result="良好";
            }
            else if(grade< 75 && grade>= 60){
                result="及格";
            }
            else{
                result="不及格";
            }

            System.out.println("姓名:"+name);
            System.out.println("年龄:"+age);
            System.out.println("成绩:"+grade);
            System.out.println("成绩级别:"+result);
        }
    }
```

程序 3.3 执行的结果如图 3.4 所示。

```
D:\program\unit3\3-3\3-1>javac StudentInfo.java

D:\program\unit3\3-3\3-1>java StudentInfo
请输入学生成绩:
67.5
姓名: 张三
年龄: 23
成绩: 67.5
成绩级别: 及格
```

图 3.4 程序 3.3 执行结果

输入学生成绩 67.5,根据多分支语句中的判断条件,条件“grade＜75 && grade＞60”成立,执行该条件对应的语句,将 result 变量赋值为“及格”,多分支语句结束。程序最后输出成绩级别为“及格”。

## 3.4 拓展知识

### 3.4.1 分支语句讨论

从上面的例子可以看出分支语句的格式比较简单,但是在实际应用中还是有很多需要注意的问题,恰当地处理这些问题可以提高代码可读性和质量。下面讲解三个最常见问题的处理方法。

第一个问题,如果分支是一条语句,是否可以看作一个语句块。分支语句根据条件不同执行不同的分支,每个分支可以是一条语句也可以是一个语句块,在前面的例子中每个

分支都看作一个语句块,使用{}括起来,例如下面代码段:

```
if(grade<60){
    result="不通过";
}
else{
    result="通过";
}
```

在这个代码段中,每个分支只有一条语句,但仍然用{}括起来。从语法上讲,上面代码段的两个分支可以不用{},写成如下形式:

```
if(grade<60)result="不通过";
else result="通过";
```

程序设计规范角度来讲,建议把每个分支作为一个语句块处理,这样能够增加程序可读性,降低出错可能性。

第二个问题是多个 if 语句相互配合的问题。在实际的程序设计中,分支语句的每个分支可能也是 if 分支语句,例如下面程序段:

```
double grade=70;
if(grade >=60)
    if(grade >=90)
        System.out.println("优秀");
    else
        System.out.println("什么等级?");
```

分析上面的程序段,里面的 else 语句和那个 if 相匹配呢? 刚开始看到这样的程序是很难一下子说清楚的。按照语法上讲,else 应该和离它最近的且没有配对的 if 相匹配。实际程序设计中要尽量避免出现这样容易产生歧义的语句。处理方法很简单,一种方法是按照前面说的每个分支都作为语句块处理,加上括号{};另一种方法就是使用多分支 if 语句实现。有兴趣的读者可以自己尝试使用这两种方法完成这个程序。

第三个常见的问题是,对于多分支 if 语句,应该按照什么次序来排列这些分支。常见的处理方法有两种:一种方法就是程序 3.3 给出的方法,按照问题处理的先后顺序来排列。程序 3.3 中就是按照等级优秀、良好、及格和不及格的次序进行处理,这样做方便用户阅读和理解程序。另一种方法是,对于问题中没有明显次序的多分支程序,建议可以按照出现的可能性把经常使用的分支排在前面,这样可以提高程序处理效率。

### 3.4.2　数据合法性检查

在编写 Java 程序的过程中,经常会通过输入语句从键盘输入数据,例如程序 3.2 中就使用输入语句输入学生成绩。程序 3.2 能够正确运行并得到结果,但这个程序是否还存在问题?

如果输入的数据不是一个双精度数,而是一个字符串,结果会如何?下面运行程序 3.2,输入数据 1a2,运行结果如图 3.5 所示。

```
D:\program\unit3\3-3\3-1>java StudentInfo
请输入学生成绩:
1a2
Exception in thread "main" java.util.InputMismatchException
        at java.util.Scanner.throwFor(Scanner.java:840)
        at java.util.Scanner.next(Scanner.java:1461)
        at java.util.Scanner.nextDouble(Scanner.java:2387)
        at StudentInfo.main(StudentInfo.java:25)
```

**图 3.5　程序 3.2 执行结果**

可以看到程序出现了错误,出错的原因是因为输入的数据不正确,系统提示抛出一个 InputMismatchException 类异常,有关异常知识在第 17 章中进行介绍。

如果编写的程序是一个交付给用户使用的软件,无法保证用户每次输入的数据格式都是正确的,这时候程序就需要首先对用户输入的数据进行合法性检查,只有通过检查,格式正确的数据程序才能进行下一步处理,否则提示用户输入数据格式不正确。改进后的程序如程序 3.4 所示。

**【程序 3.4】** 程序 StudentInfo.java。

```
/**
 * 程序功能:显示一个学生信息
 * 作者:XXX
 * 日期:XX 年 XX 月 XX 日
 */
import java.util.Scanner;
import java.util.InputMismatchException;
public class StudentInfo{
    /**
     * main 方法是 Java 主方法
     * 功能:显示一个学生信息
     * 参数:没有用到
     * 返回值:无
     */
    public static void main(String [] args){
        //name 学生姓名
        String name="张三";
        //age 学生年龄
        int age=23;
        //grade 学生成绩
        double grade=0;
        //是否通过考试
        String result="通过";
```

```
        try{
            Scanner sc=new Scanner(System.in);
            grade=sc.nextDouble();
        }
        catch(InputMismatchException ime){
            System.out.println("输入数据格式不正确");
        }

        if(grade<60){
            result="不通过";
        }

        System.out.println("姓名:"+name);
        System.out.println("年龄:"+age);
        System.out.println("成绩:"+grade);
        System.out.println("考试结果:"+result);
    }
}
```

程序 3.4 的运行结果如图 3.6 所示。

```
D:\program\unit3\3-4\4-1>javac StudentInfo.java

D:\program\unit3\3-4\4-1>java StudentInfo
1a2
输入数据格式不正确
姓名：张三
年龄：23
成绩：0.0
考试结果：不通过
```

**图 3.6　程序 3.4 执行结果**

程序 3.4 中增加了异常处理,用来处理输入数据格式不正确这种异常的情况。有关异常处理详见第 17 章。

## 3.5　实做程序

1. 请根据错误提示找出下列程序中存在错误并分析原因。

(1) 程序 Test.java,根据成绩判断考试是否通过,考试不通过则输出成绩,通过则不输出。

```
public class Test {
    public static void main(String[] args){
        double grade=70;
        if(grade >=60)
            System.out.println("考试通过");
```

```
        else
            System.out.println("考试成绩:"+grade);
            System.out.println("考试不通过");
        }
}
```

运行结果如下图。

```
D:\program\unit3\3-5\5-1\1>javac Test.java

D:\program\unit3\3-5\5-1\1>java Test
考试通过
考试不通过
```

(2) 程序 Test.java。

```
public class Test {
    public static void main(String[] args) {
        int flag;
        flag=0;
        if(flag) {
            System.out.println("标志不为 0");
        }
    }
}
```

程序编译报错如下。

```
D:\program\unit3\3-5\5-1\2>javac Test.java
Test.java:5: 不兼容的类型
找到:   int
需要:   boolean
                if(flag){
                   ^
1 错误
```

2. 从键盘输入两个数字,按照由大到小顺序输出。

要点提示:

(1) 直接比较两个数;

(2) 根据比较结果分两种情况输出结果。

3. 从键盘输入三个数字,输出最大数。

要点提示:

(1) 定义一个变量 max 保存最大值;

(2) 假定第一个最大,判断第二个数是否比第一个数大,如果是就把它放在 max 中;

(3) 同样方法判断第三个数,最后 max 中的值即为最大值。

4. 设计一个程序显示一个桌子的信息,包括桌子的类型(长方形、正方形、圆形)、腿数、高度和面积,其中面积是通过根据桌子类型不同而输入不同的数据来计算得出:

长方形:输入长和宽

正方形:输入边长

圆形：输入半径

要点提示：

(1) 桌子的形状可以使用一个整数变量来表示，例如用整数 1～3 分别代表长方形、方形、圆形；

(2) 先输入桌子的类型，再根据类型输入不同的数据，最后计算面积。

5. 下面程序编译和运行结果都是正确的，分析程序还有哪些不足，如何改进？

```
public class Test {
    public static void main(String[] args){
        double grade=50;
        if(grade >=60){
        }
        else{
            System.out.println("考试不通过");
        }
    }
}
```

要点提示：

(1) 分支语句中需要处理的分支按照重要性从前到后排列；

(2) 不提倡使用空分支。

# 第4章 计算平均成绩

**学习目标**

- 理解循环程序的用途；
- 掌握 for 循环的结构，应用 for 循环进行程序设计；
- 掌握 while 循环结构，应用 while 循环进行程序设计；
- 掌握应用分支结构和循环结构组合进行程序设计。

## 4.1 示例程序

### 4.1.1 计算平均成绩

前面编写的程序都是对一个学生的成绩处理，如果想处理多个学生的成绩，那应该如何实现呢？解决这个问题就需要使用循环结构。下面来设计一个程序，计算 5 个学生的平均成绩，具体代码如程序 4.1 所示。为了节约篇幅，以后的程序都不再给出详细的注释和说明，建议读者自己写程序的时候，按照第 3 章中程序的格式添加注释。

**【程序 4.1】** 程序 StudentInfo. java。

```
import java.util. Scanner;
public class StudentInfo{
    public static void main(String [] args){
        double grade=0;
        double averageGrade=0;

        Scanner sc=new Scanner(System.in);

        for(int i=0; i<5; i++){
            grade=sc.nextDouble();
            averageGrade=averageGrade+grade;
        }

        averageGrade=averageGrade / 5;

        System.out.println("平均成绩:"+averageGrade);
```

```
        }
    }
```

程序 4.1 的编译和运行结果如图 4.1 所示。

```
D:\program\unit4\4-1\1-1>javac StudentInfo.java

D:\program\unit4\4-1\1-1>java StudentInfo
78
89.5
66.5
81
93
平均成绩：81.6
```

**图 4.1　程序 4.1 运行结果**

程序 4.1 中使用一个 for 循环来完成 5 个学生成绩的输入，并把这 5 个成绩进行累加。语句：

```
grade=sc.nextDouble()
```

用来读入一个学生成绩，并把读入的成绩放到变量 grade 中。语句：

```
averageGrade=averageGrade+grade
```

把输入的学生成绩累加到变量 averageGrade 中。程序经过 5 次循环，读入了 5 个成绩，并把这 5 个成绩累加放到变量 averageGrade 中。循环结束后，变量 averageGrade 中保存了 5 个成绩的累加和，循环结束后执行语句：

```
averageGrade=averageGrade / 5
```

计算出平均成绩，最后显示平均成绩。

### 4.1.2　引入常量

每个班的学生数量可能不同，为了方便程序的修改，可以定义一个常量来保存班级的学生人数，改进后的程序如程序 4.2 所示。

**【程序 4.2】**　修改程序 StudentInfo.java，使用常量表示班级人数。

```
import java.util.Scanner;
public class StudentInfo{
    public static void main(String [] args){
        //SIZE 表示一个班级的学生人数
        final int SIZE=5;

        double grade=0;
        double averageGrade=0;

        Scanner sc=new Scanner(System.in);
```

```
        for(int i=0; i<SIZE; i++){
            grade=sc.nextDouble();
            averageGrade=averageGrade+grade;
        }

        averageGrade=averageGrade / SIZE;

        System.out.println("平均成绩:"+averageGrade);
    }
}
```

程序 4.2 的编译和运行结果如图 4.2 所示。

```
D:\program\unit4\4-1\1-2>javac StudentInfo.java

D:\program\unit4\4-1\1-2>java StudentInfo
78
89.5
66.5
81
93
平均成绩: 81.6
```

图 4.2　程序 4.2 运行结果

程序中新增加语句:

```
final int SIZE=5;
```

用来定义一个命名常量。关键词 final 表示 SIZE 中的数值是最终数值,不能再进行修改。关键字 int 表示类型是整型。SIZE 是标识符,表示常量名。该常量数值是 5。Java 程序中经常使用 final 来定义常量。常量标识符一般使用全部大写字母的单词表示。

使用常量 SIZE 来保存一个班级的学生数,可以方便程序的修改。例如,如果班级人数为 10 人,程序 4.2 只需要修改一处,即把 SIZE 的值改为 10 即可,而程序 4.1 则需要多处。使用常量同时增加了程序的可读性。在 SIZE 前面添加了注释,说明了 SIZE 的含义是表示班级人数,方便他人读懂这段程序。

### 4.1.3　未知人数

前面的程序中直接定义了一个班级的学生人数,但这个数可能是不知道的,或者是变化的。那又如何来计算平均成绩呢?有两个方法来解决这个问题:

方法一:先输入学生人数,根据人数来输入学生成绩;

方法二:输入学生成绩,给出一个特殊标志作为结束标识,例如,输入-1 表示结束。

这两种方法的实现过程不同,第一种方法与前面讲的程序类似,先定义一个变量 size 表示班级人数,输入这个变量的值,得到班级人数,再循环读入每个人的成绩,具体程序实现参见程序 4.3。

【程序 4.3】　程序 StudentInfo.java。

```
import java.util.Scanner;
public class StudentInfo{
    public static void main(String [] args){
        int size=0;

        double grade=0;
        double averageGrade=0;

        Scanner sc=new Scanner(System.in);

        System.out.println("输入学生人数:");
        size=sc.nextInt();

        System.out.println("输入学生成绩:");
        for(int i=0; i<size; i++){
            grade=sc.nextDouble();
            averageGrade=averageGrade+grade;
        }

        averageGrade=averageGrade / size;

        System.out.println("平均成绩:"+averageGrade);
    }
}
```

程序 4.3 的编译和运行结果如图 4.3 所示。

```
D:\program\unit4\4-1\1-3>javac StudentInfo.java

D:\program\unit4\4-1\1-3>java StudentInfo
输入学生人数:
5
输入学生成绩:
78
89.5
66.5
81
93
平均成绩: 81.6
```

图 4.3　程序 4.3 运行结果

第二种方法是输入学生成绩时给定一个特殊的结束标志，例如数值－1，表示输入结束。为了能够记录班级人数，需要定义一个计数变量 size，每次输入一个成绩，计数变量 size 的值加 1，最后将成绩的和与人数相除得到平均分。程序实现如程序 4.4 所示。

**【程序 4.4】** 程序 StudentInfo. java。

```
import java.util.Scanner;
public class StudentInfo{
    public static void main(String [] args){
        int size=0;

        double grade=0;
        double averageGrade=0;

        Scanner sc=new Scanner(System.in);

        System.out.println("输入学生成绩:");
        grade=sc.nextDouble();
        while(grade !=-1){
            averageGrade=averageGrade+grade;
            size ++;
            grade=sc.nextDouble();
        }

        averageGrade=averageGrade / size;

        System.out.println("平均成绩:"+averageGrade);
    }
}
```

程序 4.4 的编译和运行结果如图 4.4 所示。

```
D:\program\unit4\4-1\1-4>javac StudentInfo.java

D:\program\unit4\4-1\1-4>java StudentInfo
输入学生成绩:
78
89.5
66.5
81
93
-1
平均成绩: 81.6
```

**图 4.4　程序 4.4 运行结果**

在程序 4.3 中由于先输入了人数 size 的值,因此学生人数在输入成绩的时候已经知道了,这样循环的执行次数就确定了。对于这种已知次数的循环可以使用 for 循环结构,通过设定循环变量的初始值和终值来控制循环的执行。

而程序 4.4 中在执行循环时并不知道循环的次数,是通过判断每次输入的值来决定是否继续执行循环,如果输入－1 则循环结束,否则继续执行循环。如果希望程序在满足一定条件下循环,而不满足条件就结束循环,可以使用 while 循环结构。程序 4.4 中

while(grade != -1)表示 grade 不等于-1 执行循环,否则退出循环。

程序 4.4 有一个需强调说明的地方,在判断循环条件时需要判断 grade !=-1,但对于 double 和 float 类型的数值,由于精度的原因直接判断相等可能会出现问题,工程上一般可以通过判断是否在某一个范围内来实现。例如上例可以使用:

```
abs(grade+1)<0.01
```

表示如果 grade 与-1 差的绝对值小于 0.01,就认为 grade 与 1 相等,对于相等范围的数值(本例中的 0.01)具体是多少可以根据实际问题需要来确定。

## 4.2 相关知识

### 4.2.1 for 循环语句

程序设计中有时需要指定循环次数,这时候可以使用 for 循环来实现,for 循环语句的格式:

```
for(表达式 1;表达式 2;表达式 3){
    多条语句;
}
```

例如程序 4.1 中的 for 循环语句:

```
for(int i=0; i<5; i++){
    grade=sc.nextDouble();
    averageGrade=averageGrade+grade;
}
```

表达式 int i=0 定义循环变量 i 是整型变量,初值为 0。表达式 i<5 表示循环执行条件,当条件成立,即变量 i 小于 5 时,执行循环体{}中的语句;当条件不成立,即 i 不再小于 5 时退出循环。表达式 i++修改循环变量,每执行一次循环,循环变量 i 加 1。

说明:一般在 for 循环中都需要一个循环变量来指示循环次数,如上例的 i;需要给循环变量赋初值,表示循环变量的起始值,如上例的 i=0;还需要在循环过程中修改变量的值,这样可以保证经过多次循环后循环条件不再成立,从而结束循环,如上例的 i++;最后还需要循环执行的条件,如上例的 i<5,当满足条件时执行循环,不满足时循环结束。

### 4.2.2 while 循环语句

程序设计中另外一种循环就是循环次数无法确定,要根据条件来判断是否执行循环,满足一定条件就进行循环,否则就终止循环,这时候就可以使用 while 循环来实现。while 循环语句的格式:

```
while(表达式){
    多条语句;
```

```
}
```

例如程序 4.4 中使用的 while 循环语句：

```
while(grade !=-1){
    averageGrade=averageGrade+grade;
    size ++;
    grade=sc.nextDouble();
}
```

表达式 grade !=－1 是循环控制条件，这个条件满足就执行循环，否则就结束循环。大括号{}里面的语句是循环体，每次循环执行一遍。一般在 while 循环中最重要的就是循环条件，它决定了需要循环多少次，循环条件中的变量在循环体中需要不断改变，最终能够使循环条件不成立，结束循环。例如，程序 4.4 中每次循环重新读入一个 grade 数值，当希望结束循环时读入－1 即可。

## 4.3 训练程序

参考前面的分支和循环程序，设计一个程序显示一个班的平均成绩，并统计一个班成绩不及格（分数小于 60 分）的学生人数。

### 4.3.1 程序分析

计算一个班级的平均成绩可以参考程序 4.4 来实现。为了统计不及格人数需要定义一个变量 count 作为计数器。参考程序 4.4，使用 while 循环处理每个学生的成绩。当读入一个学生成绩后，使用分支语句判断该成绩是否及格，如果不及格则 count 值加 1，否则 count 值不变，循环结束后把得到的不及格人数 count 值输出。

### 4.3.2 参考程序

**【程序 4.5】** 程序 StudentInfo.java。

```
import java.util.Scanner;
public class StudentInfo{
    public static void main(String [] args){
        int size=0;

        //变量 count 记录不及格人数
        int count=0;
        double grade=0;
        double averageGrade=0;

        Scanner sc=new Scanner(System.in);
```

```
        System.out.println("输入学生成绩:");
        grade=sc.nextDouble();
        while(grade !=-1){
            //如果成绩小于 60 分,count 计数
            if(grade< 60){
                count++;
            }

            averageGrade=averageGrade+grade;
            size ++;
            grade=sc.nextDouble();
        }

        averageGrade=averageGrade / size;

        System.out.println("平均成绩:"+averageGrade);
        System.out.println("不及格人数:"+count);
    }
}
```

程序 4.5 执行结果如图 4.5 所示。

```
D:\program\unit4\4-3\3-1>javac StudentInfo.java

D:\program\unit4\4-3\3-1>java StudentInfo
输入学生成绩:
78
89.5
66.5
81
93
55.5
60
59
61
45
-1
平均成绩: 68.85
不及格人数: 3
```

图 4.5 程序 4.5 执行结果

程序 4.5 运行后,输入 10 个学生成绩,用 -1 作为结束标志。统计平均成绩为 68.85,不及格人数为 3。

## 4.4 拓展知识

### 4.4.1 循环语句讨论

Java 语言中除了前面讲的两种循环外,还有 do while 循环、for each 循环和迭代器循

环。后两种循环主要用于循环处理一组对象,将在本书后面章节中介绍。前三种循环是基本的循环结构,for 循环处理确定次数的循环,while 循环根据循环条件来决定是否循环,do while 循环比较少用。

Java 语言中提供了退出循环的语句 break,允许程序从循环中直接退出。例如下面程序段表示当 i 与 k 相等时使用 break 语句强制退出循环。

```
for(int i=0; i<100; i++){
    if(i ==k){
    break;
    }
}
```

建议读者写程序的时候尽量少用或者是不用 break 语句。使用这个语句破坏了程序段单入口单出口的结构,为以后的程序修改带来不便和隐患。软件公司的程序设计规范一般都不建议使用这样的退出方式。上面的程序段可以使用 while 循环来实现,这样就可以避免强制退出。

与第 3 章讨论的一样,在循环语句中也存在循环体是一个语句块还是一条语句的问题。建议读者不管循环体是否为一条语句,都作为语句块来处理,使用大括号{}括起来。这样可以提高程序可读性,降低程序出错的可能性。

### 4.4.2 循环边界检查

在编写循环程序时候,非常重要的问题是循环边界的确定,明确循环次数或者结束循环条件。分析下面程序执行循环的次数。

```
for(int i=0; i<100; i++){
    …
}
```

这个循环正常执行,应该执行循环体 100 次。期间循环变量 i 的值从 0 增长至 99,共计 100 次。在开始学习 Java 程序时,有的读者不能确定究竟循环了多少次,因此导致程序出错。

在循环过程中,需要不断修改循环条件中相关变量的值,这样才能使程序经过一定次数的循环后可以结束循环。看看下面程序段的问题。

```
while(grade !=0){
    averageGrade=averageGrade+grade;
    size ++;
}
```

这段程序是将程序 4.5 中的一部分做了修改,读者可以把它放到一个程序中运行一下,看看结果。实际上这段程序是一个死循环,由于在循环体中没有修改变量 grade 的值,这样循环会一直执行下去,出现死循环。

## 4.5 实做程序

1. 请根据错误提示和程序执行结果找出下列程序中存在错误并分析原因。

(1) 设计程序,计算 1 到 10 的和。

```
public class Test {
    public static void main(String[] args){
        int sum=0;
        for(int i=0; i<10; i++){
            sum=sum+i;
        }
        System.out.println("1到10的和:"+sum);
    }
}
```

运行结果如下:

```
D:\program\unit4\4-5\5-1\1>javac Test.java

D:\program\unit4\4-5\5-1\1>java Test
1到10的和: 45
```

(2) 设计程序,计算 1 到 10 的和。

```
public class Test {
    public static void main(String[] args){
        int sum=0;
        int i =10;
        while(i<10){
            sum=sum+i;
        }
        System.out.println("1到10的和:"+sum);
    }
}
```

运行结果如下:

```
D:\program\unit4\4-5\5-1\2>javac Test.java

D:\program\unit4\4-5\5-1\2>java Test
1到10的和: 0
```

(3) 设计程序,计算 1 到 10 的和。

```
public class Test {
    public static void main(String[] args){
```

```
        int sum=0;
        int i =0;
        while(i<10){
            sum=sum+i;
        }
        System.out.println("1到10的和:"+sum);
    }
}
```

运行结果如下：

```
D:\program\unit4\4-5\5-1\3>javac Test.java

D:\program\unit4\4-5\5-1\3>java Test
_
```

(4) 设计程序，计算 1 到 10 的和。

```
public class Test {
    public static void main(String[] args){
        int sum=0;
        int i=0;
        while(i<10){
            sum=sum+i;
            i++;
        }
        System.out.println("1到10的和:"+sum);
    }
}
```

运行结果如下：

```
D:\program\unit4\4-5\5-1\4>javac Test.java

D:\program\unit4\4-5\5-1\4>java Test
1到10的和: 45
```

(5) 设计程序如下。

```
public class Test {
    public static void main(String[] args){
        final int SIZE=5;
        SIZE=10;
    }
}
```

编译结果如下：

```
D:\program\unit4\4-5\5-1\5>javac Test.java
Test.java:4: 无法为最终变量 SIZE 指定值
                SIZE = 10;
                ^
1 错误
```

(6) 判断相等程序如下。

```
public class Test {
    public static void main(String[] args){
        double grade=70.2;
        if(grade - 70 ==0.2){
            System.out.println("相等");
        }
        else{
            System.out.println("不相等");
        }
    }
}
```

运行结果如下：

```
D:\program\unit4\4-5\5-1\6>javac Test.java

D:\program\unit4\4-5\5-1\6>java Test
不相等
```

2. 编写一个Java程序，分别使用for循环和while循环显示出下面的图形。

```
   *
  ***
 *****
*******
```

要点提示：

(1) 图形中的符号由“*”号和空格组成，作为字符显示；

(2) 使用语句System.out.print("*")显示一个字符，使用语句System.out.println()换行；

(3) 使用两重循环实现，外层循环控制行输出，内层循环控制每一行空格和“*”号的输出。

3. 桌子分为三种不同的类型，包括长方形、方形、圆形。设计一个程序统计不同类型桌子的数量。

要点提示：

(1) 使用数字代表桌子的类型，例如用整数1～3分别代表长方形、方形、圆形；

(2) 输入每张桌子的信息时，只输入桌子类型；

(3) 设计一个结束标志表示桌子输入结束；

(4) 设计三个变量分别作为不同类型桌子的计数器，分别统计不同类型桌子的数量。

4. 设计一个猜数字游戏，程序随机产生一个1～100的整数作为目标数字，用户输入一个整数，如果与目标数字相同，则用户猜中，游戏结束，否则为没有猜中，程序提示用户其所输入的数字比目标数字是大还是小，如果3次均没有猜中，则游戏结束。

要点提示：

(1) 产生1～100随机整数语句如下：

```
x=1+(int)(Math.random()*100);
```

(2) 先生成随机数，再使用循环输入数据并进行判断，直到相等或者超过三次。

# 第 5 章 显示班级成绩单

**学习目标**

- 理解为什么使用数组；
- 掌握数组的定义；
- 掌握应用数组进行程序设计。

## 5.1 示例程序

### 5.1.1 班级平均成绩

第 4 章中介绍了如何计算多个学生的平均成绩。如果想显示一个班学生的平均成绩和每个人的成绩，这时就需要将输入的多个学生成绩进行保存。可以把多个成绩保存到一个数组中，然后进行计算并得到结果。程序代码如程序 5.1 所示。

**【程序 5.1】** 程序 StudentInfo.java。

```
import java.util. Scanner;
public class StudentInfo{
    public static void main(String [] args){
        int SIZE=5;

        double grade[]=new double[SIZE];
        double averageGrade=0;

        Scanner sc=new Scanner(System.in);

        for(int i=0; i<SIZE; i++){
            grade[i]=sc.nextDouble();
        }

        for(int i=0; i<SIZE; i++){
            averageGrade=averageGrade+grade[i];
        }
        averageGrade=averageGrade / SIZE;
```

```
        System.out.println("平均成绩:"+averageGrade);
        for(int i=0; i<SIZE; i++){
            System.out.println("学生成绩:"+grade[i]);
        }
    }
}
```

程序 5.1 的编译和运行结果如图 5.1 所示。

```
D:\program\unit5\5-1\1-1>java StudentInfo
78
89.5
66.5
81
93
平均成绩: 81.6
学生成绩: 78.0
学生成绩: 89.5
学生成绩: 66.5
学生成绩: 81.0
学生成绩: 93.0
```

**图 5.1 程序 5.1 运行结果**

程序 5.1 中定义了数组来保存学生的成绩，数组定义语句如下：

```
double grade[]=new double[SIZE];
```

定义一个双精度 double 类型的数组 grade，数组的长度为 SIZE。需要注意的是数组不是基本类型，而是引用类型，因此需要开辟数据的存储空间。new double[SIZE]的作用就是开辟数组需要的存储空间，开辟空间的大小可以存放 SIZE 个 double 数值。每个数组元素占用一个 double 类型数据的存储空间。上面定义的数组下标范围是 0 到 SIZE−1，共计 SIZE 个元素，一般使用 for 循环来处理数组中的每一个元素。

采用循环语句读入每个学生的成绩，语句 grade[i]＝sc. nextDouble()的作用是把读入的双精度类型的成绩数据存放到 grade 数组的第 i 个元素中，这样通过循环把所有的成绩都读入到数组 grade 中。后面的计算和显示过程与前面的相似，每次循环都将数组 grade 中的一个元素进行累加求和，然后计算并输出平均成绩，最后也是通过循环显示数组 grade 中每个元素的值。由于学生成绩保存在数组 grade 中，因此最后可以再次把学生成绩显示出来。

### 5.1.2 显示最高成绩

程序 5.1 显示了一个班的学生成绩，如果还想知道一个班学生的最高成绩是多少，并把最高成绩显示出来，需要增加一段代码找到最高成绩。改进后代码如程序 5.2 所示。

**【程序 5.2】** 修改程序 StudentInfo. java，显示最高成绩。

```
import java.util. Scanner;
```

```
public class StudentInfo{
    public static void main(String [] args){
        int SIZE=5;

        double grade[]=new double[SIZE];
        double averageGrade=0;
        double maxGrade=0;

        Scanner sc=new Scanner(System.in);

        for(int i=0; i<SIZE; i++){
            grade[i]=sc.nextDouble();
        }

        maxGrade=grade[0];
        for(int i=0; i<SIZE; i++){
            averageGrade=averageGrade+grade[i];
            if(maxGrade<grade[i]){
                maxGrade=grade[i];
            }
        }
        averageGrade=averageGrade / SIZE;

        System.out.println("平均成绩:"+averageGrade);
        System.out.println("最高成绩:"+maxGrade);
        for(int i=0; i<SIZE; i++){
            System.out.println("学生成绩:"+grade[i]);
        }
    }
}
```

程序 5.2 的编译和运行结果如图 5.2 所示。

```
D:\program\unit5\5-1\1-2>javac StudentInfo.java

D:\program\unit5\5-1\1-2>java StudentInfo
78
89.5
66.5
81
93
平均成绩: 81.6
最高成绩: 93.0
学生成绩: 78.0
学生成绩: 89.5
学生成绩: 66.5
学生成绩: 81.0
学生成绩: 93.0
```

图 5.2 程序 5.2 运行结果

找出数组中最大值的方法是，先假设第一个元素是最大的，把它放到变量 maxGrade 中，然后与数组中所有的元素逐一比对，如果发现比 maxGrade 大的元素，就把这个元素放到 maxGrade 中。通过循环，对比数组中所有的元素，最后 maxGrade 中存放的值就是数组中的最大值。

有的读者可能会想：是否可以将最大成绩 maxGrade 的初值设为 0，逐个与学生成绩进行比较，找到最大值。这个方法在本题中是可以的，但是不够安全，有的时候可能会出问题。假设数组中的元素值都是负的，这时候得到的最大值就有问题了。比较安全的方法是把第一个成绩设置为最大值，然后进行比较。

## 5.2 相关知识

### 5.2.1 一维数组

数组是用来存放一组相同类型的数据的复合数据类型，常见的数组是一维数组。一维数组声明的格式定义如下：

```
数组元素类型 数组名[ ];
```

或者：

```
数组元素类型[ ] 数组名;
```

例如程序 5.2 中定义数组 double grade[]，数组元素是 double 类型，数组名为 grade。数组定义后，还需要创建数组。创建数组就是为数组分配存储空间，使用关键字 new 来完成。例如程序 5.2 中的创建语句 grade[]=new double[SIZE]，创建一个有 SIZE 个 double 类型元素的数组，数组的名字是 grade。

数组元素在使用的时候是通过下标来访问的，例如程序 5.2 中的语句 maxGrade=grade[i]，读取 grade 的第 i 个元素，把它赋给变量 maxGrade。

### 5.2.2 多维数组

同样，也可以定义二维数组或者是多维数组，二维数组的定义格式如下：

```
数组元素类型 数组名[ ][ ];
```

二维数组的创建方法也是相同的，例如 double grade[][]=new double[5][6]，表示定义了一个具有 5 行 6 列的二维数组。同样，使用二维数组元素的方式也与一位数组的相同，通过下标来进行访问，例如，grade[3][4]=23.4 表示给数组 grade 的第 3 行第 4 列元素赋值为 23.4。

在 Java 语言中，数组的使用相对 C 语言会比较少，多数情况下会使用集合类来代替数组。有关集合类的定义和使用参见第 21 章。

# 5.3 训练程序

输入一个班学生的成绩，先显示所有及格成绩，再显示所有不及格成绩；最后显示及格人数和不及格人数。

## 5.3.1 程序分析

在程序5.1基础上来完成这个程序，同样还是使用数组来保存学生成绩，使用循环输入学生成绩。再设计一个循环判断每个学生的成绩是否及格，如果及格则输出，这样就可以显示所有及格的成绩。同理也可以显示所有不及格的成绩。定义两个计数器分别用来记录及格学生人数和不及格学生人数。

## 5.3.2 参考程序

**【程序5.3】** 程序StudentInfo.java。

```
import java.util.Scanner;
public class StudentInfo{
    public static void main(String [] args){
        int SIZE=5;
        double grade[]=new double[SIZE];
        int pass=0;                          //定义变量pass对及格成绩进行计数
        int fail=0;                          //定义变量fail对不及格成绩进行计数

        System.out.println("请输入"+SIZE+"个学生的成绩");
        Scanner sc=new Scanner(System.in);
        for(int i=0; i<SIZE; i++){
            grade[i]=sc.nextDouble();
        }
        //统计及格人数，并输出成绩
        System.out.println("及格的学生成绩:");
        for(int i=0;i<SIZE;i++){
            if(grade[i]>=60){
                pass++;
                System.out.println(grade[i]);
            }
        }
        //统计不及格人数，并输出成绩
        System.out.println("不及格的学生成绩:");
        for(int i=0;i<SIZE;i++){
            if(grade[i]<60){
                fail++;
```

```
                System.out.println(grade[i]);
            }
        }

        System.out.println("及格的学生有"+pass+"人");
        System.out.println("不及格的学生有"+fail+"人");
    }
}
```

程序 5.3 的编译和运行结果如图 5.3 所示。

```
D:\program\unit5\5-3\3-1>javac StudentInfo.java

D:\program\unit5\5-3\3-1>java StudentInfo
请输入5个学生的成绩
78
66.5
59
81
93
及格的学生成绩：
78.0
66.5
81.0
93.0
不及格的学生成绩：
59.0
及格的学生有4人
不及格的学生有1人
```

图 5.3　程序 5.3 运行结果

需要对输入的学生成绩进行两遍处理，先使用循环处理所有的成绩，显示及格的学生成绩；再次循环处理所有成绩，显示不及格学生成绩。为了处理方便，使用数组将学生的成绩保存起来。程序中先输入 5 个学生成绩，顺序显示所有及格学生成绩，再显示不及格学生成绩。在显示学生成绩的同时统计及格学生人数、不及格学生人数，最后显示出来。

## 5.4 拓展知识

### 5.4.1 数组讨论

在开发数组应用程序时，经常遇到的问题是数组下标越界。例如在程序 5.1 中定义的数组 double grade[]=new double[SIZE]，这个数组的下标范围是 0 到 SIZE−1，共计 SIZE 个元素。常见的错误是访问了下标为 SIZE 的单元，这时会报错。例如程序段：

```
int SIZE=5;
double grade[]=new double[SIZE];
double averageGrade=0;
grade[SIZE]=96;
```

在运行时会抛出异常，如图 5.4 所示。

```
D:\program\unit5\5-3\3-1>javac StudentInfo.java

D:\program\unit5\5-3\3-1>java StudentInfo
Exception in thread "main" java.lang.ArrayIndexOutOfBoundsException: 5
        at StudentInfo.main(StudentInfo.java:7)
```

图 5.4　数组下标越界异常

这个例子说明两个问题。第一个问题是在使用数据元素时，应该小心自己的代码是否会下标越界。上面例子比较简单，在实际应用中，数据下标可能是一个复杂表达式或方法的返回值，这时候需要小心处理。第二个问题是在程序设计时候需要考虑，如果出现数据下标越界的情况应该有相应的异常处理机制，这样可以保证程序的正确性和有效性。有关异常处理机制参见第 17 章。

一般在对数组进行处理的时候经常使用 for 循环，例如程序 5.1 中的程序段：

```
for(int i=0; i<SIZE; i++){
    averageGrade=averageGrade+grade[i];
}
```

这是常见的程序段，使用循环变量 i 来访问数组 grade 中的每个元素。需要注意的是，一般在循环体中不要修改循环变量 i 的值。如果在循环中对变量 i 的值进行了修改，程序运行可能会出问题。例如上面程序段修改为：

```
for(int i=0; i<SIZE; i++){
    averageGrade=averageGrade+grade[i];
     i++;
}
```

在这段程序中，循环变量 i 的值在循环体中被修改，因此得到的结果可能会出现错误。这也是使用循环处理数组经常遇到的问题。

### 5.4.2　数组的存储

在程序中定义的每一个变量，在程序运行期间都对应一个内存单元，变量的值保存在内存单元中。关于变量定义的详细说明见第 2 章。

一个数组变量本质上就是一组变量，每个数组元素都是一个变量。数组变量可以存放多个类型相同的数据。例如，程序 5.3 中定义的数组变量 grade：

```
int SIZE=5;
double grade[]=new double[SIZE];
```

与普通变量类似，这段程序段在运行时，数组变量 grade 会在内存中对应一段存储区域，里面包括 SIZE 个存储单元，示意图如图 5.5 所示(图中的 SIZE 为 5)。数组 grade 占用 5 个连续的存储空间,每个存储空间分别对应下标为 0～4 的数组元素。如果想给下标为 2 的数组元素赋一个双精度的数值 67.8,则使用语句 grade[2]=67.8,即通过下标实现对数组元素的访问。

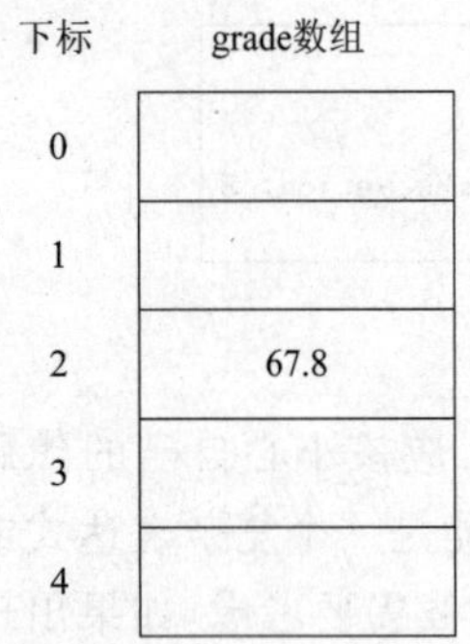

**图 5.5 数组内存示意图**

图 5.5 只是一个示意图,用来说明一个数组在内存中的存储方式。在实际的 Java 虚拟机中,变量 grade 保存在运行栈的数据区中,而图 5.5 中数组的存储空间则是在堆区中。定义数组的语句:

```
double grade[]=new double[SIZE]
```

表示的具体含义是,定义一个 double 类型数组,数组名字是 grade,变量 grade 保存在栈上。new double[SIZE]表示在堆中开辟一个存储空间,大小是 SIZE 个 double 类型的存储空间。定义语句中"="的作用是让 grade 指向堆中开辟的空间。相关内容参考第 8 章中对象和实例部分的讲解,读者也可以参考有关书籍。

## 5.5 实做程序

1. 定义一个数组来保存教师工资,编写程序找出并显示最高工资。

要点提示:参考程序 5.2 实现。

2. 定义一个数组来保存教师工资,编写程序找出并显示最高工资,指出是第几个工资最高。

要点提示:

(1) 参考程序 5.2 实现;

(2) 增加一个变量 k 来记录数值中的最高工资对应下标。

3. 定义一个数组来保存教师工资,把最高工资与数组中第一个元素进行交换,输出交换后的数组。

要点提示:

(1) 找出最高工资和对应下标,例如 s[i];

(2) 与第一个交换,交换是 s[0]和 s[i],可以使用中间变量 temp 实现。

4. (选做) 在题 3 基础上修改程序,将教师工资按从高到低顺序进行排序。

要点提示:

(1) 假设有 n 个教师,定义数组保存教师工资;

(2) 排序算法:找出数组中最大元素放在第一个,接下来对数组中除第一个以外的元素;重复上面过程,直到最后。这样完成一个工资从大到小的排序。最后显示排序结果;

(3) 使用双循环实现;

(4) 外层循环从 0 到 n−1 循环,循环变量 i;

(5) 内层循环从 i 到 n 循环,找到最大工资,对应下标为 k;

(6) 交换下标 i 和下标 k 对应的数组元素。

5. 在第 4 章实做程序第 4 题猜数字游戏的基础上进行改进，允许用户猜多次，直到猜中为止。将每次用户输入的数字和对应的结果记录下来，最后显示正确结果和猜数过程。例如，如果答案是 15，用户输入 23，10，18，15。程序显示结果如下：

正确答案：15

猜数过程：23,10,18,15

# 第6章 显示学生基本信息

**学习目标**

- 了解 Java 方法的设计过程；
- 掌握 Java 方法的提取过程；
- 理解 Java 方法的参数传递过程。

## 6.1 示例程序

### 6.1.1 程序实现

在前面的程序中，所有的实现部分都编写在方法 main 中，例如第 3 章的程序 3.1，显示一个学生基本信息，去掉注释程序代码如程序 6.1 所示。

**【程序 6.1】** 程序 StudentInfo. java。

```
public class StudentInfo{
    public static void main(String [] args){
        String name="张三";
        int age=23;
        double grade=87.67;
        String result="通过";

        if(grade< 60){
            result="不通过";
        }

        System.out.println("姓名:"+name);
        System.out.println("年龄:"+age);
        System.out.println("成绩:"+grade);
        System.out.println("考试结果:"+result);
    }
}
```

现在详细分析一下，这个程序可以正确完成希望的功能，但是也存在不足。例如，程序在一个 main 方法中完成了变量定义、赋值、不及格处理和结果显示等多个不同的功能。

更好的程序应该是每个方法完成一个功能，这样就需要进行方法拆分处理，把完成各个独立功能的程序段都提取出来，设计成独立的方法。

### 6.1.2 处理部分提取

首先来看程序 6.1，程序中有一个判断学生是否通过考试的程序段，这个程序段的功能是根据学生的成绩是否小于 60 分来判断是否通过考试，可以提取出来作为一个单独的方法来实现，这样修改后的代码如程序 6.2 所示。

**【程序 6.2】** 修改后程序 StudentInfo.java。

```
public class StudentInfo{
    public static void main(String [] args){
        String name="张三";
        int age=23;
        double grade=87.67;
        String result=judge(grade);

        System.out.println("姓名:"+name);
        System.out.println("年龄:"+age);
        System.out.println("成绩:"+grade);
        System.out.println("考试结果:"+result);
    }

    public static String judge(double grade){
        String result="通过";
        if(grade<60){
            result="不通过";
        }
        return result;
    }
}
```

程序 6.2 的编译和运行结果如图 6.1 所示。

```
D:\program\unit6\6-1\1-2>javac StudentInfo.java

D:\program\unit6\6-1\1-2>java StudentInfo
姓名：张三
年龄：23
成绩：87.67
考试结果：通过
```

**图 6.1 程序 6.2 运行结果**

前面编写的程序都是一个类里面只有一个 main()方法，在 main()方法中完成全部功能。程序 6.2 把判断是否通过考试的程序段提取为一个单独的方法 judge()。方法包括两个部分：方法头和方法体。

方法头定义了方法的样式，例如：

```
public static String judge(double grade)
```

方法名字是 judge，返回类型是 String，括号里面的 double grade 是方法的参数，又称为形参，表示学生的成绩。

方法体是方法头后面大括号{}内的多条语句，完成的功能是根据成绩 grade 判断考试是否通过，结果放到 result 变量中。方法体最后一条语句是返回语句 return result，把得到的结果 result 返回给调用程序。语句 return 的返回类型必须与方法的返回类型一致，否则编译时会报错，比如 result 与 judge()方法的返回类型都是 String 类型。

在 main()方法中调用了 judge()方法，调用语句如下：

```
String result=judge(grade);
```

这个语句中的 grade 也是参数，称为实参。过程调用时把实参的值传递给形参，也就是传递 judge()方法定义中的 grade 参数。过程调用结束后，把结果返回给调用者，也就是把 judge()方法中返回的 result 回传给调用语句 String result＝judge(grade)中的 result 变量。

### 6.1.3 读入部分提取

学生成绩可以像其他程序一样从键盘输入，这样输入部分也可以单独提取出来作为一个方法来实现，修改后代码如程序 6.3 所示。

**【程序 6.3】** 修改程序 StudentInfo.java。

```
import java.util. Scanner;
public class StudentInfo{
    public static void main(String [] args){
        String name="张三";
        int age=23;
        double grade=input();
        String result=judge(grade);

        System.out.println("姓名:"+name);
        System.out.println("年龄:"+age);
        System.out.println("成绩:"+grade);
        System.out.println("考试结果:"+result);
    }

    public static String judge(double grade){
        String result="通过";
        if(grade<60){
            result="不通过";
        }
```

```
        return result;
    }

    public static double input(){
        Scanner sc=new Scanner(System.in);
        return sc.nextDouble();
    }
}
```

程序 6.3 的编译和运行结果如图 6.2 所示。

```
D:\program\unit6\6-1\1-3>javac StudentInfo.java

D:\program\unit6\6-1\1-3>java StudentInfo
67.5
姓名：张三
年龄：23
成绩：67.5
考试结果：通过
```

图 6.2 程序 6.3 运行结果

与程序 6.2 相似，程序 6.3 提取出了一个方法 public static double input()，这个方法没有参数，返回一个 double 类型的数据，也就是输入的学生成绩。

有的读者可能会问，一般一个方法达到多少行代码的时候就需要进行提取了？Java 程序提倡小方法，每个方法完成一个独立的功能。一般一个方法应该是几条或者是十几条语句，如果代码再多就应该考虑方法提取了，关于方法提取可以参考相关文献。

## 6.2 相 关 知 识

### 6.2.1 Java 方法

Java 语言中一个类可以有多个方法，例如程序 6.3 中类 StudentInfo 包括三个方法：main()、judge()和 input()。把功能独立的程序段提取成一个单独的方法主要基于以下两个方面的原因进行考虑。

第一个原因是，一个独立的方法可以更方便地描述完成的功能。例如上例中的方法 input()完成一个独立的功能，从键盘读入一个 double 类型的数据。

```
public static double input(){…}
```

比较提取方法 input 前后的程序段可以明显看出，语句 double grade=input()提高了程序的可读性，看到方法名字 input 很容易让人联想到这是一个输入方法。一个恰当的方法名可以很好地提高程序可读性。

第二个原因是，减少重复的代码段。对于程序中多次出现的相同或相似的代码段，应该把这些代码段设计成一个方法，减少程序中的重复代码。例如下面程序段代码。

```
public class Test{
    public static void main(String [] args){
        double grade=70;
        if(grade<60){
            System.out.println("未通过考试");
            System.out.println("成绩为:"+grade);
        }
        else{
            System.out.println("通过考试");
            System.out.println("成绩为:"+grade);
        }
    }
}
```

代码中有两处显示考试结果和分数的程序段，可以考虑提取出一个方法 display 来减少重复代码，修改后代码如下。

```
public class Test{
    public static void main(String [] args){
        double grade=70;
        if(grade<60){
            display("未通过考试", grade);
        }
        else{
            display("通过考试", grade);
        }
    }
    public static void display(String result, double grade){
        System.out.println(result);
        System.out.println("成绩为:"+grade);
    }
}
```

减少重复代码的好处是提高程序可读性，让程序看起来更优雅，减少程序出错的机会，方便程序的修改。

需要说明的是，上面提取的方法在定义中都有 static 关键字，关于这个关键字的作用将在第 12 章中详细说明。现在只要按照给出的样式来写就可以了。

### 6.2.2 参数传递

相似的程序段提取成一个方法后，可以通过方法的参数把原来两个程序段不同之处统一起来。例如上面例子中的 display()方法。

```
public static void display(String result, double grade){
    System.out.println(result);
    System.out.println("成绩为:"+grade);
}
```

方法 display()有两个参数,分别是:

result:表示考试结果,字符串类型。

grade:表示考试成绩,双精度类型。

方法 display()中定义的参数 result 和 grade 称为方法的形式参数,简称形参。方法体中使用形参来显示考试的结果和成绩。在前面程序段中调用 display()方法两次,调用代码段如下:

```
if(grade<60){
    display("未通过考试", grade);
}
else{
    display("通过考试", grade);
}
```

语句 display("未通过考试", grade)表示调用 display 方法,"未通过考试"和 grade 变量称为方法的实际参数,即是在调用方法时实际使用的变量或数据。

在调用 display()方法时,需要把数据"未通过考试"和 grade 分别传给形参 result 和 grade,在逻辑上相当于做了如下赋值:

```
result="未通过考试";
grade=grade;
```

方法最后一条是返回语句,例如程序 6.3 的 input()方法,使用语句 return sc.nextDouble()把输入的双精度数返回给调用语句 grade=input()中的 grade 变量。

```
public static double input(){
    Scanner sc=new Scanner(System.in);
    return sc.nextDouble();
}
```

方法 main()执行到语句 grade=input()时,会先暂停 main 方法执行,转到方法 input()中执行,input()方法执行完成后再返回到 main()方法中的调用语句 grade=input(),将得到的结果赋给变量 grade。

## 6.3 训练程序

第 5 章中的程序 5.1 的 main 方法中包括多个小功能,可以进行方法提取,将独立的功能作为方法提取出来。

### 6.3.1 程序分析

首先程序 5.1 的输入部分可以提取出来作为一个单独的方法，具体实现与程序 6.3 的 input()方法提取过程相同。接下来可以继续提取程序 5.1 中计算平均成绩的程序段，需要说明的是，这里要将数组作为参数进行传递。提取方法后代码如程序 6.4 所示。

### 6.3.2 参考程序

**【程序 6.4】** StudentInfo.java 修改程序 5.1。

```
import java.util.Scanner;
public class StudentInfo{
    public static void main(String [] args){
        int SIZE=5;
        double grade[]=new double[SIZE];

        System.out.println("请输入"+SIZE+"个学生的成绩");
        for(int i=0; i<SIZE; i++){
            grade[i]=input();
        }
        //调用 average 方法，计算平均成绩并输出。
        System.out.println("平均成绩:"+average(grade,SIZE));
        for(int i=0; i<SIZE; i++){
            System.out.println("第"+(i+1)+"学生成绩:"+grade[i]);
        }
    }
    public static double input(){
        Scanner sc=new Scanner(System.in);
        return sc.nextInt();
    }

    //计算平均成绩
    public static double average(double grade[],int size){
        double averageGrade=0;
        for(int i=0; i<size; i++){
            averageGrade=averageGrade+grade[i];
        }
        averageGrade=averageGrade / size;

        return averageGrade;
    }
}
```

读者可以自己来编译运行程序 6.3，并与程序 5.1 的运行结果进行比较。这两个程序完成的功能是一样的。仔细研究程序6.3可以发现，输入全部学生成绩和显示全部学生成绩两个部分的代码可以继续提取成两个方法。这个部分读者可以自己来尝试完成。

## 6.4 拓展知识

### 6.4.1 方法重构

大多数程序员入职第一项常见的工作是修改已有项目的错误，当你有一定的语言基础后就会发现每个项目的代码都有很多不如人意的地方，甚至可以挑出一大堆的问题，很多程序员会抱怨原来的开发人员，并产生抵触情绪。其实这个时候也可以从好的方面去想，可以自己尝试改进已有的代码，这个过程称为代码重构。

代码重构的第一步是从方法重构开始的，也就是方法提取，尽量把原有程序中复杂的方法提取成多个简单的方法。

更进一步的是业务流程的重构和整个软件设计框架的重构，这个方面就涉及到具体的项目业务和更深的计算机专业知识了。

通过前面的学习，读者可以知道如何进行方法的重构，也可以自己尝试进行方法重构。如果想了解更详细的方法重构内容可以参考相关资料。

### 6.4.2 方法存储

第2章中介绍了Java虚拟机的体系结构，其中有一个部分就是方法区。编译后的Java方法就保存在这个区域中。

Java语言源程序经过编译得到相应的class文件，这个过程读者已经比较熟悉了。每一个Java方法在编译后的class文件中对应着一段代码，就是Java虚拟机可以识别和执行的指令代码。当一个class文件装入内存后，会在对应方法区开辟一块空间来保存装入的这个类，其中每一个方法对应一段Java虚拟机的执行程序。当运行一个Java程序时，Java虚拟机从main()方法开始执行，按照程序的执行次序调用不同的方法，完成全部的功能。有关Java语言class文件方法的存储可以参考相关资料。

## 6.5 实做程序

1. 对第5章实做程序1的实现代码进行方法提取，参考程序6.4来完成。

要点提示：

(1) 输入工资部分提取；

(2) 显示最高工资部分提取。

2. 对程序5.3进行方法提取，参考程序6.4来完成。

要点提示：

(1) 输入成绩部分提取；

(2) 显示及格成绩部分提取；

(3) 显示不及格成绩部分提取。

3. 对第 5 章实做程序 5 的实现代码进行方法提取,参考程序 6.4 来完成。

要点提示:

(1) 生成随机数部分提取;

(2) 输入猜数部分提取;

(3) 显示结果部分提取。

# 第二篇

# 面向对象程序设计

第一篇主要是让读者学会Java语言的基础知识和基本语法，能够编写和调试Java程序，培养学习Java程序的信心和兴趣。第二篇是本书的重点，介绍Java语言的面向对象程序设计方法和技术。

学校一般都是在C语言课程之后开设Java语言。Java语言语法和C语言很像，所以开始学习Java的时候很容易产生错觉，会认为两个语言应该差不多。但实际上两者差别很大，C语言是面向过程的语言，主要从处理流程角度来考虑问题和组织程序；而Java语言是面向对象语言，从对象角度来考虑问题和组织程序。C语言的核心是函数和指针。Java语言核心是封装、继承和多态。学习Java语言的基础是类的定义以及如何组织一个类，而具体的处理流程则构成了类内的方法。因此本书在实例设计上充分考虑到这一点，第一篇从显示学生基本信息、处理学生成绩开始，第二篇则接着对学生信息进行提取和抽象，形成类。这样很自然地引出了类的概念，实现了程序设计思路从程序流程处理平滑过渡到对象与类。

面向对象程序设计作为一种流行软件开发技术，是通过面向对象程序设计语言来体现的。目前最流行的面向对象程序设计语言是Java。与其他的面向对象程序设计语言一样，Java语言设计出的程序是由类和对象组成的，每个类又有属性和方法。Java语言有三个基本的特征：封装、继承和多态。

本篇仍然通过一个个具体的实例来讲解Java类的定义和组成，对象实例化过程，类的封装和Java类的构成，类的组合关系和类的继承关系，继承的实现方法，类的静态属性和静态方法，对象多态的实现，抽象类和接口的定义与应用。本篇的重点是学会如何设计面向对象程序，如何编写面向对象程序来解决问题，最后还给出了一个体现面向对象特色的框架程序实例，让读者了解和学习如何设计具有面向对象味道的程序。

# 第 7 章 简单 Student 类

**学习目标**

- 了解面向对象程序设计的概念；
- 理解类的概念、面向对象程序设计方法；
- 掌握类程序的设计方法。

## 7.1 示例程序

### 7.1.1 显示学生信息

第一篇中多次讲到了显示学生基本信息的程序。学生基本信息包括学生的姓名、年龄和成绩，显示学生基本信息程序如 7.1 所示。

**【程序 7.1】** 程序 Student.java，显示学生基本信息。

```
public class Student{
    public static void main(String [] args){
        String name="张三";
        int age=20;
        double grade=80;
        System.out.println("姓名:"+name);
    }
}
```

程序 7.1 中的学生基本信息定义和显示都放在了 main 方法中。仔细分析一下，学生的姓名、年龄和成绩是描述每一个学生的特征数据，因此应该单独提出来放到学生类 Student 中。修改后的程序如程序 7.2 所示。

**【程序 7.2】** 对程序 Student.java 进行属性提取。

```
public class Student{
    String name="张三";
    int age=20;
    double grade=80;

    public static void main(String [] args){
```

```
        Student s=new Student();
        System.out.println("姓名:"+s.name);
    }
}
```

程序 7.2 运行结果与程序 7.1 相同，读者可以自己编译、运行程序，查看结果。提取出学生的特征数据后，在 main()方法中增加了一条语句：

```
Student s=new Student();
```

这条语句的作用是创建 Student 类对象 s，详细工作过程后面详述，在此读者只要知道这样写就可以了。下面继续分析程序 7.2，显示学生信息的语句同样也可以提取出来，单独放到一个方法中。按照这样的思路来改进程序，修改后的程序如 7.3 所示。

**【程序 7.3】** 程序 Student.java 进行方法提取。

```
public class Student{
    String name="张三";
    int age=20;
    double grade=80;

    public void display(){
        System.out.println("姓名:"+name);
    }

    public static void main(String [] args){
        Student s=new Student();
        s.display();
    }
}
```

程序 7.3 运行结果如图 7.1 所示。

```
D:\program\unit7\7-1\1-2>javac Student.java

D:\program\unit7\7-1\1-2>java Student
姓名：张三
```

图 7.1　程序 7.3 运行结果

在 Java 语言中，类的概念是描述一类事物，例如学生类 Student，用于描述学生这一类人。程序 7.3 给出了 Student 类的定义，这个类有三个属性：

- name：学生姓名。
- age：学生年龄。
- grade：学生成绩。

类中定义多个变量来描述类的特征的信息，称为属性，例如上面的 name、age 和

grade。类 Student 还定义了一个方法 display()，这个方法显示学生的信息，程序中只显示了学生的姓名，同样也可以显示学生的年龄和成绩。

每个类中的一个具体事物称为对象，例如学生“张三”“李四”是一个个具体的学生，都是学生类 Student 的对象。在程序 7.3 的主方法 main 中，定义学生对象的语句：

```
Student s=new Student();
```

定义了一个 Student 类的对象 s，语句 s.display()调用类 Student 中定义的 display()方法显示一个学生的姓名。

总结一下，Student 类的定义包括了两个部分：属性和方法。类的属性是用来描述类的每一个对象的具体特征，类的方法用来描述对象的行为，也就是类的对象可以做哪些操作。

变量 s 是类 Student 的一个对象，是指一个具体的学生“张三”。我们可以简单地把类理解为一个类型，把对象理解为一个变量。语句 s.display()则是执行这个对象 s 的方法 display()，显示一个具体学生对象 s 的信息。后面经常讲到调用对象的方法，实际上就是调用对象对应的类的方法。在面向对象程序设计中，多数情况下都是通过对象来调用某一个方法的，例如上面的语句 s.display()就是利用对象 s 来调用方法 display()。

### 7.1.2 增加测试类

程序 7.3 中有一个 main()方法，这个方法的作用是提供一个程序执行的入口，在 Java 语言中，程序是从 main()方法开始执行的。前面讲的程序都包括一个 main()方法，但在实际应用中一个应用软件可能包含多个类，如果每个类都有一个 main()方法显然是没有必要的。因此可以把 main()方法单独提取出来，放到另外一个类中，称这个类为引导类或测试类，修改后的程序如 7.4 所示。

**【程序 7.4】** 提取出 main()方法后的学生类程序 Student.java。

```
public class Student{
    String name="张三";
    int age=20;
    double grade=80;

    void display(){
        System.out.println("姓名:"+name);
    }
}
```

测试类 Test 程序如程序 7.5 所示。测试类的名字可以自己定义。通过增加测试类可以让学生类 Student 中内容更单纯，只有学生的属性和方法。在 Java 程序设计中，经常需要设计一个类来测试另一个类，例如下面使用 Test 类来测试 Student 类程序，因此通常将完成 Test 类功能的类称为测试类。本书后面程序中测试类都使用 Test 类，不再单独说明。

【程序 7.5】 测试类程序 Test.java。

```
public class Test{
    public static void main(String [] args){
        Student s=new Student();
        s.display();
    }
}
```

编译程序 7.4 和程序 7.5，运行程序 7.5 得到运行结果与程序 7.3 相同，如图 7.2 所示。编译时可以只编译程序 Test.java，编译程序会自己找到需要编译的 Student.java 类进行编译，读者运行编译命令：

```
javac Test.java
```

将编译 Test.java 程序以及与这个程序相关的所有类程序，例如 Student.java 程序。读者可以自己查看生成的 class 文件，就可以看到两个 Java 程序文件都进行了编译。

```
D:\program\unit7\7-1\1-4>javac Test.java

D:\program\unit7\7-1\1-4>java Test
姓名：张三
```

图 7.2 程序 7.5 运行结果

Java 程序设计语言没有规定类的属性和方法的定义顺序。一般的 Java 程序设计规范都约定先编写类的属性，后编写类的方法。

# 7.2 相关知识

## 7.2.1 Java 类定义

Java 程序设计语言中，类的定义格式包括类的声明和类体两个部分，具体格式为：

```
public class 类名{
    属性定义
    方法定义
}
```

类的声明部分包括关键字 class，指示要声明的部分是一个类。类名是一个标识符，指示一个类的名字。类名后面是一对大括号{}。大括号{}里面是类体，有属性定义和方法定义两个部分。例如程序 7.4 中类 Student 的定义，类名是 Student，定义三个属性 name、age 和 grade，定义一个方法 display()。

类的属性是一些特征数据，用于区分类中的每一个对象，也可以说类中每个对象对应的特征数据的值是不同的。属性的定义与普通变量定义过程相似，可以简单理解属性就是在类中定义的变量。例如程序 7.4 中类 Student 有三个属性：name、age 和 grade，程序

段为：

```
public class Student{
    String name="张三";
    int age=20;
    double grade=80;
    …
}
```

类中不同的对象有不同的特征数据，例如对象s，属性name取值为“张三”，属性age取值是20，属性grade取值80。对于同一个类的另一个对象取值可能就不同了，例如可以再定义一个对象s1，三个属性的取值可能分别是：“李四”、20、95。不同的对象属性的取值一般不会完全相同。

### 7.2.2 类的方法

类的方法是描述对象的行为，也就是对象可以完成的操作。方法的定义格式为：

```
返回类型 方法名{
    方法体
}
```

返回类型是方法执行完成后返回值的数据类型，如果没有返回值则使用void类型。方法名是一个标识符，表示一个方法的名字，使用这个名字来调用这个方法。方法体是一组语句，完成需要的功能。例如程序7.4中的学生类就有一个方法display()，程序段为：

```
public class Student{
    …
    void display(){
        System.out.println("姓名:"+name);
    }
}
```

方法display()的返回值是void，方法名是display，方法体有一条语句：

```
System.out.println("姓名:"+name);
```

这个方法实现的功能是显示学生的姓名。Java语言的方法都定义在类中，是属于某一个类的方法，因此调用方法的时候需要指示调用的是哪个类或者对象的方法。例如程序7.4中的s.display()，就是明确指示调用对象s的方法display()。也有一些方法可以直接使用类名调用，格式是：

```
类名.方法名
```

例如第4章实做程序第4题中访问随机数方法Math.random()，使用类名Math来访问它的静态方法 random()(静态方法将在第 12 章中详细介绍)。如果同一个类中的方法相互调用,可以直接调用,不需要指定类名或者对象名,例如程序 6.3 中语句:

```
double grade=input()
```

直接调用了本类的方法 input()。很多读者学习 Java 语言之前学习过 C 语言。C 语言的函数与 Java 语言的方法很类似。在 C 语言中,程序是按照函数进行组织的,所有的函数都是可以直接调用的。而在 Java 语言中程序是按照类进行组织的,每个方法都是在某一个类中定义的方法,因此访问方法的时候需要指定访问的是哪个对象或者类的方法。对有过 C 语言编程经验的读者一定要注意这一点区别。

## 7.3 训练程序

参照前面的示例程序 7.4,可以来设计一个教师类 Teacher,教师类包括的属性有:姓名、年龄、工资和职称,设计一个方法显示教师的基本信息。

### 7.3.1 程序分析

设计一个教师类 Teacher,Teacher 类定义的主要属性和方法如下,同样参考程序 7.5 设计测试类 Test。

类名:Teacher。

四个属性:

姓名:name,类型:String。

年龄:age,类型:int。

工资:salary,类型:double。

职称:professionalTitle,类型:String。

一个方法:display()。

方法功能:显示教师的姓名和工资。

### 7.3.2 参考程序

**【程序 7.6】** 定义教师类程序 Teacher.java。

```
public class Teacher{
    String name="张老师";
    int age=34;
    double salary=1234;
    String professionalTitle="教授";

    public void display(){
        System.out.println("姓名:"+name);
        System.out.println("工资:"+salary);
```

```
    }
}
```

【程序 7.7】 测试类程序 Test.java。

```
public class Test{
    public static void main(String [] args){
        Teacher t=new Teacher();
        t.display();
    }
}
```

程序 7.7 的运行结果如图 7.3 所示。

```
D:\program\unit7\7-3\3-1>javac Test.java

D:\program\unit7\7-3\3-1>java Test
姓名：张老师
工资：1234.0
```

图 7.3　程序 7.7 运行结果

程序 7.6 定义了一个教师类，包括属性和方法，程序 7.7 使用程序 7.6 定义的类 Teacher，定义了该类的一个对象 t，然后调用 display()方法显示一个教师的信息。

## 7.4　拓 展 知 识

### 7.4.1　为什么引入类

要说清楚为什么引入类的概念，还需要从程序设计语言的发展过程说起。早期程序设计语言(如 Fortran)的组织单位是程序。一个程序完成用户需要的所有工作。随着软件越来越复杂，一个程序的代码行数可能达到几千行甚至上万行，这时候想编写一个正确的程序或者修改程序中的错误都变得异常困难，为了解决这个问题，提出了结构化程序设计思想。

C 语言是典型的结构化程序设计语言，它的组织单位是函数(类似于 Java 语言中的方法)，每个函数的规模明显变小，程序组织能力也明显增加了。随着开发的软件规模继续增大，软件复杂度继续提高，软件规模增加到几十万行代码，函数的个数可能达到几万个。此时如何有效组织这些函数就是一个很难处理的问题，因此提出了面向对象的程序设计思想。

面向对象程序设计的组织单位是类，按照软件所解决问题的领域概念来组织形成多个不同的类，每个类包括多个属性和方法。面向对象程序设计让程序设计的基本单位从函数变成了类，每个类可以包括多个属性和方法，有效提高了程序的组织能力，可以应对更大规模、更复杂的问题。

与结构化程序设计相比，面向对象程序设计在设计理念上也发生了很大的变化。结构化程序设计强调从处理流程角度来考虑问题。因此在设计程序的时候，需要先画一个流程图，理清楚程序设计的思路，按照这个思路来设计程序。例如求两个数的和，解决这个问题分三步：

第一步，输入两个数；

第二步，求和；

第三步，显示结果。

按照这个步骤实现的示例程序段如下：

```
Scanner sc=new Scanner(System.in);
int a=sc.nextInt();
int b=sc.nextInt();
int c=a+b;
System.out.println("结果:"+c);
```

面向对象程序设计则是从问题领域的概念出发，找出要解决的问题都涉及到哪些概念，把这些概念组织成一个个的类，设计出类的属性和方法，通过类间互动来完成需要的工作。例如需要显示学生信息，这时需要分析问题，先找到学生类，找出学生类的属性和方法，包括一个显示学生信息的方法，最后使用Java程序设计语言组织类Student，结果如程序7.4所示。原来结构化程序设计的处理过程演变成了类的方法。

类是面向对象程序设计的基本单位，也是Java程序的基本组成单位。引入类的目的是为了提高语言的程序组织能力。可以简单地说，引入类的目的是为了处理更复杂的问题。有关面向对象的概念可以参考相关资料。

### 7.4.2 变量作用域

到目前为止，接触到的Java程序设计语言中的变量有三类：

第一类，方法中的局部变量；

第二类，方法中的参数；

第三类，类的属性。

每一类变量都有不同的作用域。变量的作用域就是变量在程序中可以使用的范围，从变量定义开始，到变量不再可用为止。第一类变量是方法的局部变量，例如程序7.1中的变量name定义在方法main()中，只在方法main()中可以使用。严格地说，变量name的作用域是从name定义开始到main()方法结束，在这个范围内都可以使用这个变量。局部变量有一个特例就是语句块中定义的变量，例如程序5.1中的程序段。

```
for(int i=0; i<SIZE; i++){
    grade[i]=sc.nextDouble();
}
```

变量i只在这个程序块(指上面程序段)内有效，出了这个程序块变量i就不能再使用了。这类变量也称为代码块局部变量。代码块通常是指一个复合语句或控制语句,复合语句是指用{}括起来的一组语句,控制语句则是分支语句或循环语句。

第二类变量是参数,例如程序 6.3 中方法 judge 有一个形参 grade。形参在整个方法中有效,在整个方法中都可以使用。

```
public static String judge(double grade){
    String result="通过";
    if(grade<60){
        result="不通过";
    }
    return result;
}
```

第三类变量就是类的属性,例如程序 7.2 中的 name 属性,类中属性的作用域至少在类内是有效的,也就是说类中定义的属性在这个类中可以直接访问。超出这个类是否能够访问就要看属性的访问控制权限了。关于访问控制权限将在第 8 章中详细说明。

## 7.5 实做程序

1. 修改程序 7.4 的方法 display(),显示学生的姓名、年龄和成绩信息。

要点提示:

(1) 在方法 display()中用三条显示语句分别显示姓名、年龄和成绩;

(2) 显示语句的格式参考程序 7.4 中的语句。

2. 参考程序 7.4 设计一个工人类 Worker,属性有姓名、年龄、工资、级别,设计一个方法显示工人的基本信息。参考程序 7.5 设计测试类显示工人基本信息。

要点提示:

(1) Worker 类属性:姓名、年龄、工资、级别;

(2) Worker 类方法:display()。

3. 参考程序 7.4 设计一个手机类 MobilePhone,属性包括品牌(brand)和号码(code)。参考程序 7.5 设计测试类显示手机基本信息。

要点提示:

(1) MobilePhone 类属性:品牌,号码;

(2) MobilePhone 类的显示方法:display()。

# 第 8 章 Student 类对象

**学习目标**

- 理解访问控制权限，应用访问权限控制来设计程序；
- 掌握对象定义和实例化的过程；
- 了解对象在Java虚拟机中的存储机制。

## 8.1 示例程序

### 8.1.1 访问控制权限

在之前的类定义中，每个类的前面都加了一个关键字public，用来说明类的访问控制权限，表示这个类是公有的。实际上，类的属性和方法都可以加上访问权限控制，增加访问控制权限的Student类如程序8.1所示。

**【程序8.1】** 增加访问控制权限的学生类程序Student.java。

```
public class Student{
    private String name="张三";
    private int age=20;
    private double grade=80;

    public void display(){
        System.out.println("姓名:"+name);
    }
}
```

Java程序设计语言中，访问权限共计分成四类：公有public、私有private、保护protected和默认(不写权限)。

- public：公有，表示类、成员变量和方法允许该类或其他类的对象访问；
- private：私有，表示类、成员变量和方法只允许在该类内访问；
- protected和默认访问权限后面再进行介绍。

访问控制权限的设计是一个比较复杂的问题，需要有丰富的Java程序设计经验。一般情况下，可以简单地把所有属性都设置为private权限，所有类和方法都设计为public权限，这样基本上能够满足大多数情况的需要。当面向对象程序设计能力达到一定水平后，读者就可以自己来确定究竟应该使用哪个权限比较合适。

测试类 Test 内容不变，如程序 7.5 所示，不再列出。程序运行结果也不变，如图 7.1 所示。读者可以自己尝试编译运行这个程序，验证程序执行结果。

### 8.1.2 添加构造方法

前面设计的学生类 Student 中直接指定了类的属性值，例如属性 name 的值为“张三”。但在实际的程序设计中，类的属性值是需要根据实际定义的对象来确定的。如何在创建对象过程中给对象的属性赋值呢？Java 语言提供了构造方法，可以使用构造方法来实现属性的初始化，添加构造方法的 Student 类如程序 8.2 所示。

**【程序 8.2】** 添加构造方法的学生类程序 Student. java。

```
public class Student{
    private String name;
    private int age;
    private double grade;

    public Student(String name, int age, double grade){
        this.name=name;
        this.age=age;
        this.grade=grade;
    }

    public void display(){
        System.out.println("姓名:"+name);
    }
}
```

程序 8.2 中定义的构造方法如下：

```
public Student(String name, int age, double grade){…}
```

该方法用于对象的实例化，简单地说，就是给对象开辟空间，给对象属性赋初值。在构造方法中，为了区分参数 name 和对象属性 name，在对象属性前面加了 this 关键字来指示是当前对象属性。同样，其他两个属性赋值过程也使用 this 来标识对象属性。测试类定义了两个 Student 对象，如程序 8.3 所示。

**【程序 8.3】** 测试类程序 Test. java。

```
public class Test{
    public static void main(String [] args){
        Student zhangsan=new Student("张三", 23, 74);
        zhangsan.display();
        Student jack=new Student("Jack", 21, 65);
```

```
            jack.display();
        }
    }
```

程序 8.3 的运行结果如图 8.1 所示。

```
D:\program\unit8\8-1\1-2>javac Test.java

D:\program\unit8\8-1\1-2>java Test
姓名：张三
姓名：Jack
```

图 8.1 程序 8.3 运行结果

在测试类中定义了两个对象 zhangsan 和 jack，表示创建了两个学生对象，对象 zhangsan 的姓名是“张三”，年龄 23，成绩为 74。对象 jack 的姓名为“Jack”，年龄 21，成绩为 65。分别调用每个对象的 display()方法，显示学生的信息如图 8.1 所示。

下面以对象 zhangsan 为例详细介绍对象实例化过程。这里面涉及到三个概念：学生类 Student、学生类对象 zhangsan 以及对象的实例。程序 8.3 中语句：

```
Student zhangsan=new Student("张三", 23, 74);
```

用来完成对象实例化，对象定义和实例化结果示意图如图 8.2 所示。

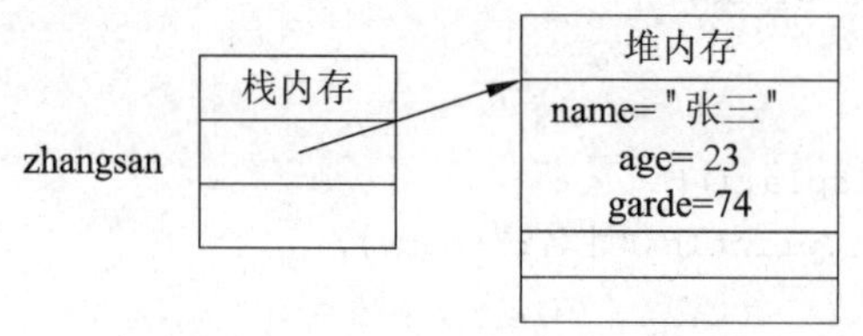


图 8.2 对象 zhangsan 存储示意图

对象定义和实例化过程包括三步：

第一步，在栈上定义对象 zhangsan。语句中的 Student zhangsan 部分定义了一个 Student 类对象 zhangsan，这个过程与定义普通变量 i 的定义语句 int i 没有区别，所定义的变量或对象都是保存在栈上，如示意图 8.2 左边的栈内存示意图所示。

第二步，在堆上开辟实例空间，并进行初始化。语句中的 new Student("张三", 23, 74)部分通过调用类的构造方法：

```
public Student(String name, int age, double grade)
```

完成了对象的实例化，在堆中开辟一个空间，里面存放对象的各个属性值。例如学生对象 zhangsan 的三个属性：姓名“张三”，年龄 23，成绩为 74。注意，所有的对象实例化都是通过调用类的构造方法来实现的。

第三步，把地址赋给 zhangsan。语句中的 zhangsan＝new Student("张三", 23, 74)将堆内存中实例的地址赋给对象 zhangsan。也就是前面讲的对象 zhangsan 是一个引用类型的变量，它存储了一个指向堆内存实例的地址，对象指示的具体内容保存在堆内存中。

需要说明一点，在很多书中不区分对象和实例的概念，在本书中将区分使用这两个概念，对象是指存放在栈内存中的对象变量，实例是指堆内存中保存的具体对象属性值，对象是一个引用类型变量，指向了堆内存中的对象实例。

另外还有一点需要说明，字符串类型 String 是一个很特殊的类，在本书中把它当作基本类型来使用，例如图 8.2 中的字符串“张三”。关于字符串实现机理这里不再详细讲解，有兴趣的读者可以自己查看相关资料。

## 8.2 相关知识

### 8.2.1 构造方法

构造方法是类中一种特殊的方法，它的名字与类名相同，没有返回类型。构造方法的作用是完成对象的实例化。例如程序 8.2 中，Student 类的构造方法定义如下：

```
public Student(String name, int age, double grade){
    this.name=name;
    this.age=age;
    this.grade=grade;
}
```

构造方法 Student 名字与类名相同，没有返回值。方法有三个参数：

- String name　　　　　　　//学生的姓名
- int age　　　　　　　　　//学生的年龄
- double grade　　　　　　//学生的成绩

方法体有三条语句，其功能是把三个参数的数值赋给对象的三个属性。语句中的 this 表示实例化时所对应的对象。构造方法完成的功能是给实例对象的属性赋初值，执行完成后得到并返回一个对象实例，例如程序 8.3 的语句：

```
Student jack=new Student("Jack", 21, 65);
```

通过调用构造方法给对象 jack 的实例赋对应的属性值：

```
name:"Jack"
age:21
grade:65
```

对象 jack 实例化后的结果与对象 zhangsan 相似，参考图 8.3(a)。弄清楚对象和对象实例之间的关系，就很容易理解赋值语句 jack＝zhangsan 了。语句执行前后对比如图 8.3 所示。

赋值前对象 zhangsan 和对象 jack 分别指向自己的实例，赋值后，对象 zhangsan 和对象 jack 都指向了原来对象 zhangsan 的实例。其原因是赋值语句将对象 zhangsan 的引用

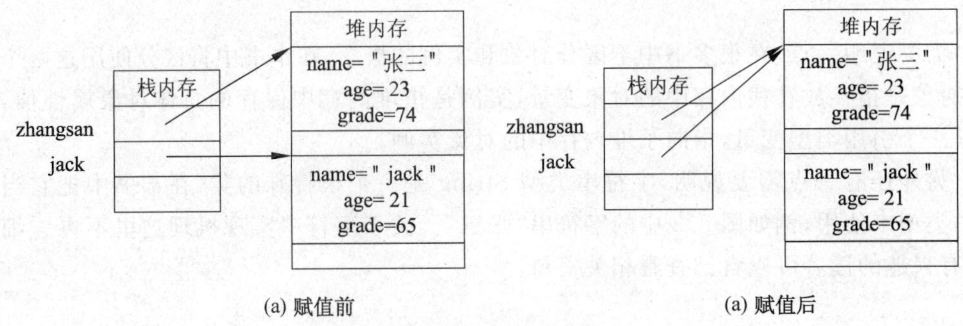


**图 8.3 赋值前后存储变化示意图**

赋给了对象 jack,让两个对象具有相同的引用值。

一般情况下构造方法会使用自己的参数给对象属性赋初值。如果构造方法没有参数,这时候属性会使用默认值,例如程序 7.5 中就使用了无参的构造方法。

特别说明,如果一个类没有定义构造方法,系统会自动给这个类添加一个无参的构造方法,以便完成类对象的实例化。例如,程序 7.4 类 Student 没有构造方法,但是在程序 7.5 中却使用了语句 Student s=new Student(),表示调用类的无参构造方法,这个方法就是 Java 语言编译程序自动添加的。有兴趣的读者查看一下编译后的 class 文件,可以看到系统添加的这个无参构造方法。

### 8.2.2 访问权限控制

Java 语言提供了 4 种访问控制权限,分别为 private、public 和 protected,还有一种不带任何修饰符,称为 default。private 对访问权限限制是最严的,称之为“私有的”,被其修饰的类、属性以及方法只能被该类的对象访问。权限 default 是不加任何访问修饰符,通常称为“默认的”,只允许在同一个包中的类进行访问。public 对访问限制是最宽的,称之为“公共的”,被其修饰的类、属性以及方法可以被其他类访问。protected 是介于 public 和 private 之间的一种访问修饰符,称为“受保护的”,被其修饰的类、属性以及方法只能被类本身及子类访问。表 8.1 展示了四种访问权限之间的异同点,用对号√表示允许访问。

**表 8.1 4 种访问控制权限**

| 权　限 | 范　围 | | | |
|---|---|---|---|---|
| | 同一个类 | 同一个包 | 不同包的子类 | 不同包的非子类 |
| private | √ | | | |
| default | √ | √ | | |
| protected | √ | √(子类) | √ | |
| public | √ | √ | √ | √ |

访问控制权限设计是面向对象设计中比较困难的地方,一般可以从以下几点来考虑

如何设计访问控制权限：

(1) 在权限设计的时候尽量选择相对较严的权限,在以后不合适的时候可以放宽,这样易于实现,反之则会出现问题。例如,想象一下 Java 基础类库某个类的一个方法从 public 变成了 private 会怎样？这可能导致使用这个方法的程序从正确变成不能通过编译的了。

(2) 建议少用 default 类型的权限,这样的权限定义不够明晰,而且在有些面向对象语言中也没有对应权限。

(3) 建议少用 protected 权限,这个权限容易破坏类的封装,可能会产生一些意想不到的漏洞。

(4) 一般属性可以使用 private 权限,方法多是采用 public 权限,如果确定这个方法只有本类使用,这时候可以使用 private 权限。

访问控制权限在应用中有一些特例需要注意,下面介绍一个有一点难度但也比较常见的程序段。

```
public class Student{
    private String name;
    private int age;
    private double grade;

    ...

    public boolean compareWith(Student s){
        return age>s.age;
    }
}
```

在上面程序段定义的方法 compareWith (Student s)中,s.age 访问了 Student 类对象 s 的私有属性 age。大家想想这段程序编译时是否会报错？读者自己可以试试,发现编译结果是正确的。其原因是在类 Student 内可以方法它的 private 属性 age。

### 8.2.3 类的组成部分

前面在介绍类的定义时讲到,类体由类的属性和方法两个部分组成,现在可以把类体进一步细分成三个部分,定义格式为：

```
public class 类名{
    属性定义
    构造方法定义
    普通方法定义
}
```

将第 7 章中定义的方法部分细分成构造方法和普通方法,由于构造方法的特殊性,它负责完成对象的实例化,因此单独列出。一般构造方法的访问控制权限建议设为 public。

只有在特殊情况下才将构造方法设计为 private 权限，例如程序 12.6。

建议读者以后在编写一个类程序的时候依次列出类的属性、构造方法和普通方法，每个部分之间应该用空行隔开，如程序 8.2 所示。

## 8.3 训练程序

参考程序 8.2 中的学生类 Student，定义一个教师类 Teacher，其主要属性有姓名、性别、年龄和工资，一个带参数的构造方法，一个显示教师信息的方法。定义测试类 Test，在 Test 类中定义多个 Teacher 类的对象，并显示教师信息。

### 8.3.1 程序分析

按照要求，首先定义一个教师类 Teacher，语句为：

```
public class Teacher
```

为 Teacher 类添加私有属性姓名、年龄、工资和职称，语句为：

```
private String name;
private int age;
private double salary;
private String professionalTitle;
```

为 Teacher 类添加构造方法，语句为：

```
public Teacher(String name,int age,double salary,String professionalTitle){
    ...
}
```

为 Teacher 类添加添加普通方法 display()，语句为：

```
public void display(){
    ...
}
```

Teacher 类定义完成后，定义测试类 Test。在 Tcst 类中创建两个 Teacher 类的对象 zhang 和 wang，通过构造方法对这两个对象进行实例化，给出各自的属性值，并调用 Teacher 类中的 display()方法显示这两个教师的信息。

### 8.3.2 参考程序

【程序 8.4】 定义教师类程序 Teacher.java。

```
public class Teacher{
    private String name;
    private int age;
    private double salary;
    private String professionalTitle;
```

```
    public Teacher (String name,int age,double salary,String professionalTitle){
        this.name=name;
        this.age=age;
        this.salary=salary;
        this.professionalTitle=professionalTitle;
    }

    public void display(){
        System.out.println("姓名:"+name);
        System.out.println("工资:"+salary);
    }
}
```

【程序 8.5】 测试类程序 Test。

```
public class Test{
    public static void main(String[] args)
    {
        Teacher zhang=new Teacher("张老师", 40, 4580, "副教授");
        Teacher wang=new Teacher("王老师", 33, 3600, "讲师");
        zhang.display();
        wang.display();
    }
}
```

程序 8.5 运行结果如图 8.4 所示。

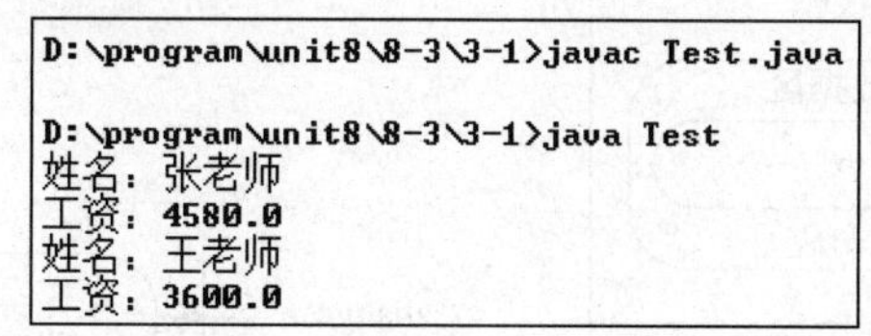


图 8.4 程序 8.5 运行结果

下面总结一下类与对象的概念。类是对具有相同属性的同一类事物的统称，是一种抽象概念，而对象是类的一个具体实现。类是一种静态的概念，它是一段程序，而对象是动态的，是运行期间在内存中分配生成的。

## 8.4 拓展知识

### 8.4.1 对象存储

第 2 章中介绍了 Java 虚拟机的体系结构如图 2.6 所示，其中有两个区域分别是方法区和堆区。第 6 章简单介绍了方法区,下面介绍一个对象在堆区是如何存储的。

本章前面介绍了一个对象的实例化过程,如程序 8.3 的 Test 类中,执行语句:

```
Student zhangsan=new Student("张三", 23, 74);
```

测试类 Test 第一次用到类 Student,这时候查看 Student.class 是否已经装载,如果没有则需要将 Student.class 装入到内存的方法区中,装入后结果如图 8.5 所示。

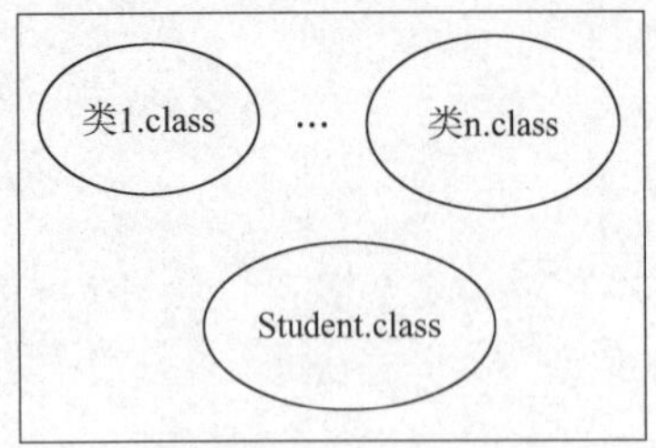


**图 8.5 方法区示意图**

Java 虚拟机的方法区是一块特殊的堆区,一般也位于堆区中,用来存放装入的每一个类。语句中的 Student zhangsan 在运行栈上对应开辟一个存储单元,对象 zhangsan 存放的是对象 zhangsan 实例的引用,如图 8.6 所示。

在每个方法被调用时,Java 虚拟机会在运行栈栈顶创建一个栈帧,称为当前栈帧,当方法执行结束后销毁当前栈帧。每个栈帧包括多个区域,其中有一个区域是局部数据区,方法中定义所有的局部变量都保存在这个区域。例如程序 8.3 中,对象 zhangsan 在局部数据区会对应有一个存储单元,单元内容是对象 zhangsan 的引用,就是对象 zhangsan 指向实例的地址,在图 8.6 中以 xxxx 表示。

接下来执行 new Student("张三", 23, 74),调用 Student 类构造方法在堆区创建一个空间存放对象 zhangsan 的实例,如图 8.7 所示。堆区可以存储多个对象实例,每个实例有自己的一块区域。对象 zhangsan 的实例在堆区包括三个连续的存储单元,分别用来存放学生的姓名、年龄和成绩的数值:"张三"、23、74。对象 zhangsan 指向这三个连续存储单元的起始地址,如图 8.7 所示。

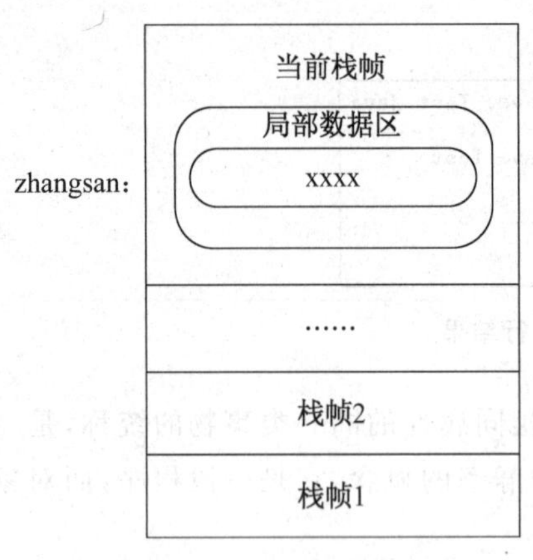


**图 8.6 运行栈示意图**

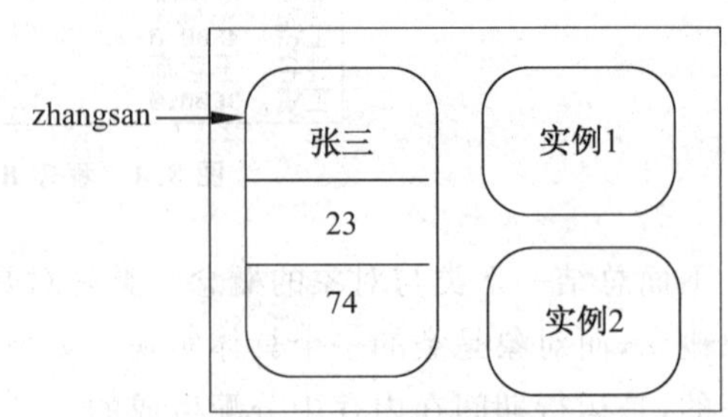


**图 8.7 对象实例示意图**

局部变量和形参都保存在运行栈的当前栈帧的局部数据区中,当一个方法结束时,对应的运行栈栈帧就撤销了。也就是说当一个方法结束时,对应的局部变量和参数都不存在了,对应的内存空间也都随着栈帧撤销而释放了。

Java 语言提供了一种机制,称为垃圾收集器,用来回收不再使用的对象实例的存储空间，程序设计者不需要关注什么时候释放所申请的内存，由虚拟机自动完成这个工作。关于方法区的释放，不同的虚拟机的实现上差异比较大，Java 虚拟机规范也没有明确说明。有关 Java 虚拟机的内存分配、使用和释放可以参考相关资料。

### 8.4.2 对象相等

Java 语言中提供了两种方法来判断对象是否相等，第一种方法是使用操作符"=="，第二种方法是使用 equals()方法。

如果用操作符"=="来比较基本类型，则是比较基本类型的值是否相等。它也可以用来比较两个引用类型变量是否相等，此时比较的是两个引用类型变量是否指向同一个实例，如果是则返回真值，否则返回假。例如下面程序段：

```
Student zhangsan=new Student("张三", 23, 74);
Student lisi=zhangsan;
Student jack=new Student("Jack", 21, 65);
System.out.println(zhangsan ==lisi);
System.out.println(zhangsan ==jack);
```

由于执行赋值语句 lisi=zhangsan，因此对象 lisi 和对象 zhangsan 指向相同的实例，也可以说两个对象中保存了相同的地址，因此 zhangsan == lisi 结果为真。而对象 jack 是另外一个对象，有自己的实例，与 zhangsan 对象实例不同，因此 zhangsan == jack 结果为假。如果仔细研看图 8.2 中说明的对象和实例的关系可以看出，实际上 Java 语言中的"=="操作比较的是栈中对象存储单元中的值是否相等。对于基本类型变量，存储的是变量的值，对于引用类型变量，存储的是引用。

方法 equals()是 Object 类中定义的方法，Object 类是所有类的祖先类，有关继承内容详在第 13 章中介绍。可以使用 equals()方法来比较两个对象是否相同，比较规则是如果两个对象指向同一个实例就相等，否则就不等。例如上例程序段的如下语句。

```
Student zhangsan=new Student("张三", 23, 74);
Student lisi=zhangsan;
Student jack=new Student("Jack", 21, 65);
System.out.println(zhangsan.equals(lisi));
System.out.println(zhangsan.equals(jack));
```

同样 zhangsan.equals(lisi)返回真值，而 zhangsan.equals(jack)返回假值。在自己定义的类中可以重写这个方法，关于方法重写相关内容具体参见第 14 章。经常使用的 String 类就改写了这个方法，用来比较两个字符串内容是否一致。例如如下程序段：

```
String name=new String("张三");
String zhangsan=new String("张三");
String myName ="zs";
System.out.println(name.equals(zhangsan));
```

```
System.out.println(name.equals(myName));
```

字符串变量有两种赋值方法,一种是像基本类型那样赋值,例如 String myName = "zs"。另一种是像对象那样进行实例化,例如 String name=new String("张三")。

上面例子中 name.equals(zhangsan)比较的是 name 和 zhangsan 两个字符串的内容是否相等,因此返回真值,而 name.equals(myName)返回假值,因为 name 和 myName 两个字符串内容不相同。学习完第 14 章后,读者也可以根据实际需要给 Student 类增加改写的 equals 方法,例如可以根据姓名来判断两个 Student 类对象是否相等。

# 8.5 实做程序

1. 请根据错误提示找出下列程序中存在的错误,并分析错误原因。

(1) 类 Student 定义见程序 8.2,程序 Test.java 运行结果如下图。

```
public class Test{
    public static void main(String [] args){
        Student zhangsan=new Student("张三", 23, 74);
        zhangsan.name="zs";
    }
}
```

```
D:\program\unit8\8-5\5-1\1>javac Student.java

D:\program\unit8\8-5\5-1\1>javac Test.java
Test.java:4: name 可以在 Student 中访问 private
        zhangsan.name = "zs";
                ^
1 错误
```

(2) 类 Student 定义见程序 8.2,程序 Test.java 运行结果如下图。

```
public class Test{
    public static void main(String [] args){
        Student zhangsan ;
        zhangsan.display();
    }
}
```

```
D:\program\unit8\8-5\5-1\2>javac Test.java
Test.java:4: 可能尚未初始化变量 zhangsan
        zhangsan.display();
        ^
1 错误
```

2. 类 Student 定义见程序 8.2,程序 Test.java 如下所示,编译运行程序,分析运行结果是什么,为什么是这样的结果?

```
public class Test{
```

```
    public static void main(String [] args){
        Student zhangsan=new Student("张三", 19, 87);
        zhangsan.display();
        Student lisi=zhangsan;
        lisi.display();
    }
}
```

要点提示：

(1) 对象 lisi 与对象 zhangsan 指向相同的实例；

(2) 对象 lisi 与对象 zhangsan 调用同一个对象的 display()方法。

3. 参考程序 8.2 设计一个工人类 Worker，属性有姓名、年龄、工资和级别，设计一个方法显示工人的基本信息，设计一个带参数的构造方法初始化对象属性。设计测试类，创建 Worker 类的对象，显示工人基本信息。

要点提示：

(1) 定义 Worker 类的属性：姓名、年龄、工资、级别；

(2) 定义 Worker 类的构造方法：Worker(…)；

(3) 定义 Worker 类的方法：display()。

4. 参考程序 8.2 设计一个手机类 MobilePhone，属性有品牌(brand)和号码，设计一个带参数的构造方法初始化对象属性。设计测试类，创建 MobilePhone 类的对象，并调用方法显示手机基本信息。

要点提示：

(1) 定义 MobilePhone 类的属性：品牌、号码；

(2) 定义 MobilePhone 类的构造方法：MobilePhone(…)；

(3) 定义 MobilePhone 类的方法：display()。

# 第9章 完善 Student 类

**学习目标**

- 了解置取方法的用途；
- 理解对象 this 的含义；
- 掌握应用置取方法编写程序的过程。

## 9.1 示例程序

### 9.1.1 添加置取方法

程序 8.2 将 Student 类所有的属性定义为私有，实现对类的封装。这时候如果需要再读取或者修改这些属性的值，应该如何实现？为了解决这个问题，需要定义类的置取方法，如程序 9.1 所示。

**【程序 9.1】** 为学生类程序 Student.java，添加置取方法。

```
public class Student{
    private String name;
    private int age;
    private double grade;

    public Student(String name, int age, double grade){
        this.name=name;
        this.age=age;
        this.grade=grade;
    }

    public String getName(){
        return name;
    }

    public void setName(String name){
        this.name=name;
    }
```

```
    public void display(){
        System.out.println("姓名:"+name);
    }
}
```

**【程序 9.2】** 测试类程序 Test 如下。

```
public class Test{
    public static void main(String [] args){
        Student s=new Student("张三", 23, 74);
        s.display();
        s.setName("李四");
        s.display();
    }
}
```

程序 9.2 运行结果如图 9.1 所示。

```
D:\program\unit9\9-1\1-1>javac Test.java

D:\program\unit9\9-1\1-1>java Test
姓名：张三
姓名：李四
```

**图 9.1　程序 9.2 运行结果**

程序 9.1 中增加了属性 name 的获取方法 getName()和设置方法 setName(String name)，方法定义分别是：

```
public String getName()
public void setName(String name)
```

获取方法的方法体是返回属性 name 的值，因此返回类型与属性 name 类型一致，都是 String 类型。获取方法名字有明确的定义规则，将属性名第一个字母大写再在前面加上 get，如属性名为 xxx，则对应的获取方法名为 getXxx，例如 getName()。

设置方法作用是修改属性的值，因此有一个参数 name，使用这个参数的值来修改属性 name，该方法返回类型是 void。同样设置方法名字定义规则为属性名第一个字母大写，前面加上 set。例如属性 name 的设置方法名为 setName()。通过 getName()和 setName()这两个方法实现了对属性 name 值的读取和修改。提供置取方法是为了方便其他类访问当前类的属性，因此所有的置取方法都应该设置为 public 访问权限。

在测试类 Test 中，调用语句 s. setName("李四")，把对象 s 的属性 name 修改为字符串“李四”，因此运行结果中第二行显示“姓名：李四”。

读者可以在程序 9.1 的基础上自己尝试来添加属性 age 和 grade 的置取方法，完成后在 Test 类中增加修改和显示学生年龄和成绩的语句，再次编译运行程序，查看结果。

### 9.1.2 增加构造方法

一个类中可以定义多个构造方法,这些构造方法的名字相同,参数不同。参数不同是指参数的个数或者类型顺序不相同。程序 9.3 定义了两个构造方法,第一个构造方法没有参数,第二个构造方法有三个参数。

**【程序 9.3】** 具有两个构造方法的学生类程序 Student.java。

```
public class Student{
    private String name;
    private int age;
    private double grade;

    public Student(){
        this.name="";
        this.age=0;
        this.grade=0;
    }
    public Student(String name, int age, double grade){
        this.name=name;
        this.age=age;
        this.grade=grade;
    }

    public void display(){
        System.out.println("姓名:"+name);
    }
}
```

**【程序 9.4】** 测试类程序 Test.java。

```
public class Test{
    public static void main(String [] args){
        Student s=new Student("张三", 23, 74);
        Student s2=new Student();
        s.display();
        s2.display();
    }
}
```

程序 9.4 的运行结果如图 9.2 所示。

一个类可以有多个构造方法,程序 9.3 中就为 Student 类添加了两个构造方法,分别是:

```
D:\program\unit9\9-1\1-2>javac Test.java

D:\program\unit9\9-1\1-2>java Test
姓名：张三
姓名：
```

图 9.2 程序 9.4 运行结果

```
public Student()
public Student(String name, int age, double grade)
```

两个方法名字相同但参数不同。无参数的构造方法 Student()作用是进行实例化，使用指定值初始化属性值。在 Test 类中，定义了 Student 类的两个对象 s 和 s2，分别调用了这两个构造方法。两个对象的属性 name 分别被初始化为“张三”和“”，显示结果如图 9.2 所示。

构造方法之间可以相互调用，如果第一个构造方法直接调用第二个构造方法，第一个构造方法程序修改为：

```
public Student(){
    this("", 0, 0);
}
```

程序段中使用了关键字 this 来调用构造方法，关键字 this 指的是本类的当前对象。在下一节中会详细介绍 this 的用法。

### 9.1.3 完整的 Student 类

一个完整的 Java 类应该包括属性、构造方法、置取方法和普通方法四个部分。同时还需要在类的前面、属性的前面、方法的前面都需要写上注释，一个比较完整和规范的 Student 类代码如程序 9.5 所示。

**【程序 9.5】** 完整的学生类程序 Student. java。

```
/**
  程序功能:这是一个演示学生类 Student
  包括四个部分:属性、构造方法、置取方法和普通方法
  设计者:xxxx
  设计时间:xxxx 年 xx 月 xx 日
 */
public class Student{

    //name:学生姓名
    private String name;

    //age:学生年龄
```

```
    private int age;

    //grade:学生成绩
    private double grade;

    /**
      功能:无参数的构造方法
      参数:无
      返回值:无返回
    */
    public Student(){
        this.name="";
        this.age=0;
        this.grade=0;
    }

    /**
      功能:带三个参数的构造方法
      参数:
        name:String类型,学生姓名
        age:int类型,学生年龄
        grade:double类型,学生成绩
      返回值:无返回
    */
    public Student(String name, int age, double grade){
        this.name=name;
        this.age=age;
        this.grade=grade;
    }

    /**
      功能:获取学生姓名
      参数:无
      返回值:String类型,学生姓名
    */
    public String getName(){
        return name;
    }

    /**
      功能:设置学生姓名
      参数:String类型,学生姓名
      返回值:无
```

```
        */
        public void setName(String name){
            this.name=name;
        }

        /**
          功能:显示学生的姓名
          参数:无
          返回值:无
        */
        public void display(){
            System.out.println("name="+name);
        }
    }
```

程序 9.5 中的 Student 类是一个比较完整的类,它定义了三个属性、两个构造方法、一个属性的置取方法和一个普通方法。具体哪些属性需要写置取方法,可以根据实际需要来确定,如果是经常使用的类应该写上所有属性的置取方法。

程序 9.5 中给出了需要增加注释的位置和注释的内容,除此之外,在每个程序段中尽量多写一些注释,一般软件公司都要求程序员尽量多地写注释,这样方便以后阅读程序。受到篇幅的限制,在后面的例子中不再给出详细的注释。读者自己编写程序的时候,要养成一个良好的程序设计习惯,应该在所有需要说明的地方都写上注释。

## 9.2 相关知识

### 9.2.1 置取方法

面向对象程序设计中为了实现类的封装,将所有属性的访问控制权限设计为私有的。同时考虑到访问这些属性的需要,因此增加了每个属性的置取方法,这样做明显增加了程序的长度和复杂度,为什么不能简单地将属性设置为公有的?例如,可以将 Student 类的 name 属性修改为共有的,代码如下:

```
public class Student{
    public String name;
    ...
}
```

将测试类相应地修改为:

```
public class Test{
    public static void main(String [] args){
```

```
        Student s=new Student("张三", 23, 74);
        s.name="李四";
        s.display();
        }
}
```

由于将属性 name 的访问控制权限修改为 public，此时可以在类外修改这个属性，例如语句 s. name="李四"。

将属性设置为私有的，主要从安全性和对属性控制的角度来考虑。类通过封装来实现类的信息安全，可以有效避免程序运行过程中出现的漏洞。通过增加置取方法可以有效控制对属性的访问。例如，程序 9.5 中通过增加属性 name 的置取函数，可以方便对属性的访问进行控制。如果希望对学生姓名的有效性进行检查，不允许姓名中含有符号“&”，这时需要增加一个验证方法，并修改置取方法就可以完成这个功能，程序 9.5 修改如下：

```
public void setName(String name){
    if(checkName(name,'&')){
        this.name=name;
    }
}

private boolean checkName(String name, char ch){
    int index =name.indexOf(ch);
    return index<0;
}
```

增加一个 private 方法 checkName(String name, char ch)，来检查修改后的姓名里面是否包含字符“&”，在方法 setName 中调用 checkName()方法进行判断，如果不包括“&”字符就修改学生姓名，否则不修改姓名。name. indexOf(ch)检查字符串 name 中是否包含符号 ch，返回字符 ch 在字符串 name 中的位置，如果 ch 不包含在 name 中则返回 -1，则 CheckName()方法返回值 index<0 为真。对应修改测试类 Test，如程序 9.6 所示。

**【程序 9.6】** 测试类程序 Test. java，对 name 属性值的有效性进行校验。

```
public class Test{
    public static void main(String [] args){
        Student s=new Student("张三", 23, 74);
        s.display();
        s.setName("李 & 四");
        s.display();
    }
}
```

编译运行程序 9.6,结果如图 9.3 所示。

```
D:\program\unit9\9-2\2-1>javac Test.java

D:\program\unit9\9-2\2-1>java Test
学生: 张三
学生: 张三
```

图 9.3　程序运行结果

从结果中可以看出,语句 s.setName("李 & 四")并没有修改学生姓名,对象 s 还是显示原来的姓名"张三"。很容易想象,如果学生类属性 name 是公有的,就需要在程序所有给这个属性赋值的地方都修改相应的语句,这样程序比较乱。另外将属性设置为公有的,有可能通过其他手段获取到某个对象的属性并进行蓄意修改,导致出现程序漏洞,有兴趣的读者可以自己查阅相关资料。

上面的检查方法 checkName()是 Student 类自己使用的,因此访问权限设计为私有的 private。如果很多类都需要用到这个方法,可以把权限设计成 public,并单独放到一个实用类中,方便其他程序使用。

### 9.2.2　对象 this

关键字 this 在 Java 语言中有特定的含义,指向本类的当前对象。它总是在当前类的方法内部使用,也可以作为方法的实参进行传递。对象 this 指针主要有两种用途:第一种是访问当前对象的属性和方法;第二种是访问构造方法。例如程序 9.1 中的程序段。

```
public void setName(String name){
    this.name=name;
}
```

程序段中语句 this.name=name 的作用是将 setName()方法中参数 name 的值赋给当前对象的属性 name。由于参数和属性的名字相同,都是 name,根据变量作用域局部化原则,方法 setName 中出现的 name 表示的是参数,如果想指向当前对象的属性,则需要增加 this 对象修饰,写成 this.name。对象 this 的另一个用途是访问构造函数,例如上面介绍构造方法的如下程序段。

```
public Student(){
    this("", 0, 0);
}
```

使用语句 this("", 0, 0)调用另外的构造方法 Student(String name, int age, double grade),这里 this 代指 Student 类的构造方法,这是 Java 语言约定的。

下面详细讨论指针 this 的含义和实质。在实际编写的程序中,this 指针都出现在某个类的方法中,this 就表示调用该方法的对象。例如下面程序段定义 Student 类的对象 s,调用对象 s 的方法 setName(),修改对象 s 的属性 name 的值。

```
Student s=new Student("张三", 23, 74);
s.setName("李四");
s.display();
```

在方法 setName()中使用 this 指针，前面提到 this 对象就是指向本类对象的指针。如果执行语句是 s. setName("李四")，对象 s 调用方法 setName()，执行 setName()方法中的语句 this. name=name，this 就是对象 s，或者说就是调用方法 setName()的对象 s。

```
public void setName(String name){
    this.name=name;
}
```

使用对象 this 访问方法时，this 的含义与访问属性时相同，都是指调用这个方法的对象。例如，下面代码中可以直接调用 checkName(name,'&')，也可以使用 this. checkName(name,'&')格式调用。而后一种格式是完整的写法，在没有歧义的情况下，可以省去 this，变成了前一种写法。对于访问属性也是一样，如果没有歧义可以省去前面的 this 对象。上面的例子中 name 前面的 this 不能省去，因为方法 setName()中有两个 name，一个是属性 name，一个是参数 name，因此加上了前缀的 this 则指的是属性 name，这样就可以正确区分两个 name。

```
public void setName(String name){
    if(this.checkName(name,'&')){
        this.name=name;
    }
}
```

省去 this 前缀只是为了书写方便，在实现时还会带上这个 this 对象。以后阅读别人的程序的时候也许会常看到方法调用的时候带着 this 前缀，这是有些程序员的编程习惯。

可以更进一步看看在 Java 虚拟机中 this 是如何表示的。第 8 章的图 8.6 说明当前栈帧中有一块区域是局部数据区，在局部数据区中的 0 地址对应的单元中保存了一个引用，这个引用就是 this 对象。因此每个方法都可以使用它来访问调用这个方法的对象的属性和方法。这些就是程序中看到的 this. name 或者是 this. checkName(name)。详细内容可以参考相关资料。

## 9.3 训练程序

参照程序 9.5 的 Student 类，定义完整的 Teacher 类，包括属性、构造方法、所有属性的置取方法和普通方法。定义测试类 Test，在 Test 类中定义 Teacher 类的对象，分别使用两个构造方法进行实例化，调用置取方法修改工资属性值，最后显示每个教师信息。

### 9.3.1　程序分析

在第 8 章程序 8.4 中，已经定义了 Teacher 类的属性、构造方法 public Teacher (String name,int age,double salary,String professionalTitle)和普通方法 display()，需要再添加构造方法 public Teacher(String name)以及各个属性的置取方法。

类名：Teacher

主要属性：

　　姓名：name，类型：String

　　年龄：age，类型：int

　　工资：salary，类型：double

　　职称：professionalTitle，类型：String

构造方法 1：public Teacher (String name,int age,double salary,String professionalTitle)

构造方法 2：public Teacher(String name)

置取方法：public void setName(String name)，public String getName()

　　　　　public void setAge(int age)，public int getAge()

　　　　　public void setSalary(double salary)，public double getSalary ()

　　　　　public void setProfessionalTitle(String professionalTitle)

　　　　　public String getPofessionalTitle ()

普通方法：display()，方法内容为显示教师的姓名和工资

在测试类 Test 中，定义两个 Teacher 类的对象，分别使用两个构造方法进行实例化，然后调用方法 setSalary()修改 salary 属性的值。

### 9.3.2　参考程序

**【程序 9.7】**　完整的教师类程序 Teacher. java。

```
public class Teacher{
    private String name;
    private int age;
    private double salary;
    private String professionalTitle;

    public Teacher (String name,int age,double salary,String professionalTitle){
        this.name=name;
        this.age=age;
        this.salary=salary;
        this.professionalTitle=professionalTitle;
    }

    public Teacher(String name){
```

```
        this.name=name;
        this.age=0;
        this.salary=0;
        this.professionalTitle="";
    }

    public void setName(String name){
        this.name=name;
    }
    public String getName(){
        return this.name;
    }

    public void setAge(int age){
        this.age=age;
    }
    public int getAge(){
        return this.age;
    }

    public void setSalary(double salary){
        this.salary=salary;
    }
    public double getSalary(){
        return this.salary;
    }

    public void setProfessionalTitle(String professionalTitle){
        this.professionalTitle=professionalTitle;
    }
    public String getProfessionalTitle(){
        return this.professionalTitle;
    }

    public void display(){
        System.out.println("姓名="+name);
        System.out.println("工资="+salary);
    }
}
```

**【程序 9.8】** 测试类程序 Test.java。

```
public class Test{
    public static void main(String[] args)
```

```
        {
            Teacher zhang=new Teacher("张老师", 40, 4580, "副教授");
            Teacher wang=new Teacher("王老师");
            zhang.display();
            wang.display();
            wang.setSalary(3800);
            wang.display();
        }
    }
```

程序 9.8 运行结果如图 9.4 所示。

```
D:\program\unit9\9-3\3-1>javac Test.java

D:\program\unit9\9-3\3-1>java Test
姓名=张老师
工资=4580.0
姓名=王老师
工资=0.0
姓名=王老师
工资=3800.0
```

**图 9.4　程序 9.8 运行结果**

测试类中定义了两个 Teacher 类对象 zhang 和 wang,并调用 wang. setSalary(3800) 修改对象 wang 的工资,三次显示的教师信息如图 9.4 所示。

# 9.4 拓展知识

## 9.4.1 类的封装

面向对象有三大特征:封装、继承和多态。封装(Encapsulation)是指将对象的状态信息隐藏在对象的内部,外部程序不允许直接访问,而是通过该类提供的方法进行访问,从而实现了访问控制。

封装的目的是隐藏对象的信息和实现细节。对象的信息主要指对象的属性,属性的隐藏是通过使用 private 访问控制权限实现的。也就是前面讲的,类的所有属性的访问控制权限都指定为 private。例如程序 9.4 中 Student 类所有属性都是私有的。除此之外,一些涉及到类内部操作细节的方法也只在本类内使用,这时候也可以设置为 private,例如前面例子中的 checkName()方法。

如果使用者想访问封装后的数据只能通过给定的方法,就是每个属性提供的置取方法。例如程序 9.4 中的 getName()和 setName()方法。使用置取方法的好处是可以对属性的访问进行控制,进行数据检查,有利于保证数据的完整性和安全性,例如前例中使用 checkName()方法检查姓名的合法性。

将类的内部实现细节隐藏起来的好处是,让外部用户不知道类的实现细节,提高了类的封装性和独立性。

### 9.4.2 置取方法讨论

一个类的属性是否都需要置取方法要视情况而定,一般需要在类外访问的属性都需要置取方法,只在本类使用的属性则不需要提供置取方法。另外有些属性不一定提供简单的置取方法,可以设计得更优雅一些,例如程序 9.1 中 Student 类可以增加一个性别属性,属性定义和属性访问方法定义为:

```
Boolean sex;
…
public boolean isMale(){…};
public boolean isFemale(){…};
```

类型 Boolean 是 boolean 的封装类,这个类型的变量有两个取值:true 和 false,另外由于是引用类型,因此每个对象都可以有空值 null。这个在表示性别的时候很有用,有时候可能创建了一个学生对象,还不知道这个对象的详细信息,这时候属性 sex 就可以设置为 null。

这个属性没有提供获取方法,而是提供了两个判断性别的方法 isMale()和 isFemale(),如果性别为男,isMale()返回为真,其他情况返回为假。如果性别为女,isFemale()返回为真,其他情况返回为假。如果两个方法都返回为假,说明性别未知。同样也可以提供设置为男性或者设置为女性的方法。

与简单提供置取函数相比,这个程序段更好地实现了封装,程序使用者无法知道属性 sex 实现的具体细节。从提供的两个方法 isMale()和 isFemale()看不出性别字段的类型,更好地实现了封装。以后如果需要,可以将属性 sex 类型修改为 String 或者是其他类型,只要修改方法 isMale()和 isFemale()的具体实现,而对使用这两个方法的程序不会造成任何影响。读者可以自己试试,使用简单的置取方法是做不到这一点的。

因此在 Java 程序设计的时候,如果设计的类不是作为普通值对象(类只有属性,用来存储数据)时,不一定每个属性都需要置取方法,另外属性的访问也可以使用其他更恰当的方法来实现。刚开始学习 Java 时候,读者可能还无法把握这个尺度和分寸,可以通过多读别人程序,多查看相关资料的方式逐步理解和体会这些内容。

### 9.4.3 参数传递深入讨论

第 6 章中介绍过参数传递的基本过程,例如程序 6.2 的 judge 方法如下所示。方法 judge(double grade)定义中的 grade 称为方法的形参。

```
public static String judge(double grade){
    String result="通过";
    if(grade<60){
        result="不通过";
    }
    return result;
}
```

方法 main()中调用 judge()方法的语句如下所示，在语句 judge(grade)中定义的参数 grade 称为方法的实参。实际调用时，实参是变量 grade 的值，假设为 87.67。

```
String result=judge(grade);
```

方法 main()执行到调用语句时，把实参 grade 的数值 87.67 传递给形参 grade。实参到形参的传递过程如图 9.5 所示。

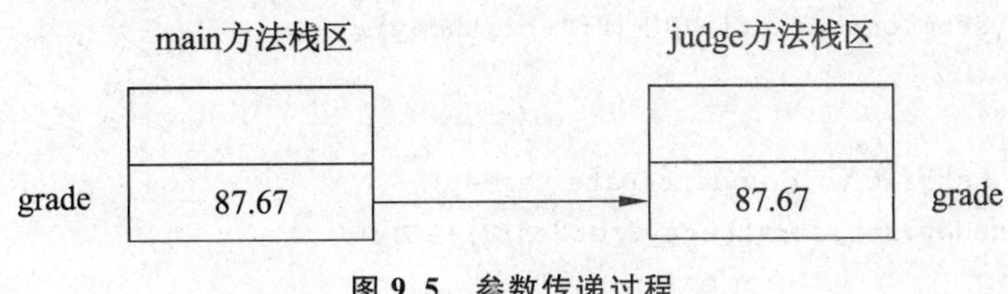


图 9.5　参数传递过程

调用语句用到的实参 grade 保存在 main()方法的方法栈帧的局部数据区中，方法 judge()的形参 grade 保存在方法栈中 judge()方法栈帧的局部数据区中。执行调用语句时，将实参 grade 的数值传递给形参 grade，这样形参 grade 的值也就是 87.67 了。完成参数传递后开始执行方法 judge。需要说明的是，参数传递时是将栈帧局部数据区的参数传送到另一个栈帧的局部数据区，因此基本类型传递的是变量的值，而引用类型传递的是参数的地址。

Java 中参数的传递方式只有一种，就是值传递，也称为值参方式。值参方式在逻辑上相当于一次赋值：

形参=实参

在调用方法之前将实参的值传递给形参，在方法执行过程中修改形参的值不会影响到调用语句中的实参。现在修改 judge 方法，增加一条语句，给形参数值加 10。

```
public static String judge(double grade){
    String result="通过";
    if(grade<60){
        result="不通过";
    }
    grade=grade+10;
    return result;
}
```

重新编译运行程序，可以看到在 main()方法中执行语句 String result=judge(grade)后，属性 grade 的数值没有改变。

如果方法中的参数是引用对象，这种情况下与基本类型的参数有一些差别。首先传递的是对象的引用；另外方法中修改对象实例的值可能会影响到实参，例如程序 9.9。

【程序 9.9】 定义学生信息类程序 StudentInfo.java,使用引用对象作为方法参数。

```
import java.util.Date;
public class StudentInfo{
    public static void main(String [] args){
        Date birthday=new Date();
        System.out.println("生日:"+birthday);
        update(birthday);
        System.out.println("生日:"+birthday);
    }

    public static void update(Date theday){
        theday.setYear(theday.getYear()+10);
    }
}
```

编译运行程序 9.9,结果如图 9.6 所示。

```
D:\program\unit9\9-4\4-1>java StudentInfo
生日: Fri Jul 22 16:44:42 CST 2016
生日: Wed Jul 22 16:44:42 CST 2026
```

图 9.6 程序 9.9 运行结果

从运行结果中可以看出实参 birthday 的数值改变了,仔细分析一下原因。实参 birthday 传递给形参 theday 的是实参 birthday 对象的引用,使得两个对象 birthday 和 theday 指向了同一个的实例。这样在方法 update(Date theday)中修改了实例的值,因此返回后再次显示实参 birthday 对应实例,其值就发生了改变。但是 birthday 的引用并没有改变,这一点和基本类型是一样的。

通过上面例子可以看出,参数传递过程中基本类型传递的是参数的值,引用类型传递的是引用。在具体程序实现时还是有很多差别的。

## 9.5 实做程序

1. 请根据错误提示找出下列程序中存在的错误并分析原因。

(1) 类 Student 程序如下,编译报错如下图所示。

```
public class Student{
    private String name;
    private int age;
    private double grade;

    public Student(){
        Student("", 0, 0);
```

```
    }
    public Student(String name, int age, double grade){
        this.name=name;
        this.age=age;
        this.grade=grade;
    }
}
```

```
D:\program\unit9\9-5\5-1\1>javac Student.java
Student.java:7: 找不到符号
符号： 方法 Student(java.lang.String,int,int)
位置： 类 Student
                Student("", 0, 0);
                ^
1 错误
```

(2) 类 Student 程序如下，编译报错如下图所示。

```
public class Student{
    private String name;
    private int age;
    private int grade;

    public Student(String name, int age){
        this.name=name;
        this.age=age;
    }
    public Student(String name, int grade){
        this.name=name;
        this.grade=grade;
    }
}
```

```
D:\program\unit9\9-5\5-1\2>javac Student.java
Student.java:10: 已在 Student 中定义 Student(java.lang.String,int)
        public Student(String name, int grade){
               ^
1 错误
```

2. 在程序 9.1 基础上增加属性年龄 age 和属性成绩 grade 的置取方法。

要点提示：

(1) 参考属性 name 来完成属性 age 的置取方法；

(2) 参考属性 name 来完成属性 grade 的置取方法。

3. 设计一个工人类 Worker，属性有姓名、年龄、工资、级别，设计一个方法显示工人的基本信息，为所有属性添加置取方法。设计测试类，创建 Worker 类的对象，显示工人基本信息。

要点提示：

(1) Worker 类的属性按照题目要求进行定义；

(2) Worker 类的每个属性给出相应的置取方法。

4. 参考程序 9.4 设计一个完整的手机类 MobilePhone，属性包括品牌(brand)、号码(code)，增加构造方法、属性的置取方法和普通方法。设计测试类，创建 MobilePhone 类的对象，并调用方法显示手机基本信息。

要点提示：

(1) MobilePhone 类应该包括属性、构造方法、置取方法和普通方法四个部分；

(2) MobilePhone 类相应位置增加注释。

# 第 10 章 Student 类组合

**学习目标**

- 理解类间的组合关系；
- 掌握实现类组合的方法，设计多个类相互协作的程序。

## 10.1 示例程序

### 10.1.1 MobilePhone 类

前面几章介绍了如何设计一个类，在实际应用中，都是需要多个类相互协作来完成一个任务。最常见的类间协作方式是类的组合，下面给出一个例子来说明。设计一个手机类，有品牌、号码属性，可以显示手机号码。在学生类中增加一个属性：学生的手机。手机类 MobilePhone 程序如 10.1 所示。

**【程序 10.1】** 手机类程序 MobilePhone. java。

```
public class MobilePhone{
    private String brand;
    private String code;

    public MobilePhone(String brand, String code){
        this.brand=brand;
        this.code=code;
    }

    public void print(){
        System.out.println("手机号码:"+code);
    }
}
```

学生类 Student 增加一个学生手机属性，使用 MobilePhone 类对象 myPhone 描述学生手机，如程序 10.2 所示。

**【程序 10.2】** 学生类程序 Student. java。

```
public class Student{
```

```
    private String name;
    private int age;
    private double grade;
    private MobilePhone myPhone;

    public Student(String name, int age, double grade, MobilePhone myPhone){
        this.name=name;
        this.age=age;
        this.grade=grade;
        this.myPhone=myPhone;
    }

    public void display(){
        System.out.println("姓名:"+name);
        myPhone.print();
    }
}
```

**【程序 10.3】** 测试类程序 Test.java。

```
public class Test{
    public static void main(String [] args){
        MobilePhone phone=new MobilePhone("Apple", "13800000000");
        Student s=new Student("张三", 23, 74, phone);
        s.display();
    }
}
```

程序 10.3 运行结果如图 10.1 所示。

```
D:\program\unit10\10-1\1-1>javac Test.java

D:\program\unit10\10-1\1-1>java Test
姓名：张三
My Phone Number is:13800000000
```

**图 10.1　程序 10.3 运行结果**

在测试类 Test 中，先定义了一个 MobilePhone 类的对象 phone，这个对象就是学生张三的手机。在 Student 类中，增加了一个 MobilePhone 类的属性 myPhone，在构造方法中增加了一个 MobilePhone 类的参数 myPhone，因此在实例化学生对象 s 时，phone 作为参数传递给构造方法的形参 myPhone。同时，在 display 方法中增加了语句 myPhone.print()，调用 MobilePhone 类中的显示方法 print()。因此程序 10.3 运行结果中显示学生信息和手机号码。通过在学生类 Student 中增加一个 MobilePhone 类属性，就把学生类 Student 和手机类 MobilePhone 关联起来，类 Student 和类 MobilePhone 是组合关系。

## 10.1.2 增加机主属性

手机类 MobilePhone 中也可以增加一个属性机主 owner,类型是学生类 Student。这时候应该如何来初始化这个属性呢？与前面例子相同,可以使用 Student 类对象初始化属性 owner,但实现方法上有所区别。这个程序有一点难,适合于熟练掌握前面程序的读者学习,其他读者可以跳过这一节。修改后的 MobilePhone 类如程序 10.4 所示。

**【程序 10.4】** 增加了机主属性的手机类程序 MobilePhone.java。

```
public class MobilePhone{
    private String brand;
    private String code;
    private Student owner;

    public MobilePhone(String brand, String code){
        this.brand=brand;
        this.code=code;
    }

    public Student getOwner(){
        return owner;
    }

    public void setOwner(Student owner){
        this.owner=owner;
    }
    public void print(){
        System.out.println("手机号码:"+code);
        owner.display();
    }
}
```

程序 10.4 中,为 MobilePhone 类增加了一个 Student 类型的机主属性 owner,并为 owner 属性添加了置取方法 getOwner()和 setOwner(Student owner)。同时修改了 print()方法,使用语句 owner.display()调用 Student 类对象的 display()方法。

在程序 10.2 的 Student 类定义中,为 Student 类的构造方法传递了一个 MobilePhone 类的参数 myPhone。下面修改这个构造方法,调用对象 myPhone 的 setOwner(Student owner)方法,使用所创建的 Student 类对象为 myPhone 对象的 owner 属性赋值,语句为 this.myPhone.setOwner(this),在这里 this 用来表示 Student 类对象本身。

为了避免产生循环调用,将 Student 类中的 display()方法也进行了修改。修改后程序如程序 10.5 所示。

**【程序 10.5】** 修改后的学生类程序 Student. java。

```
public class Student{
    private String name;
    private int age;
    private double grade;
    private MobilePhone myPhone;

    public Student(String name, int age, double grade, MobilePhone myPhone){
        this.name=name;
        this.age=age;
        this.grade=grade;
        this.myPhone=myPhone;
        this.myPhone.setOwner(this);
    }

    public void display(){
        System.out.println("姓名:"+name);
    }
}
```

**【程序 10.6】** 测试类程序 Test. java。

```
public class Test{
    public static void main(String [] args){
        MobilePhone phone=new MobilePhone("Apple", "13800000000");
        Student s=new Student("张三", 23, 74, phone);
        s.display();
        phone.print();
    }
}
```

程序 10.6 运行结果如图 10.2 所示。

```
D:\program\unit10\10-1\1-2>javac Test.java

D:\program\unit10\10-1\1-2>java Test
姓名：张三
手机号码：13800000000
姓名：张三
```

**图 10.2 程序 10.6 运行结果**

在图 10.2 中，运行结果第一行“姓名：张三”是由 Test 类中 s. display()语句输出的。第三行“姓名：张三”是 phone. print()语句中调用 phone 对象的 print()方法，在 print()方法中执行 owner. display()语句输出的。下面详细分析程序 10.6 的执行过程：

第一步，定义 MobilePhone 类对象 phone，并进行实例化；

第二步，定义 Student 类对象 s，并调用构造方法 Student("张三", 23, 74, phone)进行实例化；

第三步，执行 Student 类的构造方法，前四条语句是给 Student 类对象 s 的 4 个属性赋值，其中属性 myPhone 指向 Test 类中定义的对象 phone 的实例；

第四步，构造方法最后一条语句 this. myPhone. setOwner(this)中，对象 this 就是对象 s，this. myPhone 就是 Test 类中定义的对象 phone，this. myPhone. setOwner(this)中后一个 this 也是对象 s，因此将属性 myPhone 的机主属性 owner 设置为对象 s；

第五步，执行测试类中语句 s. display()，显示姓名；

第六步，执行测试类中语句 phone. print()显示手机号码和姓名，结果如图 10. 6 所示。

程序 10. 5 中 Student 类包括了 MobilePhone 类属性——电话，程序 10. 4 中 MobilePhone 类增加了 Student 类属性——机主，这样两个类之间就建立起来了双向关联，这种双向关联的类间关系也是组合关系。

## 10.2 相关知识

### 10.2.1 对象属性

前面定义属性主要使用基本类型，例如 int 和 double，或者是 Java 给出的基础类库中定义的类型，例如 String。实际应用中属性的类型可以是任意的类型或者类，也包括自己定义的类。程序 10.2 中 Student 类的属性有四个。

```
private String name;
private int age;
private double grade;
private MobilePhone myPhone;
```

这里面定义了属性 myPhone，类型是自己定义的类 MobilePhone。通过这个属性把类 Student 和类 MobilePhone 关联起来。接下来就可以使用 MobilePhone 类对象 myPhone 来访问对象的方法。

在测试类中定义了一个 MobilePhone 类对象 phone，使用 phone 定义了 Student 类对象 s，程序代码如下：

```
MobilePhone phone=new MobilePhone("Apple", "138000000");
Student s=new Student("张三", 23, 74, phone);
s.display();
```

对象 s 和对象 phone 实例化后的结果如图 10.3 所示。对象 phone 指向自己的实例，实例有两个属性 brand 和 code。对象 s 的属性 myPhone 也是一个对象，指向了前面定义的对象 phone 的实例。

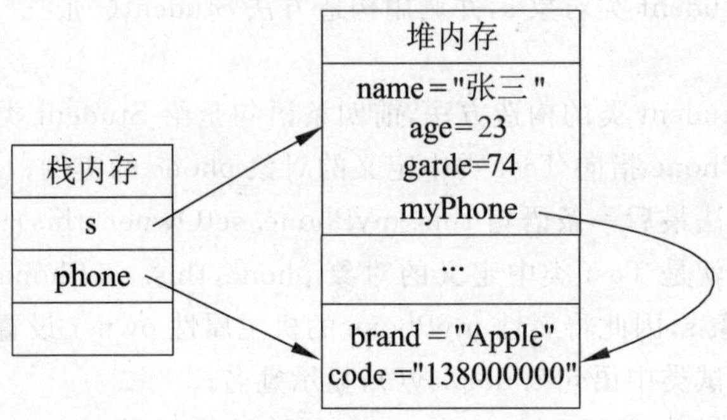


图 10.3 对象属性存储示意图

## 10.2.2 类的组合关系

类间关系主要有三种，分别是关联关系、依赖关系和泛化关系。关联关系是最常见的类间关系，主要表现为类的组合。最常见的类的组合形式是一个类的对象作为另一个类的属性，例如前面的语句 private MobilePhone myPhone，将 MobilePhone 类的对象 myPhone 作为 Student 类的一个属性。

恰当使用类的组合关系可以写出比较简洁优雅的程序代码。例如，可以给手机类 MobilePhone 增加一个方法 move(double distance)，显示手机移动的距离。程序实现如下：

```
public void move(double distance){
    System.out.println("移动距离:"+distance);
}
```

同样也可以给 Student 类增加一个方法 move(double distance)，显示学生移动的距离。具体程序实现代码如下：

```
public void move(double distance){
    myPhone.move(distance);
}
```

假设学生随身携带手机，那么手机移动的距离就是学生移动的距离。因此在学生类 Student 的 move()方法中，直接调用了手机类 MobilePhone 的方法 move()。两个类的方法采用了相同的实现方式，提高代码的重用率和一致性。这种方法在组合类程序设计中经常使用。

通过组合把两个类关联起来，这样 Student 类对象就可以访问 MobilePhone 对象的属性和方法了。泛化关系将在后面讲到继承的时候进行介绍，依赖关系相对要复杂一些，将在后面章节中讲解。

## 10.3 训练程序

前面章节中定义了教师类 Teacher 和桌子类 TableInfo，下面在 Teacher 类中增加一个 TableInfo 类的属性，用来表示教师拥有一张桌子，将两个类关联起来。

### 10.3.1 程序分析

首先来分析桌子类 TableInfo 的定义，这个类中应该包含属性和方法，其中属性包括：

- 形状：String shape
- 腿数：int legs
- 高度：int hight
- 面积：double area

接下来定义 TableInfo 类中包括的方法，增加构造方法和普通方法：

- 构造方法：public TableInfo(String shape, int legs, int hight, double area)
- 普通方法：public void print()，用于显示桌子信息。

下面对 Teacher 类进行修改，增加一个桌子类的属性，相应的修改构造方法和普通方法。增加一个 TableInfo 类的属性 table，语句为

```
private TableInfo table;
```

修改构造方法，增加一个 TableInfo 类的参数，用于对 table 属性赋值，程序如下：

```
public Teacher (String name, int age, double salary, String professionalTitle,
TableInfo table){
    …
}
```

修改普通方法 display()，增加对 table 对象 print()方法的调用，语句为 table.print();。

### 10.3.2 参考程序

**【程序 10.7】** 定义桌子类程序 TableInfo.java。

```
public class TableInfo{
    String shape;
    int legs;
    int hight;
    double area;

    public TableInfo(String shape, int legs,int hight,double area){
        this.shape=shape;
        this.legs=legs;
```

```
        this.hight=hight;
        this.area=area;
    }

    public void print(){
        System.out.println("我的桌子:"+shape);
    }
}
```

**【程序 10.8】** 定义教师类程序 Teacher.java,包括一个桌子类的属性。

```
public class Teacher{
    private String name;
    private int age;
    private double salary;
    private String professionalTitle;
    private TableInfo table;

    public Teacher (String name, int age, double salary, String
    professionalTitle, TableInfo table){
        this.name=name;
        this.age=age;
        this.salary=salary;
        this.professionalTitle=professionalTitle;
        this.table=table;
    }
    public void display(){
        System.out.println("姓名:"+name);
        System.out.println("工资:"+salary);
        table.print();
    }
}
```

**【程序 10.9】** 测试类程序 Test.java。

```
public class Test{
    public static void main(String[] args)
    {
        TableInfo t=new TableInfo("方形", 4, 100,3600);
        Teacher zhang=new Teacher("张老师", 40, 4580, "副教授", t);
        zhang.display();
    }
}
```

程序 10.9 运行结果如图 10.4 所示。

```
D:\program\unit10\10-3\3-1>javac Test.java

D:\program\unit10\10-3\3-1>java Test
姓名：张老师
工资：4580.0
我的桌子：方形
```

图 10.4 程序 10.9 运行结果

程序 10.9 定义了桌子 TableInfo 类的对象 t 和 Teacher 类的对象 zhang，调用方法 zhang.display()显示教师的姓名和工资，方法中调用桌子类的显示方法 print()显示桌子形状。

## 10.4 拓展知识

### 10.4.1 组合讨论

前面介绍了类间组合的基本用法，如程序 10.2 所示，一个类中可以包括另一个类对象属性，通过这种方法将两个类关联起来。同样也可以使用这种方法建立多个类之间的关联。组合还可以用于代码重用，通过关联关系实现部分代码重用。例如有两个类正方形和长方形，定义如程序 10.10 和程序 10.11 所示。

**【程序 10.10】** 定义长方形类程序 Rectangle.java。

```
public class Rectangle{
    private double width;
    private double height;

    public Rectangle(int width, int height){
        this.width=width;
        this.height=height;
    }

    public double getArea(){
        return width * height;
    }
}
```

长方形类定义了两个双精度属性：宽度 width 和高度 height，一个方法 getArea()，获取长方形面积。

**【程序 10.11】** 定义正方形类程序 Square.java。

```
public class Square{
    private double side;
```

```
    private Rectangle rect;

    public Square(int side){
        this.side=side;
        rect=new Rectangle(side, side);
    }

    public double getArea(){
        return rect.getArea();
    }
}
```

正方形类定义两个属性，一个是边长 side，一个是长方形 Rectangle 对象 rect。定义了一个获取面积的方法，调用长方形类对象 rect 的 getArea()方法来得到面积，从而实现了代码的重用。这个例子只是计算面积，重用效果不是很明显，如果需要写的方法很多，这时候重用就让程序变得简单了。

**【程序 10.12】** 测试类程序 Test.java。

```
public class Test{
    public static void main(String [] args){
        Rectangle r=new Rectangle(10,20);
        System.out.println("长方形面积="+r.getArea());
        Square s=new Square(10);
        System.out.println("正方形面积="+s.getArea());
    }
}
```

程序 10.12 运行结果如图 10.5 所示。

```
D:\program\unit10\10-4\4-1>javac Test.java

D:\program\unit10\10-4\4-1>java Test
长方形面积=200.0
正方形面积=100.0
```

**图 10.5 程序 10.12 运行结果**

总结一下，类间组合不仅可以将多个类关联起来，还可以实现部分的代码重用。类间组合关系是类实现代码重用的重要手段，如程序 10.10 和程序 10.11 所示，推荐使用这种方法实现重用。这种方法也是 Java 程序设计中经常用到的，详细内容可以参考相关资料。

### 10.4.2 组合与封装

通过类间组合，一个类的对象可以作为另一个类的属性，此时对这个类的封装是否产

生影响呢？下面来看一个例子，修改程序 10.10，增加宽度属性 width 和属性 height 的设置方法，增加的程序段如下：

**【程序 10.13】** 修改 Rectangle 类，增加宽度属性 width 和属性 height 的设置方法。

```
public class Rectangle{
    private double width;
    private double height;

    public Rectangle(int width, int height){
        this.width=width;
        this.height=height;
    }

    public void setHeight(double height){
        this.height=height;
    }

    public void setWidth(double width){
        this.width=width;
    }

    public double getArea(){
        return width * height;
    }
}
```

**【程序 10.14】** 修改 Square 类，增加属性 side 的设置方法。

```
public class Square{
    private double side;
    private Rectangle rect;

    public Square(int side){
        this.side=side;
        rect=new Rectangle(side, side);
    }

    public void setSide(double side){
        rect.setWidth(side);
        rect.setHeight(side);
}

    public double getArea(){
```

```
        return rect.getArea();
    }
}
```

【程序 10.15】 修改测试程序 Test.java。

```
public class Test{
    public static void main(String [] args){
        Square s=new Square(10);
        System.out.println("正方形面积="+s.getArea());
        s.setSide(20);
        System.out.println("正方形面积="+s.getArea());
    }
}
```

程序 10.15 运行结果如图 10.6 所示。

```
D:\program\unit10\10-4\4-2>javac Test.java

D:\program\unit10\10-4\4-2>java Test
正方形面积=100.0
正方形面积=400.0
```

图 10.6 增加设置方法后的运行结果

这个程序可以正确运行,修改正方形的边长是通过修改长方形的长和宽来实现的。但是这样的修改是否会存在隐忧呢?完全有可能。例如给上面的 Square 类增加属性 rect 的置取方法,修改后的 Square 类程序如 10.16 所示。

【程序 10.16】 修改正方形类程序 Square.java,增加属性 rect 的置取方法。

```
public class Square{
    private double side;
    private Rectangle rect;

    public Square(int side){
        this.side=side;
        rect=new Rectangle(side, side);
    }

    public Rectangle getRect(){
        return rect;
    }

    public void setSide(double side){
        rect.setWidth(side);
```

```
        rect.setHeight(side);
    }

    public double getArea(){
        return rect.getArea();
    }
}
```

在正方形类中增加了获取属性 rect 的方法，得到类 Square 对象的属性 rect。接下来修改测试类，如程序 10.17 所示。

**【程序 10.17】** 修改测试类程序 Test.java。

```
public class Test{
    public static void main(String [] args){
        Square s=new Square(10);
        System.out.println("正方形面积="+s.getArea());
        Rectangle rect=s.getRect();
        rect.setWidth(30);
        System.out.println("正方形面积="+s.getArea());
    }
}
```

测试类中定义正方形对象 s 并进行实例化，显示对象 s 的面积。接着获取对象 s 的属性 rect，修改对象 rect 的宽度，再次显示正方形的面积，面积值发生了变化，结果如图 10.7 所示。

```
D:\program\unit10\10-4\4-3>javac Test.java

D:\program\unit10\10-4\4-3>java Test
正方形面积=100.0
正方形面积=300.0
```

图 10.7　程序 10.17 的运行结果

在程序实现的角度，这个运行结果是正确的。但是如果从问题来看，对于一个正方形在没有改变边长属性值的情况下，面积发生了改变，显然不符合问题的要求。问题出在了什么地方？

问题就出在属性 rect 的获取方法上。仔细分析正方形类 Square 的两个属性，一个是边长 side，另一个是 Rectangle 类属性 rect。从概念上看这两个属性有很大不同，边长是正方形的属性，这个没有问题。而 rect 属性则在概念上是可以没有的，将它设置为属性主要是为了方便 Square 类的具体实现，它属于实现细节因而不应该对外暴露。

总结一下，类的封装有两个层面，第一个层面是涉及到类的具体实现细节，这些内容需要隐藏起来，不让类外知道；第二个层面是类的属性，可以在类外访问，但是应该是受控的，也就是通过置取方法进行访问。

接着讨论上面的例子，类 Square 的属性 side 属于第二个层面的，因此可以通过置取函数访问；而属性 rect 属于第一个层面的内容，涉及实现细节，不需要类外知道，不应提供置取函数，因此应该去掉 Square 的获取方法 getRect()，问题就解决了。

通过这个例子可以看出，类的封装不仅是在实现层面上要求正确，更应该在问题的语义层面也是正确的，这一点对于设计出符合用户要求的健壮程序是必要的。

## 10.5 实做程序

1. 对第 9 章实做程序 3 中定义的 Worker 类进行修改，增加 TableInfo 类的对象属性 table，相应的修改构造方法和置取方法，并修改 display 方法显示 table 对象的形状。设计测试类 Test，创建一个 TableInfo 类的对象和一个 Worker 类的对象，调用 Worker 类的 display 方法显示工人和桌子的信息。

要点提示：

(1) 参照程序 10.7 实现 TableInfo 类；

(2) 参照程序 10.8 实现 Worker 类。

2. 定义一个安全帽类 Helmet，包括属性编号(String code)、颜色(String color)、安检日期(String checkDate)，方法 display 显示安全帽信息。修改 Worker 类，增加一个 Helmet 类属性，并修改构造方法，添加置取方法。

要点提示：

(1) 参照程序 10.1 定义安全帽类 Helmet；

(2) 参照程序 10.2，修改 Worker 类，增加定义属性 Helmet myHelmet；

(3) 定义测试类，显示安全帽信息。

3. 在实做程序第 2 题基础上为 Worker 类增加方法领用安全帽方法 receiveHelmet()，归还安全帽方法 returnHelmet()和更换安全帽 changeHelmet()方法。

要点提示：

(1) 领用安全帽方法 receiveHelmet()中实例化一个安全帽对象，并赋值给一个工人对象的属性 myHelmet，并显示领用的安全帽信息；

(2) 归还安全帽方法 returnHelmet ()中将属性 myHelmet 置空；

(3) 更换安全帽方法 changeHelmet ()中调用上面两个方法。

# 第 11 章 Student 类方法重载

**学习目标**

- 了解什么是方法重载；
- 掌握程序设计中如何实现方法的重载；
- 理解重载方法的运行过程。

## 11.1 示例程序

每个类都可以有多个方法，这些方法包括构造方法、置取方法和普通方法。每个方法的定义包括方法头和方法体。在 Java 程序设计语言中，允许一个类的多个方法拥有相同的名字，这种情况称为方法重载(Overload)。

### 11.1.1 构造方法重载

Java 语言允许一个类有多个重名的构造方法，这些方法名字相同，但是参数的个数或者类型不相同，称为重载的构造方法。如程序 9.3 所示学生类 Student 就有两个构造方法，程序代码段如程序 11.1 所示。

**【程序 11.1】** 学生类程序 Student.java 的构造方法。

```
public Student(){
    this.name="";
    this.age=0;
    this.grade=0;
}
public Student(String name, int age, double grade){
    this.name=name;
    this.age=age;
    this.grade=grade;
}
```

这两个方法名字相同都是 Student，但是参数的个数不同，是重载方法。一般类的构造方法都会有多个重载方法，看看 Java 开发文档里面列出的基础类，多数类都有两个以上的构造方法。

上面学生类 Student 中的两个重载的构造方法用途不同，如果在实例化学生对象时，知道学生的具体信息就可以使用构造方法 public Student(String name, int age, double grade)。例如：

```
Student s=new Student("张三", 23, 74);
```

如果不知道学生的具体信息则可以使用构造方法 public Student()，例如：

```
Student s=new Student();
```

使用无参构造方法进行实例化后，具体学生信息可以以后使用设置方法进行修改。例如添加学生的姓名：s.setName("张三")。

### 11.1.2 普通方法重载

前面的程序中显示学生信息都是只显示了学生的姓名。有时候需要显示学生的全部信息，以及考试是否通过等其他信息。这时候可以增加新的显示方法，这两个显示方法可以通过重载方式实现，程序如 11.2 所示。

**【程序 11.2】** 学生类程序 Student.java 中重载显示学生信息的方法 display()。

```
public class Student{
    private String name;
    private int age;
    private double grade;

    public Student(){
        this.name="";
        this.age=0;
        this.grade=0;
    }
    public Student(String name, int age, double grade){
        this.name=name;
        this.age=age;
        this.grade=grade;
    }

    public void display(){
        System.out.println("姓名:"+name);
    }

    public void display(int passLine){
        System.out.println("姓名:"+name);
        System.out.println("年龄:"+age);
        if(grade>=passLine){
            System.out.println("高于及格线,通过考试!");
```

```
            }
            else{
                System.out.println("未通过考试!");
            }
        }
    }
```

在学生类 Student 中增加了 display(int passLine)方法，这个方法与 display()方法是重载方法。参数 passLine 是及格分数线，用来判断成绩是否及格，通过考试。添加测试类 Test 代码如下程序 11.3 所示。

**【程序 11.3】** 测试类程序 Test.java。

```
public class Test{
    public static void main(String [] args){
        Student s=new Student("张三", 23, 74);
        s.display();
        s.display(60);
        s.display(90);
    }
}
```

程序 11.3 的运行结果如图 11.1 所示。

```
D:\program\unit11\11-1\1-2>javac Test.java

D:\program\unit11\11-1\1-2>java Test
姓名: 张三
姓名: 张三
年龄: 23
高于及格线, 通过考试!
姓名: 张三
年龄: 23
未通过考试!
```

**图 11.1 程序 11.3 运行结果**

在 Test 类中首先创建了一个 Student 类的对象 s，然后三次调用了 display 方法显示学生信息。第一次调用的是无参方法 display()，只显示了学生姓名"姓名：张三"。第二次调用时，调用语句 s.display(60)带有参数 60，因此调用的是重载的带参方法 display(int level)，输出"姓名：张三"，"年龄：23"，"高于及格线，通过考试!"。第三次带有参数 90，调用的也是带参方法 display(int level)，此时及格线是 90，因此输出"姓名：张三"，"年龄：23"，"未通过考试!"。可见，虽然方法名一样，但根据参数不同，调用的是不同的方法。

同一个类中具有相同方法名，不同参数列表的方法称为重载。参数列表的不同体现在：参数个数不同、参数类型不同、参数顺序不同，只要满足一个就看作不同。需要说明的是，判断重载，不看参数名字，也不看方法的返回值类型是否相同。

## 11.2 相关知识

方法重载可以理解为对同一个功能提供多种实现方法，这样可以方便使用者根据自己的需要来决定使用哪种实现方法。下面再举一个例子来说明，例如两个学生对象判断是否是同一个人，可以有两个方法。第一个方法是判断两个学生的名字是否相同，在学生类 Student 中增加方法 beSame，程序代码如下：

```
public boolean beSame(String name){
    return name.equals(this.name);
}
```

第二种实现方法是判断两个学生姓名相同，并且年龄也相同，才认为是同一个人，因此再增加一个同名方法，代码如下：

```
public boolean beSame(String name, int age){
    boolean flag=name.equals(this.name);
    flag=flag &&(age ==this.age);
    return flag;
}
```

学生类中增加了两个判断学生是否相同的方法，使用者可以根据自己的实际情况来确定使用哪个方法来判断学生是否相同。下面分别使用两个方法来判断是否相同，程序代码段如下所示，对象 s 是 student 类对象。

```
boolean f=s.beSame("张三");
boolean f1=s.beSame("张三", 20);
```

重载方法在使用上与普通方法的调用过程相同，编译程序会根据参数的个数和类型来选择不同的方法。

面向对象程序设计语言都提供重载机制，Java 程序设计语言也引入重载机制。重载主要是方便程序员设计程序。例如上面的方法 beSame 有两个参数不同的方法，如果没有重载机制就需要分别给两个方法命名，以后使用这个方法就需要记住不同的名字和参数，但其实它们完成的功能是相同的，这样不方便程序设计。

重载机制也可以使得程序更加优雅，完成同样功能的方法都使用相同的名字。例如在程序 11.2 中，在 Student 类中定义了两个 display 方法，一个只显示学生的姓名，一个显示学生成绩是否通过及格线。两个方法的功能都是显示学生信息，但具体程序代码不同，就可以通过重载 display()方法来实现。通过重载可以实现相同功能的方法具有相同的方法名，即方法名字代表方法实现的功能。读者有兴趣可以查看 Java API 文档，多数类都提供了多个重载方法。

## 11.3 训练程序

程序 10.7 中定义了桌子类 TableInfo，包括属性 shape，legs，hight 和 area，其中 area 为桌子的面积，其值是在创建桌子类对象时给定的。下面修改桌子类，将桌子面积不再作为一个属性，而是改为通过调用方法计算得出。在 TableInfo 类中增加一个方法 tableArea，功能是计算桌子的面积。对于形状不同的桌子，面积的计算方法是不同的，所以需要根据桌子的形状按照不同的公式进行计算。

### 11.3.1 程序分析

以“圆桌”和“方桌”两种形状的桌子为例进行考虑。首先在 TableInfo 类中定义计算圆桌面积的方法 double tableArea(int r)，其中参数 r 表示圆的半径，方法返回计算的结果。实现代码如下：

```
public double tableArea(int r){
    return 3.14 * r * r;
}
```

而对于计算方桌的面积，需要知道的是长和宽，而不是半径，因此可以对 tableArea 方法进行重载，参数不再是半径，而是长和宽。实现代码如下：

```
public double tableArea(int a,int b){
    return a * b;
}
```

### 11.3.2 参考程序

在 TableInfo 类中定义计算桌子面积的方法 tableArea，通过对方法重载分别实现计算圆桌和方桌的面积。在测试 Test 类中创建两个 TableInfo 类对象，并分别调用 tableArea 方法计算圆桌和方桌的面积。

**【程序 11.4】** 定义 TableInfo 类，对计算面积方法 tableArea 进行重载。

```
public class TableInfo{
    String shape;
    int legs;
    int hight;

    public  TableInfo(String shape, int legs,int hight){
        this.shape=shape;
        this.legs=legs;
```

```
            this.hight=hight;
        }

        public void print(){
            System.out.println("桌子形状:"+shape);
        }

        public double tableArea(int r){
            return 3.14 * r * r;
        }

        public double tableArea(int a,int b){
            return a * b;
        }
    }
```

**【程序 11.5】** 测试类程序 Test.java。

```
    public class Test{
        public static void main(String[] args)
        {
            int r=50;                              //圆桌半径
            int width=40;                          //方桌宽度
            int len=60;                            //方桌长度

            double roundArea=0;                    //圆桌面积
            double rectArea=0;                     //方桌面积

            TableInfo roundTable=new TableInfo("圆形", 4, 100);
            TableInfo rectangleTable=new TableInfo("方形", 4, 100);

            roundArea=roundTable.tableArea(r);
            rectArea=rectangleTable.tableArea(width, len);

            System.out.println("圆桌的面积为:"+roundArea);
            System.out.println("方桌的面积为:"+rectArea);
        }
    }
```

程序 11.5 的运行结果如图 11.2 所示。

测试类 Test 中定义了 TableInfo 类对象 roundTable 和 rectangleTable，分别调用不同的 tableArea 方法计算圆桌和方桌的面积，这两个方法是重载的方法。

```
D:\program\unit11\11-3\3-1>javac Test.java

D:\program\unit11\11-3\3-1>java Test
圆桌的面积为：7850.0
方桌的面积为：2400.0
```

图 11.2　程序 11.5 运行结果

## 11.4　拓展知识

前面程序 11.2 中有一个方法：public void display(int passLine){…}，在测试类中使用语句 s.display(60)调用这个方法。程序运行结果如图 11.1 所示。

如果把语句修改为 s.display(60.0)，这时候程序是否还可以正确运行？修改程序进行编译，结果在编译的时候程序报错了，编译结果如图 11.3 所示。

```
D:\program\unit11\11-1\1-2>javac Test.java
Test.java:5: 找不到符号
符号： 方法 display(double)
位置： 类 Student
                s.display(60.0);
                  ^
1 错误
```

图 11.3　修改后程序编译结果

仔细分析一下错误，编译器提示找不到方法 display(double)。调用语句的实参是 60.0，而常数 60.0 编译器认为是 double 类型的数，因此去寻找参数为 double 类型的方法 display，而对应方法没有找到，因此报错。如果把方法的定义修改为：

```
public void display(double passLine){…}
```

大家想想，这时候再编译程序看看结果如何？再次编译程序，程序不再报错，运行程序得到正确结果。原因很简单，在 Student 类中找到了 display(double passLine)方法。

可以继续测试，如果再将调用语句改回 s.display(60)，结果又会如何呢？修改后重新编译程序，编译正确，运行程序得到结果。这样修改为什么没有报错？仔细分析一下参数传递过程，把实参的值传递给形参在逻辑上相当于赋值，因此，语句 int passLine＝60.0 将双精度数值赋给整型变量，类型不一致，会报编译错误；而语句 double passLine＝60 将整数数值赋给双精度变量，虽然类型不同但 java 自动进行了类型转换，是兼容类型赋值，因此编译和运行都正确。下面来看看，如果在程序 11.2 中增加一个方法，程序代码如下：

```
public void display(double passLine){
    System.out.println("姓名="+name);
    System.out.println("年龄="+age);
    if(grade >=passLine){
        System.out.println("通过考试!");
```

```
        }
        else{
            System.out.println("未通过考试!");
        }
    }
```

再次进行测试,分别使用下面两个调用语句:

```
s.display(60);
s.display(60.0);
```

程序能够正常编译和正确执行,两个语句分别调用方法 display(int passLine)和 display(double passLine)。

通过以上试验可以看出,在调用一个方法的时候,总是寻找参数与调用语句参数最匹配的方法。例如上面调用 s.display(60)时,如果存在 display(int passLine)则选这个方法,否则就选择最接近的方法 display(double passLine)。

在上面例子中调用语句 s.display(60)使用方法 display(int passLine)还是方法 display(double passLine)是在编译期间确定的。编译程序根据重载方法的参数个数和类型顺序选择一个方法,如果找不到合适的重载方法,编译程序会报错。

## 11.5 实做程序

1. 假定下面 6 个方法是同一个类的方法,判断下面的方法哪些是正确的重载方法,哪些不是,为什么?

(1) public boolean beSame(String otherName){…}

(2) public boolean beSame(int age, String name){…}

(3) public boolean beSame(String name, int age, double grade){…}

(4) public boolean beSame(String name){…}

(5) public boolean beSame(String name, int age){…}

(6) public boolean beSame(String name, double grade, int age){…}

要点提示:

(1) 判断两个方法是否重载依据是参数的个数、参数类型和顺序是否相同;

(2) 只考虑参数类型,不考虑参数名字。

2. 在第 10 章实做程序第 1 题定义的 Worker 类基础上进行修改,添加计算工人年收入的重载方法。计算年收入有两个方法,第一个方法是保底工资+年工时 * 单价;第二种方法是固定月工资 * 12。设计测试类,分别使用两种方法计算工人的年收入。

要点提示:

(1) 设计两个重载的计算年收入的方法;

(2) 两个方法参数分别是:保底工资、工时和月固定工资。

3．设计一个类，在类定义中通过重载方法分别实现计算球体和圆柱体的体积。在测试类中进行调用，显示计算结果。

要点提示：

（1）计算球体使用参数：球半径；

（2）计算圆柱体使用两个参数：底半径和高度。

# 第 12 章 Student 类实例计数

**学习目标**

- 理解类的静态方法和静态属性；
- 掌握使用静态属性和静态方法编写程序的过程；
- 了解静态属性与实例属性的区别，静态方法与实例方法的区别。

## 12.1 示例程序

### 12.1.1 显示实例顺序

一个学生类 Student 可以定义多个对象，每个对象可以有一个实例，或没有实例。如果想知道这些实例的实例化顺序，应该如何实现呢？这时候需要增加静态属性来实现，代码如程序 12.1 所示。

**【程序 12.1】** 添加静态属性的学生类程序 Student.java。

```
public class Student{
    private String name;
    private int age;
    private double grade;
    private static int counter=0;

    public Student(String name, int age, double grade){
        this.name=name;
        this.age=age;
        this.grade=grade;
        counter ++;
    }

    public void display(){
        System.out.println("实例顺序:"+counter+" 姓名:"+name);
    }
}
```

在上面的学生类定义中，多了一个属性 counter，定义为：

```
private static int counter=0;
```

这个属性定义中多了一个关键字 static，表示静态的意思。属性 counter 是一个静态属性，初值为 0。静态属性与普通属性不同，它是一个类级的全局变量。在 Student 类的构造方法中有一个语句：

```
counter ++;
```

计数器 counter 初值为 0，第一次进行对象实例化时 counter 数值加 1，再次进行实例化时 counter 再次增加 1，这样就可以记录下来每个实例的实例化次序。在显示方法 display()中显示 counter 的数值作为顺序号。

**【程序 12.2】** 测试类程序 Test.java。

```
public class Test{
    public static void main(String [] args){
        Student s1=new Student("张三", 23, 74);
        s1.display();
        Student s2=new Student("李四", 20, 65);
        s2.display();
        Student s3=new Student("王五", 21, 93);
        s3.display();
    }
}
```

程序 12.2 运行结果如图 12.1 所示。

```
D:\program\unit12\12-1\1-1>javac Test.java

D:\program\unit12\12-1\1-1>java Test
实例顺序: 1 姓名:张三
实例顺序: 2 姓名:李四
实例顺序: 3 姓名:王五
```

**图 12.1 程序 12.2 运行结果**

测试类中定义了三个 Student 类对象，每个对象进行一次实例化，显示实例化的顺序号和学生姓名。

### 12.1.2 获得学生对象个数

如果想知道某一个类在程序执行过程中已经创建了多少个实例，需要在 Student 类中增加一个静态方法来实现，Student 程序增加方法 getCounter()，如程序 12.3 所示。

**【程序 12.3】** 增加静态方法的学生类程序 Student.java。

```
public class Student{
    private String name;
    private int age;
```

```
    private double grade;
    private static int counter=0;

    public Student(String name, int age, double grade){
        this.name=name;
        this.age=age;
        this.grade=grade;
        counter ++;
    }

    public static int getCounter(){
        return counter;
    }


    public void display(){
        System.out.println("实例顺序:"+counter+" 姓名:"+name);
    }
}
```

**【程序 12.4】** 测试类程序 Test.java。

```
public class Test{
    public static void main(String [] args){
        Student s1=new Student("张三", 23, 74);
        Student s2=new Student("李四", 20, 65);
        Student s3=new Student("王五", 21, 93);
        System.out.println("学生人数:"+Student.getCounter());
    }
}
```

程序 12.4 运行结果如图 12.2 所示。

```
D:\program\unit12\12-1\1-2>javac Test.java

D:\program\unit12\12-1\1-2>java Test
学生人数: 3
```

**图 12.2 程序 12.4 运行结果**

需要说明的是,在访问静态方法的时候,没有像以前那样使用对象进行访问,而是使用类名访问,例如语句 Student.getCounter()。静态的属性和方法可以用类名来访问,也可以使用类的对象来访问。因此静态属性和静态方法又称为类属性和类方法,对应的非静态属性和非静态方法称为实例属性和实例方法。

## 12.2 相关知识

### 12.2.1 静态属性与实例属性

多数Java程序设计者习惯把静态属性称为静态变量，把实例属性称为实例变量。在定义静态属性时使用关键字static修饰，静态属性也称为类属性。每个类装入内存后，静态属性在内存中只有一份，保存在方法区中。而同一个类的实例属性可以有多份，每次对象实例化就创建一个对象实例，实例中为这个对象的实例属性开辟了存储空间。例如程序12.3中Student定义了四个属性，代码段如下。

```
private String name;
private int age;
private double grade;
private static int counter=0;
```

其中前三个属性name、age和grade是实例属性，对象实例化后，属性的值保存在对象实例中。最后一个属性counter是静态属性，保存在类Student的方法区中。

由于静态属性在内存中只有一份，不管哪个实例进行修改时，都会改变这个值，静态属性可以被类内各个实例共享。例如程序12.3中的属性counter是静态属性，只在Student方法区中保存一份。Student类所有实例共享这个数据。因此下面程序段中每次实例化一个Student对象，对应的属性counter值增加1，最后counter数值为3。

```
Student s1=new Student("张三", 23, 74);
Student s2=new Student("李四", 20, 65);
Student s3=new Student("王五", 21, 93);
```

而每个类的实例属性都相互独立，互不影响。例如上面程序段对象s1的实例中，属性name的值为“张三”，而对象s2的属性name值为“李四”。不同的实例中实例属性的值不同。

综上所述，静态属性是类的全局变量，而实例属性则是类中的局部变量。静态属性可以通过类名来访问，也可以通过对象来访问。而实例属性只能通过对象来访问。对于静态方法也是一样的。

在第6章中介绍方法提取时，所有提取后的方法都是静态方法，方法定义中标有static关键字。这个与Java语言的约定有关，Java语言要求所有的静态方法不能调用实例方法，也不能直接使用实例属性。例如，将程序12.3中的方法getCounter()修改如下：

```
public static int getCounter(){
    age=20;
    return counter;
}
```

这段程序编译时会报错，读者可以自己尝试。用这段程序替换程序 12.3 的 getCounter()方法，看看编译结果，编译程序给出一个错误，提示内容大意是：在静态方法中访问了非静态属性 age。

同样，如果如下修改方法 getCounter()：

```
public static int getCounter(){
    display();
    return counter;
}
```

编译时同样会报错，错误提示内容大意是：在静态方法中访问了非静态方法 display()。

但是反过来，实例方法可以正常调用静态属性和静态方法。Java 这样约定也是有原因的，类的静态方法是可以直接使用类名来访问的，换句话说可以不需要实例化就可以访问，此时实例变量不一定存在，即使存在也可能有多个实例，也不知道访问哪个实例，因此在静态方法中不能访问实例属性。同样，实例方法中可能会用到实例属性，因此静态方法也不能调用实例方法。

正是基于这个原因，在第 6 章中提取出来的方法都是由静态方法 main 中语句来调用的，因此将这些方法都定义为静态的。

### 12.2.2 再论对象创建过程

在第 8 章介绍了对象的实例化过程，下面将进一步深入地讨论类的装载和对象的实例化过程。从程序 12.1 的运行结果可以看出，虽然在 Test 类中定义了三个 Student 类的对象并进行了实例化，但静态变量 counter 的值在每次实例化时并没有被重新赋予初值 0，而是保留了上一次的累加结果，使得 counter 的值依次输出为 1、2、3。出现这种情况的原因是与类和对象的创建过程有关的。在前面第 8 章已经介绍过对象的实例化过程，下面以程序 12.2 为例，进行更加深入的介绍。

在 Student 类中，定义了四个属性，其中 name、age 和 grade 为实例属性，而 counter 为静态属性。同时定义了三个方法，包括构造方法 Student(String name, int age, double grade)、显示方法 display()和静态方法 static int getCounter()。

以程序 12.2 为例，当程序执行到语句 Student s1=new Student("张三", 23, 74)时，类和对象的装入和处理过程如下：

第一步，当执行到 Student 时，先检查类 Student 是否被装入，如果没有则装载对应的 Student.class 文件，创建 Class 对象，此时的 Student.class 装入内存后作为类 Class 的一个对象。

第二步，对静态数据（由 static 声明的）进行初始化，例如类 Student 定义的 counter 变量 private static int counter=0，变量 counter 在类 Student 有效期间只进行这一次初始化。

第三步，创建对象进行实例化，初始化所有定义对象的实例属性，例如语句 Student s1=new Student("张三", 23, 74)初始化对象 s1 定义的实例属性：

```
private String name;
private int age;
private double grade;
```

第三步的执行过程第 8 章中已经详细介绍过，这里不再赘述。

下面做个简单的总结，一个类中的变量可以归纳为三类：类属性、实例属性和局部变量。其中，类属性就是类的全局变量，如 Student 类中 counter 属性就是类属性，类属性的特点是随着类的装入而存在，可以使用类名访问。实例属性就是类中定义的普通属性，非 static 属性，也称为实例变量，这些属性是在实例化时候开辟内存空间的，如 Student 类中的属性 name、age 和 grade。局部变量是在方法内部声明的变量或者是方法的参数，例如普通方法 display(int passLine)所定义的参数 passLine 就是一个局部变量，作用域仅限于 display(int passLine)方法内。

## 12.3　训练程序

应用现有 Math 类的静态方法，生成一个 1～50 之间的随机整数作为半径计算圆的面积，并且将计算结果四舍五入，显示结果。

### 12.3.1　程序分析

数学运算中一些常用的方法包含在 java.lang 包下的 Math 类中。在 Math 类中提供了许多用于进行数学计算的方法。这些方法都是 static 方法，可以直接使用类名进行调用。比如，生成 0～1(含 0 不含 1)之间随机数的方法 public static double random()，圆周率常量 public static double PI，四舍五入方法 public static double rint()等等。Math 类其他常用的方法读者可以在需要时查阅 Java API 文档。

### 12.3.2　参考程序

根据以上分析设计程序生成一个 1～50 之间的随机整数作为半径，计算圆的面积，并且将计算结果四舍五入，如程序 12.5 所示。

**【程序 12.5】**　使用数学方法类 Math 提供的静态方法进行数学计算。

```
public class TestMath{
    public static void main(String [] args){
        int r;                      //圆半径
        double area;                //圆面积

        r=1+(int)(Math.random() * 50);
        System.out.println("圆的半径为"+r);

        area=Math.PI * r * r;
        System.out.println("圆的面积为"+Math.rint(area));
```

```
    }
}
```

程序 12.5 运行结果如图 12.3 所示。

```
D:\program\unit12\12-3\3-1>javac TestMath.java

D:\program\unit12\12-3\3-1>java TestMath
圆的半径为40
圆的面积为5027.0
```

图 12.3 程序 12.5 运行结果

上例中，语句 Math. random()调用 Math 类的静态方法 random()生成随机数，调用 Math 类的静态常量 Math. PI 得到圆周率的值，调用 Math 类静态方法 Math. rint(s)取整。这些静态的属性和方法都是通过类名进行访问的。

## 12.4 拓展知识

### 12.4.1 属性与局部变量

在 Java 语言中，根据变量定义位置不同可以将变量分成两大类：第一类是属性，第二类是局部变量。属性直接定义在类中，根据属性是否带有修饰词 static 分成静态属性和实例属性。

局部变量又分成三种：方法的形参、方法局部变量和代码块局部变量。方法的形参是定义在方法头的参数表中的参数变量，在整个方法中有效。方法局部变量是在方法中定义的局部变量，作用域是从变量定义到方法结束。代码块是指使用{}括起来的一段代码，这段代码中定义的局部变量称为代码块局部变量，作用域在代码块内。

当 Java 虚拟机加载一个类时，在方法区开辟类属性的存储空间，并进行初始化。而实例属性则是在创建实例时进行初始化的，保存在堆区。三种局部变量都是在程序执行到某一个方法时，创建一个方法的栈帧，此时为局部变量开辟空间，进行初始化。因此所有的局部变量都是保存在栈中的。不同类型的属性或者变量初始化的默认值不同，整数类型(byte、short、int、long)的基本类型变量的默认值为 0；单精度浮点型(float)和双精度浮点型(double)的基本类型变量的默认值为 0.0；字符型(char)的基本类型变量的默认为"\u0000"；布尔型的基本类型变量的默认值为 false；引用类型的变量是默认值为 null。

属性和局部变量在命名时要求是一个合法的 Java 标识符，同时还应该符合 Java 编码规范，使用一个或者是多个有意义的词连在一起，第一个单词首字母小写后面单词首字母大写，例如：

- 学生成绩：grade
- 学生测验成绩：testGrade

属性和变量的作用域从大到小依次是静态属性、实例属性、形参、局部变量、代码块局部变量。在实际的程序设计中，在满足需要的前提下，尽量定义作用域小的变量和属性。

具体地说，如果需要在多个Java对象共享的属性，定义静态属性，例如程序12.1中定义的counter属性用来记录实例化对象的个数，因此需要实例之间共享，定义为静态属性：

```
private static int counter=0;
```

如果是描述对象特征的属性，并且每个对象都是不同的数据，例如程序12.1中的name是学生的特征数据，每个学生的姓名都是不一样的，因此定义为实例属性：

```
private String name;
```

如果只是在一个方法内部使用的变量，则需要定义局部量，例如下面程序段中定义的变量flag，只在这个方法中使用。

```
public boolean beSame(String name, int age){
    boolean flag=name.equals(this.name);
    flag=flag &&(age ==this.age);
    return flag;
}
```

而有的变量只在一个代码块中使用，例如程序5.1中计算累加成绩中用到的循环变量i就是一个块内变量，只在这段程序内有效，出了这段程序再使用就需要重新定义了。

```
for(int i=0; i<SIZE; i++){
    averageGrade=averageGrade+grade[i];
}
```

缩小属性和变量的作用域可以提高程序性能，有效减少程序出现错误的可能性，提高程序的健壮性。

## 12.4.2 静态属性与方法存储

在第6章和第8章中都介绍了Java虚拟机中方法和实例的存储空间。类的静态属性保存在方法区中，被所有的线程共享，可以直接使用类名进行访问，因此又称为类变量。方法区中包含的都是在整个程序中唯一的元素。类中的静态属性只会有一个内存空间，一个类虽然有多个类实例，但这些类例使用的是同一个静态属性。方法区中除了保存代码和静态属性，还包括其他信息，一般方法区包括以下信息：

- 类型信息，被加载类的类型信息。
- 常量池，class文件中的常量池加载到方法区。
- 属性信息，保留类中每一个属性声明相关信息。
- 方法信息，保留类中每一个方法声明相关信息。
- 静态属性信息，为静态属性在方法区分配空间。

• 一些重要的引用，指向 ClassLoader 类和 Class 类的引用。

实例方法有一个隐含的传入参数，该参数是 JVM 给它的，与具体怎么写代码无关。这个隐含的参数就是当前对象 this。因此实例方法在调用前，必须先新建一个对象实例，获得 this 指针，以便传给每一个实例方法。

而静态方法没有隐含参数 this，因此不需要 new 对象，只要 class 文件被类装载器装入进 JVM 的方法区就可以了，而此时不一定存在对象或者对象的实例。

程序开始执行后，如果是静态方法，直接执行方法的指令代码，因此指令代码不能访问实例对象。而实例方法，需要先使用 new 来实例化一个对象，在堆中分配对象实例，并初始化实例，这样实例方法在执行时就可以找到具体的实例了。

### 12.4.3 单个实例

在设计 Java 程序时，有时候会有一些特殊要求，例如希望一个类只创建一个实例，而且这个实例类内共享。这个问题可以使用上面的实例方法和实例属性来实现。

下面先来分析一下如何实现上面的功能。

(1) 每个实例都是通过调用构造方法创建的，如果要求只有一个实例，此时就不能随意调用构造方法创建实例，为此可以将构造方法设计成私有的；

(2) 当一段程序需要实例时，应该可以得到实例，这就要求类中提供一个公有的获取实例方法；

(3) 由于一个类只有一个实例，因此可以设计一个静态属性来保存这个实例；

(4) 可以根据实例是否存在来判断是否进行实例化，如果存在直接返回，否则实例化返回。

按照上面思路设计出一个只能创建一个实例的学生类，如程序 12.6 所示。

**【程序 12.6】** 创建学生类程序 Student.java。

```
public class Student{
    private static Student inst=null;

    private Student(){
    }

    public static Student getInstance(){
        if(inst ==null){
            inst=new Student();
        }
        return inst;
    }
}
```

学生类定义中略去了原来的属性和方法，只给出了与单个实例相关的静态属性 inst，私有构造方法和公有的静态方法 getInstance()。定义测试类测试这个程序执行结果，测试类如程序 12.7 所示。

**【程序 12.7】** 测试类程序 Test.java。

```
public class Test{
    public static void main(String [] args){
        Student s1=Student.getInstance();
        Student s2=Student.getInstance();
        System.out.println(s1 ==s2);
    }
}
```

程序 12.7 运行结果如图 12.4 所示。

```
D:\program\unit12\12-4\4-1>javac Test.java

D:\program\unit12\12-4\4-1>java Test
true
```

图 12.4 程序 12.7 运行结果

测试类 Test 中先定义了对象 s1,调用静态方法 getInstance()获取实例。方法 getInstance()中先判断静态属性 inst 是否为空,第一次调用时为空,调用私有的构造方法进行实例化,得到实例 inst 返回。

测试类再次定义对象 s2,同样调用静态方法 getInstance()获取实例。方法 getInstance()中先判断静态属性 inst 是否为空,第二次调用时不再为空,直接返回保存在静态属性 inst 中的实例。

使用语句 s1 == s2 进行验证,结果为真,表示两次得到的实例是一样的。上面例子中通过定义静态属性和静态方法实现了只能创建单个实例的要求。

## 12.5 实做程序

1. 程序 12.3 中定义类 Student,有一个静态方法 getCounter()和一个普通方法 display(),在测试类 Test.java 中使用如下方法调用语句是否正确？并解释原因。

(1) Student.getCounter();

(2) s.getCounter();(假设已经定义 Student 类对象 s)

(3) Student.display();

要点提示:

(1) 静态方法可以使用类名或者对象名进行访问;

(2) 实例方法只能使用对象名访问。

2. 在程序 12.3 中定义类 Student,有一个静态方法 getCounter(),修改方法如下,分析是否正确,并解释原因。

(1) 修改方法 getCounter():

```
public static int getCounter(){
    name="Test";
    return counter;
}
```

要点提示：静态方法是否可以访问实例属性。

(2) 修改方法 getCounter():

```
public String getName(){
    return name;
}
public static int getCounter(){
    String myName=getName();
    return counter;
}
```

要点提示：静态方法是否可以访问实例方法。

(3) 增加方法 displayCounter():

```
public String displayCounter(){
    System.out.println(counter);
}
```

要点提示：实例方法是否可以访问静态属性。

# 第 13 章 泛化类 Person

**学习目标**

- 了解泛化与继承的概念,了解自然界事物间的层次关系;
- 掌握应用 Java 语言继承机制来编写父类与子类程序的方法;
- 理解子类的实例化过程。

## 13.1 示例程序

### 13.1.1 泛化类 Person

前面多次讲到类 Student 和类 Teacher,仔细分析这两个类,有很多相似的地方。两个类的属性都有姓名(name)和年龄(age),都有一个方法 display()显示对象的名字。如果在一个软件应用中同时定义了这两个类,是否可以把公共部分提取出来,放到一个新类中?答案是肯定的。把这两个类的公共部分提取出来的过程称为泛化,得到的新类叫做泛化类,命名为 Person,代码如程序 13.1 所示。

**【程序 13.1】** 泛化得到泛化类程序 Person.java。

```
public class Person{
    private String name;
    private int age;

    public void display(){
        System.out.println("姓名:"+name);
    }
}
```

从类 Student 和类 Teacher 得到类 Person 的过程称为泛化,就是从两个或者多个类中抽取公共的属性和方法,得到一个新的类,这个类就是泛化类。上面的 Person 类就是一个泛化类,抽取了公共属性:

- name:姓名。
- age:年龄。

抽取了公共方法:

- display():显示基本信息。

教师和学生都是人，因此给新类一个名字 Person。泛化类也可以像普通类一样添加构造方法和相应的置取方法。

### 13.1.2 子类 Student

有了泛化类 Person，如何使用泛化类来定义类 Student？这就要用到 Java 的继承机制，Student 类继承 Person 类，代码如程序 13.2 所示。

**【程序 13.2】** 由泛化类继承得到学生类程序 Student.java。

```
public class Student extends Person{
    private double grade;
}
```

关键字 extends 表示类的继承关系，类 Student 继承类 Person。继承得到的 Student 类称为子类，被继承的 Person 类称为父类。子类 Student 继承了所有父类的属性和方法，父类中访问控制权限不是 private 的属性和方法，在子类中都可以进行访问。如果父类中的属性的访问权限是 private，则在子类中不能直接访问，就需要使用父类中对应的置取方法进行访问。增加一个测试类 Test，代码如程序 13.3 所示。

**【程序 13.3】** 测试类程序 Test.java。

```
public class Test{
    public static void main(String [] args){
        Student s=new Student();
        s.display();
    }
}
```

程序 13.3 的运行结果如图 13.1 所示。

下面来看看这个程序的执行过程：

首先执行测试类 Test 的语句 Student s＝new Student()，调用 Student 类的缺省构造方法 Student()进行实例化。

Student()进行实例化之前要先调用父类的构造方法进行实例化，由于父类没有定义构造方法，因此使用系统自动添加的构造方法 Person()进行实例化，父类实例化后进行子类实例化，实例化完成后的实例内存示意图如 13.2 所示。

```
D:\program\unit13\13-1\1-1>javac Test.java

D:\program\unit13\13-1\1-1>java Test
姓名：null
```

图 13.1 程序 13.3 运行结果

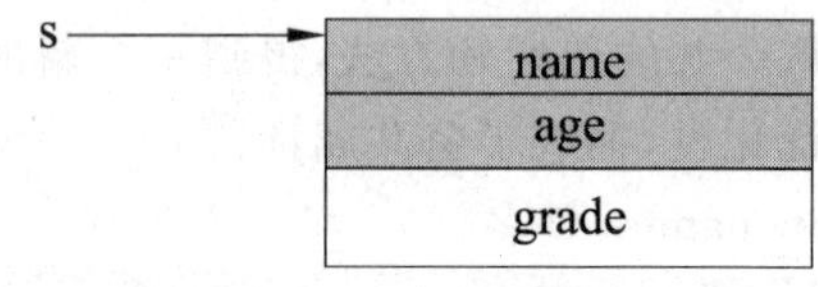


图 13.2 Student 类实例化结果示意图

父类 Person 实例化后有两个属性域 name 和 age，子类 Student 实例化后有一个属性

grade。Student 类和 Person 类都没有定义构造方法，都使用默认初始值给属性域赋值，name 域默认初值为 null。因此父类 Person 的 name 值为 null。

同样子类 Student 继承了父类 Person 的方法，执行 s. display()则是执行从父类 Person 中继承的方法 display()，因此显示子类对象的 name 属性域的值，这个值为 null。

### 13.1.3 Student 对象初始化

前例中 Student 类对象 s 在实例化时使用了默认的构造方法，如果想使用带参数的构造方式进行实例化，需要对应的在父类中也定义一个构造方法，Person 类程序增加构造方法如程序段 13.4 所示。

**【程序 13.4】** 添加了带参构造方法的 Person 类程序。

```
public class Person{
    private String name;
    private int age;

    public Person(String name, int age){
        this.name=name;
        this.age=age;
    }

    public void display(){
        System.out.println("姓名:"+name);
    }
}
```

新添加的 Person 类构造方法负责初始化 Person 类对象的属性。同样 Student 类也需要增加构造方法，并在构造方法中调用父类的构造方法，增加构造方法代码如程序 13.5 所示。

**【程序 13.5】** 添加了带参构造方法的 Student 类程序。

```
public class Student extends Person{
    private double grade;

    public Student(String name, int age, double grade){
        super(name, age);
        this.grade=grade;
    }
}
```

**【程序 13.6】** 测试类程序 Test. java。

```
public class Test{
```

```
    public static void main(String [] args){
        Student s=new Student("张三", 23, 86);
        s.display();
    }
}
```

修改后程序 13.6 运行结果如图 13.3 所示。

测试类 Test 中定义类 Student 对象 s,实例化使用了带参数的构造方法。在类 Student 的构造方法中先执行语句 super(name, age),调用父类就是 Person 类的构造方法。关键字 super 表示父类对象,这样实例化了父类对象。运行结果如图 13.3 所示。实例化后的内存示意图如 13.4 所示。

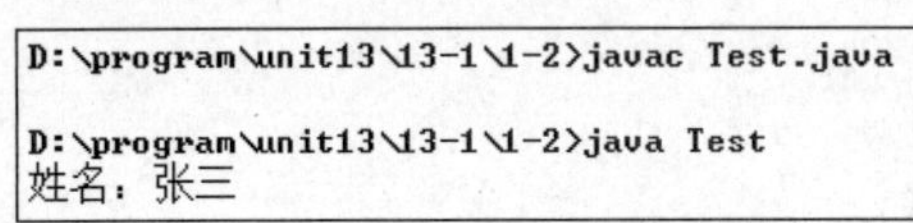

```
D:\program\unit13\13-1\1-2>javac Test.java

D:\program\unit13\13-1\1-2>java Test
姓名：张三
```

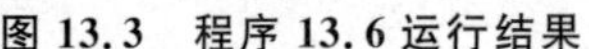

图 13.3 程序 13.6 运行结果

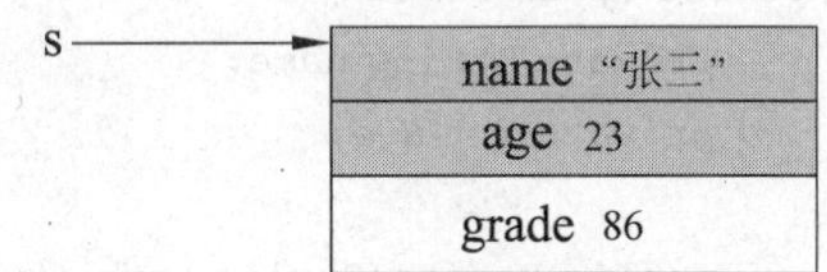


图 13.4 对象 s 实例化结果示意图

属性域 name 和 age 是对象 s 调用父类构造方法 super(name,age)完成的初始化,属性 grade 是 Student 类构造方法完成的初始化。需要注意,在调用父类构造方法时需要确认父类构造方法已经存在,并且使用语句 super(name, age)调用父类构造方法,这条语句需要放在子类构造方法的第一行。如果没有使用 super 关键字显式调用父类构造方法,系统默认将调用父类无参的构造方法。

## 13.2 相关知识

### 13.2.1 类的继承

面向对象有三大特征,封装、继承和多态,前面第 9 章中介绍了类的封装,下面介绍第二个特征——继承(Inheritance)。继承是两个类之间的一种关系,指一个类可以从另一个类自动获得属性和方法。被继承的类称为父类,由继承而得到的类称为子类。一个父类可以有多个子类,类可以逐级继承。

父类实际上是所有子类经过泛化得到,因此每一个子类都是父类的一个特例。在程序 13.1 中提取学生类和教师类的共有属性和共有方法得到父类 Person 类,而子类 Student 类增加了一个自己的属性 grade。因此父类 Person 和子类 Student 之间的关系是泛化关系。泛化关系是第二种类间关系,在实现时使用继承。在 Java 语言中使用 extends 来表示一个类继承了另一个类,定义格式如下:

```
public class 子类类名 extends 父类类名{
    类体
}
```

类体的定义与前面讲的一样，也包括四个部分：属性的定义；构造方法的定义；置取方法的定义；普通方法的定义。

可以简单地认为，子类继承了父类所有的属性和方法，父类中的非 private 属性和方法是可以直接访问的，例如上例的 display()方法。而父类中 private 的属性和方法对于子类是不可见的，例如 name 属性，这个属性不能直接在 Student 类中访问。

每一个 Java 类只能有一个父类。如果没有显式地指出父类，默认的父类是 Object 类。例如程序 13.1 中定义的 Person 类，public class Person{…}，它没有定义父类，默认的父类是 Object 类，这个默认父类 Object 是编译程序添加的。读者有兴趣可以查看 Person 类的 class 文件，可以看到它的父类是 Object 类。

### 13.2.2 super 对象

第 9 章介绍了关键字 this，Java 中另一个关键字 super 是和 this 相对应的，super 用于访问父类的属性和方法。关键字 super 主要有两种用途：第一种是访问当前对象的父类对象属性和方法；第二种是访问父类的构造方法。例如，可以给程序 13.2 增加一个如下的方法。

```
public void displayAll(){
    super.display();
    System.out.println("成绩:"+grade);
}
```

在上面程序段中，语句 super.display()作用是调用父类的 display()方法。如果子类中没有与父类相同的方法，这时候可以省略 super 前缀。如果有与父类相同的方法，想访问父类的相同方法则必须写上 super 前缀。这样做与 Java 的实现机制有关。当访问一个类的属性和方法时，首先在当前类中查找，只有找不到时才到父类中查找，依次上溯所有父类。因此子类如果有与父类相同的方法，则会先访问子类的方法，如果想访问父类的方法需要显式说明，使用 super 指示。同样可以使用 super 来访问父类的 public 属性或者是 protected 属性。关键字 super 的另一个用途是访问父类的构造方法。例如上面 Student 类的构造方法：

```
public Student(String name, int age, double grade){
    super(name, age);
    this.grade=grade;
}
```

使用语句 super(name，age)调用父类的构造方法 public Person(String name，int age)，这里 super 代指父类对象的构造方法，这是 Java 语言的约定。

需要说明的是，在子类的构造方法中，如果没有显式调用父类的构造方法，这时候默认调用父类的无参构造方法，因此要求父类一定要有一个无参数的构造方法，或者是没有构造方法。因为当父类没有构造方法的时候，系统会自动添加一个无参的构造方法。

# 13.3 训练程序

在程序 13.1 中，定义了 Person 类和其子类 Student 类。下面再定义一个教师类 Teacher，同样继承自 Person 类。

## 13.3.1 程序分析

因为教师类 Teacher 和学生类 Student 都具有 name 和 age 属性，都有 display()方法，因此它们都可以继承自 Person 类。除此之外，Teacher 类还有自己的属性工资 salary 和职称 professionalTitle。因为继承自 Person 类，Teacher 类的带参构造方法要调用 Person 类的带参构造方法。

## 13.3.2 参考程序

**【程序 13.7】** Teacher 类程序 Teacher.java。

```
public class Teacher extends Person{

    private double salary;
    private String professionalTitle;

    public Teacher (String name,int age,double salary,String professionalTitle){
        super(name,age);
        this.salary=salary;
        this.professionalTitle=professionalTitle;
    }
}
```

**【程序 13.8】** 测试类程序 Test.java。

```
public class Test{
    public static void main(String[] args)
    {
        Teacher zhang=new Teacher("张老师", 40, 4580, "副教授");
        zhang.display();
    }
}
```

Person 类程序与程序 13.4 相同，不再列出。程序 13.8 运行结果如图 13.5 所示。

Teacher 类对象 zhang 调用了父类的 display()方法，显示教师姓名。在构造方法中定义教师对象 zhang 姓名是“张老师”。

```
D:\program\unit13\13-3\3-1>javac Test.java

D:\program\unit13\13-3\3-1>java Test
姓名：张老师
```

图 13.5　程序 13.8 运行结果

## 13.4　拓 展 知 识

### 13.4.1　调用构造方法

从前面介绍可以看出，使用 this 可以调用本类的构造方法，使用 super 可以调用父类构造方法。在实际的程序设计中，可能在相关的父类和子类中既用到了 this，也用到了 super，例如程序 13.9 和 13.10 所示。

**【程序 13.9】** Person 类程序 Person.java。

```
public class Person{
    private String name;
    private int age;

    public Person(){
        this("",0);
        System.out.println("无参数实例化 Person 类完成");
    }

    public Person(String name, int age){
        this.name=name;
        this.age=age;
        System.out.println("有参数实例化 Person 类完成");
    }
}
```

Person 类中定义了两个构造方法，一个是无参数的构造方法 Person()，另一个是有两个参数的构造方法 Person(String name, int age)，无参构造方法使用语句 this("", 0)调用有参数的构造方法。接下来定义 Person 类的子类 Student 类，代码如程序 13.10 所示。

**【程序 13.10】** 由 Person 类继承得到学生类程序 Student.java。

```
public class Student extends Person{
    private String schoolName;

    public Student(){
        System.out.println("无参数实例化 Student 类完成");
```

```
    }

    public Student(String name, int age, String schoolName){
        super(name, age);
        this.schoolName=schoolName;
        System.out.println("有参数实例化 Student 类完成");
    }
}
```

学生类也定义了两个构造方法，第一个是无参构造方法 Student()，第二个是有三个参数的构造方法 Student(String name, int age, String schoolName)。测试类程序如程序 13.11 所示。

**【程序 13.11】** 测试类程序 Test.java。

```
public class Test{
    public static void main(String [] args){
        Student s=new Student();
        s=new Student("张三", 23, "HK");
    }
}
```

程序 13.11 运行结果如图 13.6 所示。

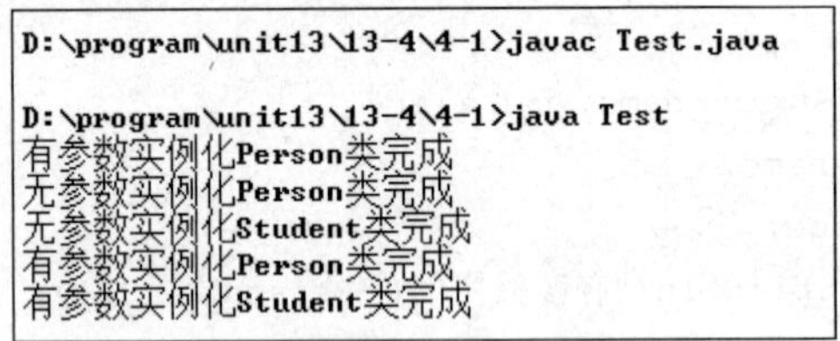
D:\program\unit13\13-4\4-1>javac Test.java

D:\program\unit13\13-4\4-1>java Test
有参数实例化Person类完成
无参数实例化Person类完成
无参数实例化Student类完成
有参数实例化Person类完成
有参数实例化Student类完成

**图 13.6 程序 13.11 运行结果**

首先来看测试类中第一条语句 Student s＝new Student()的执行过程：

第一步，执行语句 Student s＝new Student()，调用 Student 类的无参构造方法；

第二步，由于类 Student 继承了类 Person，而构造方法 Student()中并没有显式调用父类构造方法，因此默认调用无参的 Person 类构造方法 Person()初始化父类对象；

第三步，执行 Person 类的无参构造方法中语句 this("", 0)，调用 Person 类的带参构造方法 Person(String name, int age)进行初始化，显示提示信息："有参数实例化 Person 类完成"；

第四步，第三步完成后返回到第二步继续执行无参构造方法 Person()的第二条语句，显示提示信息："无参数实例化 Person 类完成"；

第五步，第二步完成后返回第一步，继续执行 Student 类的无参构造方法，显示提示："无参数实例化 Student 类完成"。

读者可以自己按照上面的步骤，结合程序运行结果，分析测试类第二条语句 s=new Student("张三", 23, "HK")的执行过程。

### 13.4.2　继承与组合

Java 语言中子类继承父类，父类代表更一般情况，而子类是父类的特例。例如程序 13.2 中父类 Person 代表人，子类 Student 代表学生，学生是一类特殊的人。一般在面向对象分析与设计中会从具体对象抽象出类，从多个具体类中抽取共同之处，形成泛化类，并可以进一步泛化得到更好层次的泛化类，最后形成一棵类树。例如图 13.7 是一个类树示例。

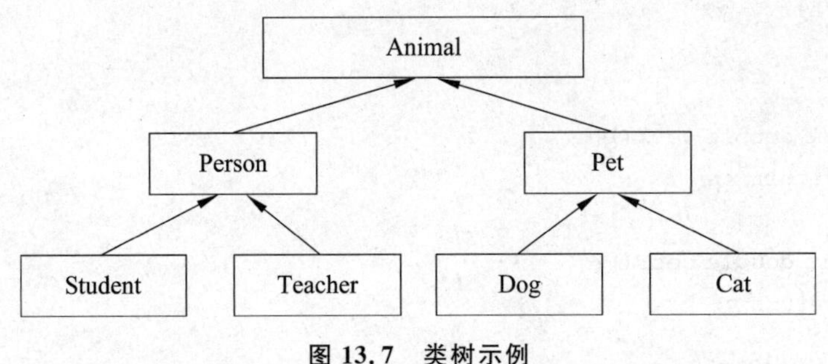


**图 13.7　类树示例**

图 13.7 是一个类树示例，类 Person 是学生 Student 类和教师 Teacher 类的泛化。宠物 Pet 类是宠物狗 Dog 类和宠物猫 Cat 类的泛化。动物 Animal 类是 Person 类和 Pet 类的泛化。

在 Java 程序设计语言实现时候，先实现最高层的类，然后依次实现低一层的类。例如程序 13.1 和程序 13.2，在设计阶段通过泛化学生 Student 和教师 Teacher 得到泛化类 Person，在实现时，先实现 Person 类，再实现 Student 类和 Teacher 类。

在实际的程序设计中经常会遇到判断两个事物是否具有继承关系，有些比较简单，例如前面的学生和人，有些则比较困难，例如，长方形和正方形。很多面向对象教材中给出了一个判定方法，看两个类是否是“is-a”关系，例如前面的学生 is-a 人，符合这个关系，是继承关系。但是对于后一个，正方形 is-a 长方形好像也成立，说正方形 is-a 长方形在数学上好像也可以，但实际上长方形并不是正方形的父类。

判定一个类是否是另一个类的子类更有效的方法是里氏替代原则（Liskov Substitution Principle，LSP）。里氏替代原则是面向对象设计的基本原则之一。里氏替代原则要求任何父类可以出现的地方，一定可以使用该类的子类替换，且程序能够正常执行。简单地说，里氏替代原则要求子类应该包含父类所有的方法和属性，也可以说，父类是子类的泛化。

回到上面例子，正方形有一个属性边长，经过泛化无法得到长方形的属性长和宽，因此二者不是继承关系。因此只有在面向对象分析过程中使用泛化方法得到的父类才符合里氏替代原则。因此长方形和正方形更合适的实现方法是采用类间组合关系来实现。

另外一个关于判断是否是继承关系的常见例子是点和圆。点类定义两个属性：一对坐标值。圆定义的属性有圆心和半径。有人这样来设计,将点类设计成父类,圆类设计成子类。点类程序如13.12所示。

**【程序13.12】** 点类程序Point.java。

```
public class Point{
    private double x;
    private double y;

    public Point(double x, double y){
        this.x=x;
        this.y=y;
    }

    public double getX(){
        return x;
    }
    public double getY(){
        return y;
    }
}
```

点类Point中定义了一对坐标x和y,定义了构造方法和获取方法。接下来定义点类的子类——圆类,代码如程序13.13所示。

**【程序13.13】** 圆类程序Circle.java。

```
public class Circle extends Point{
    private double r;

    public Circle(double x, double y, double r){
        super(x, y);
        this.r=r;
    }
}
```

程序13.13定义一个圆类Circle继承了点类Point。从程序实现上看点类Point可以看作是类Circle的泛化,应该满足里氏替代原则的。但是在概念上圆不是点的特殊情况,也就是说语义上是不正确的,因此这两个类没有继承关系。比较恰当的做法是使用组合关系实现,修改后的代码如13.14所示。

**【程序13.14】** 修改后的圆类程序Circle.java。

```
public class Circle{
    private Point center;
```

```
    private double r;

    public Circle(Point center, double r){
        this.center=center;
        this.r=r;
    }
}
```

第10章中介绍了类的组合关系，给出了应用组合关系实现代码重用的例子。在继承关系中，子类也可以继承父类的属性和方法，也实现了代码重用，因此很多教材在讲到继承的特点时也强调可以实现代码重用。随着面向对象技术的发展，继承更主要的用途是用于下一节要讲的多态，对于代码重用一定要慎重，可能会引起一些问题。如果一定想重用，建议尽可能使用组合关系可能会更好。

一般在设计阶段通过泛化得到的泛化类，在实现阶段使用继承来实现，例如程序13.1的Person类是学生和教师的泛化类，因此在实现阶段学生类Student继承了类Person。当无法准确判定两个类是否是继承关系时，尽量使用组合实现。例如前面的长方形和正方形的例子，可以使用组合实现，这样做的好处是封装了正方形的实现细节，如果以后改变了实现方式也不会影响到使用这个类的程序。类似的还有圆和椭圆等，也适合用组合来实现。

## 13.5　实做程序

1. 参照程序13.2，以Person类为父类，继承得到子类Worker。Worker类具有自己的属性工资salary和级别level，并在构造方法中调用Person类的构造方法。设计测试类创建Worker类对象，并调用Person类的display()方法。

要点提示：

(1) 参考程序13.2实现Worker类；

(2) 参考程序13.5实现Worker类的构造方法。

2. 定义桌子类TableInfo，属性有腿数legs和高度hight，方法包括带参构造方法public TableInfo(int legs,int hight)和一个普通方法public void print()，用于显示桌子legs属性值。以TableInfo类为父类，继承得到方桌类和圆桌类，方桌类要求新增属性长和宽，圆桌类新增属性半径。设计测试类，分别创建方桌类和圆桌类的对象，并调用TableInfo类的print()方法。

要点提示：

(1) 参考程序13.1实现父类TableInfo；

(2) 参考程序13.2实现子类方桌类RectangleTable和圆桌类RoundTable。

3. 定义一个电话类Phone，属性有电话号码code，方法包括一个带参的构造方法，一个普通方法display()，用于显示code属性值。以Phone类为父类，继承得到手机类

MobilePhone,要求新增属性品牌 brand 和机主身份证号 ownerId,新增普通方法 public double pay(int time,double price),用于返回话费计算结果(time * price)。设计测试类创建 MobilePhone 类对象,并计算话费。

要点提示:

(1) 参考程序 13.1 实现父类 Phone;

(2) 参考程序 13.2 实现子类 MobilePhone。

# 第 14 章 对象多态

**学习目标**

- 理解多态的概念；
- 学会如何重写类方法；
- 掌握应用对象上转型设计多态程序的方法；
- 了解多态的实现过程。

## 14.1 示例程序

### 14.1.1 重写 display 方法

在第 13 章的程序中，display()方法只简单显示姓名，因此可以在 Person 类定义这个方法，然后在 Student 类和 Teacher 类使用方法 display()。但是，如果要求不同的类显示不同内容，例如 Student 类显示姓名和成绩，Teacher 类显示姓名和工资，而又希望这些不同的显示方法能够进行同一化处理，这时应该如何实现呢？Java 语言允许子类中重写父类的方法，来解决这样的问题。重写 Student 类 display()方法实现程序如 14.1 所示，重写 Teacher 类 display()方法实现程序如 14.2 所示。

**【程序 14.1】** 重写 display()方法的学生类程序 Student.java。

```
public class Student extends Person{
    private double grade;

    public Student(String name, int age, double grade){
        super(name, age);
        this.grade=grade;
    }

    public void display(){
        super.display();
        System.out.println("成绩:"+grade);
    }
}
```

【程序 14.2】 重写 display()方法的教师类程序 Teacher.java。

```
public class Teacher extends Person{
    private double salary;

    public Teacher(String name, int age, double salary){
        super(name, age);
        this.salary=salary;
    }

    public void display(){
        super.display();
        System.out.println("工资:"+salary);
    }
}
```

【程序 14.3】 测试类程序 Test.java。

```
public class Test{
    public static void main(String [] args){
        Person p=new Person("张三", 23);
        p.display();
        Student s=new Student("张三", 23, 86);
        s.display();
        Teacher t=new Teacher("王老师", 45, 5200);
        t.display();
    }
}
```

程序 14.3 运行结果如图 14.1 所示。

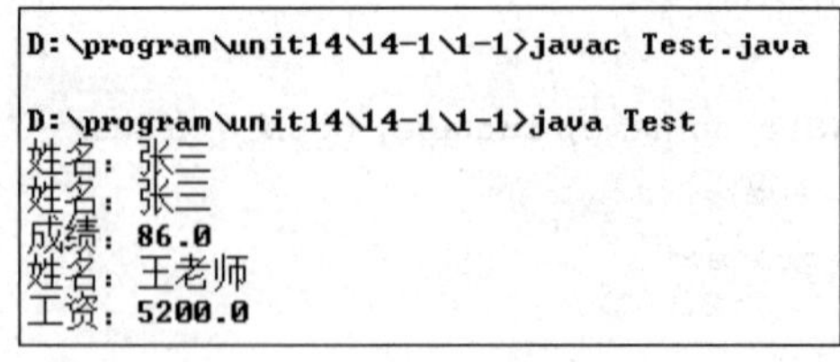


图 14.1 程序 14.3 运行结果

程序 14.1 为类 Student 增加了一个方法 display()，这个方法的名称、参数和返回类型与父类 Person 中的 display()方法完全一样，这样的方法称为重写方法，即在子类 Student 里面重写了父类的 display()方法。

在默认情况下，在子类中访问 display()方法调用的是被子类重写后的方法。如果想在子类中访问父类的 display()方法，需要使用 super 关键字，例如 Student 类中使用

super.display()就是访问父类对象的display()方法。

程序14.3的测试类中分别定义了三个类的对象，各自调用自己的display()方法。Person类对象p显示姓名，Student类对象s显示学生姓名和成绩，Teacher类对象t显示教师的姓名和工资，显示结果如图14.1所示。

### 14.1.2　向上转型

如果希望对Person类及其子类进行同一化处理。可以定义一个父类对象，给这个对象传递不同的子类实例，这样调用相同的重写方法就能够显示不同的内容。修改测试类Test如程序14.4所示。

**【程序14.4】**　测试类程序Test.java。

```
public class Test{
    public static void main(String [] args){
        Person p=new Person("张三", 23);
        p.display();
        p=new Student("张三", 23, 86);
        p.display();
        p=new Teacher("王老师", 45, 5200);
        p.display();
    }
}
```

程序14.4运行结果与上例相同，如图14.2所示。

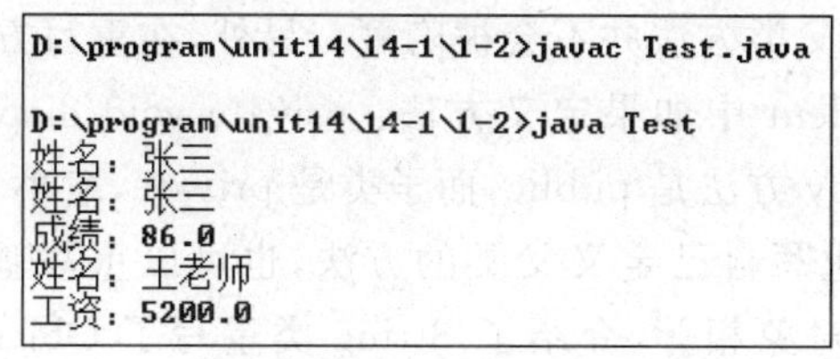

```
D:\program\unit14\14-1\1-2>javac Test.java

D:\program\unit14\14-1\1-2>java Test
姓名: 张三
姓名: 张三
成绩: 86.0
姓名: 王老师
工资: 5200.0
```

**图14.2　程序14.4运行结果**

在测试类中定义了一个Person类对象p，第一次给它一个Person对象实例，这个时候调用p.display()方法调用的是Person类对象的方法display()；第二次给对象p一个Student对象实例，这个时候p.display()调用的是Student类对象方法display()；类似的，第三次调用的是Teacher类对象方法display()。定义一个Person类对象p，可以把这个类及其子类对象实例赋给对象p。例如：

```
p=new Student("张三", 23, 86);
```

把一个子类Student类对象实例赋给了父类对象p，这个赋值称为对象上转型。就是把子类对象的实例转换成父类对象类型，再赋给父类对象。再来看语句：

```
p.display()
```

执行后得到什么样的结果,需要看对象 p 指向了哪个类对象的实例,指向实例不同得到的结果也不同。这就是前面所说的同一化处理,使用相同的语句完成不同的功能。这就是面向对象中的多态,一个对象指向不同实例就有不同的表现。

## 14.2 相关知识

### 14.2.1 方法重写

从父类继承的方法,子类可以对这个方法进行重写。方法重写是在子类中定义一个与父类相同的方法。子类定义方法的名字、返回类型、参数列表都与父类中定义的方法完全相同,但是实现过程一般不同。如程序 14.1 中,子类 Student 的方法:

```
public void display()
```

这个方法重写了父类 Person 的同名方法:

```
public void display()
```

子类通过方法重写来实现自身的行为,而父类方法则被隐藏。子类对象在调用这个方法时,执行的就是子类重写的方法。如果希望执行父类被隐藏的方法,需要使用关键字 super 指明调用的是父类方法。

如程序 14.1 和程序 14.2 中,子类 Student 和子类 Teacher 都重写了父类 Person 的方法 display()。在 Test 类中语句 s.display()和 t.display()调用的分别是 Student 类和 Teacher 类中重写后的 display()方法。

需要注意的是,方法重写时,如果方法名和返回类型相同而参数不同,则是在子类中对父类方法进行了重载,父类方法并不会被隐藏。另外,在重写方法的时候不能缩小方法的访问权限,例如在 Student 中如果定义方法:private void display(),这时候编译会报错。原因是父类的 display 方法是 public,而子类是 private,缩小了访问权限。

方法重写不仅可以重写自己定义父类的方法,也可以重写基础类库中父类的方法。例如在第 8 章中讨论了对象相等,介绍了 String 类重写了 Object 类对象的 equals()方法,实现了根据字符串内容来判断两个字符串是否相等。而 Person 类没有定义父类,默认的父类也是 Object 类。读者可以参考这个字符串 String 类,自己重写 Object 类对象的 equals()方法,对两个 Person 类对象是否相等进行判断,如程序 14.5 所示。

**【程序 14.5】** 重写 Object 类方法 equals()的 Person 类程序 Person.java。

```
public class Person{
    private String name;
    private int age;

    public Person(String name, int age){
        this.name=name;
        this.age=age;
```

```
    }

    public boolean equals(Object obj){
        Person p= (Person)obj;
        return name.equals(p.name);
    }
}
```

Person类重写了父类Object类的方法equals()，有关Object类的equals()方法定义，可参考Java API文档。重写后的equals()方法根据属性name是否相等来判断两个Person类对象是否相等。测试程序如14.6所示。

**【程序14.6】** 测试类程序Test.java。

```
public class Test{
    public static void main(String[] args)
    {
        Person p1=new Person("张三", 20);
        Person p2=new Person("张三", 20);
        System.out.println(p1.equals(p2));
    }
}
```

程序14.6运行结果如图14.3所示。

```
D:\program\unit14\14-2\2-1>javac Test.java

D:\program\unit14\14-2\2-1>java Test
true
```

**图14.3　程序14.6运行结果**

从程序14.6中可以看出，对象p1和对象p2是两个不同的对象，分别指向不同的实例，使用equals()方法判断结果为相等。读者可以自己试试，删去程序14.5中的equals()方法，再次编译运行程序，结果显示为false，表示两个对象不相等。

## 14.2.2　对象上转型

在Java类的继承层次上，一个父类可以有多个子类，但一个子类只能有一个父类，这样就会形成一棵类树。一个类的父类的父类，甚至更上层的父类，称为这个类的祖先类。同样，一个类的子类的子类，甚至是更低层的子类称为这个类的子孙类。Java中的Object类是所有类的祖先类。

一个类和它的父类、子类、祖先类、子孙类在类型上是相容的，语法上可以进行相互转换，但在实际应用中可能会出问题，例如程序段：

```
public class Test{
    public static void main(String [] args){
        Person p;
        p=new Person("张三", 23);
        p=new Student("李四", 23, 86);
        Student s = (Student)new Person("张三 1", 23);
    }
}
```

定义一个 Person 类对象 p,可以把 Person 对象的实例赋给它,如语句:

```
p=new Person("张三", 23)
```

这是最常见的对象赋值。也可以把 Student 实例赋给 p,如语句:

```
p=new Student("李四", 23, 86)
```

这个语句将子类对象实例赋给父类对象称为上转型。Java 中,上转型是默认转型,不需要强制类型转换。但如果反过来,把一个 Person 类型的实例赋给 Student 类对象 s,这时称为下转型,下转型需要进行强制类型转换,如语句:

```
Student s = (Student)new Person("张三 1", 23);
```

这个语句编译正确,但运行报错。再如程序 14.5 中的如下语句:

```
Person p= (Person)obj
```

这个语句中将 Object 类型对象 obj 转换成 Person 类对象,也是下转型。需要特别注意,将 Object 类型转换成 Person 类型后,一定要保证对象 obj 指向的是 Person 类对象,否则运行时会出错。对象进行上转型操作时需要注意以下三点:

(1) 上转型对象不能操作对象对应类型中没有定义的实例属性和实例方法。假设 Student 类中定义一个方法 getGrade(),Student 类的实例上转型赋给 Person 类对象 p,此时访问 p. getGrade()则会报错;

(2) 上转型对象可以调用对象对应类型中定义的实例属性和实例方法,假设 Person 类中定义一个方法 getName(),可以使用 Person 类对象 p 访问 p. getName();

(3) 如果上转型对象调用的是重写方法,此时执行的是对象实例对应类的方法,而不是父类的方法。例如程序 14.4 中语句 p. display(),执行的是对象 p 指向的实例所对应类的方法 display()。

同样上转型可以将子孙类对象实例赋给祖先类对象。由此可知,可以把任意类的对象实例赋给 Object 类对象,而不需要类型转换。

## 14.3 训练程序

在 13.5 节实做程序第 2 题中,定义了桌子类 TableInfo,并以 TableInfo 类为父类,继承得到子类方桌类 RectangleTable 和圆桌类 RoundTable。在子类中对 TableInfo 类的显示方法进行重写，圆桌要显示半径，方桌要显示长和宽。

### 14.3.1 程序分析

在父类 TableInfo 类中，显示方法 print()的功能是显示桌子 legs 属性的值。继承得到子类方桌类 RectangleTable 后，print()的功能发生了改变，要显示桌子的长和宽，而在子类圆桌类 RoundTable 中，print()的功能又变为显示桌子的半径。因此要分别在两个子类中对 print()方法进行重写。

在 RectangleTable 类中重写 print()方法代码为：

```
public void print(){
    …
}
```

在 RoundTable 类中重写 print()方法代码为：

```
public void print(){
    …
}
```

### 14.3.2 参考程序

定义桌子类 TableInfo，并以 TableInfo 类为父类，继承得到方桌类 RectangleTable 和圆桌类 RoundTable，并在子类中重写显示方法 print()。

**【程序 14.7】** 桌子类程序 TableInfo.java。

```
public class TableInfo{
    int legs;
    int hight;

    public  TableInfo(int legs,int hight){
        this.legs=legs;
        this.hight=hight;
    }

    public void print(){
        System.out.println("桌子有"+legs+" 条腿");
    }
}
```

**【程序 14.8】** 重写 print()方法的方桌类程序 RectangleTable.java。

```
public class RectangleTable extends TableInfo{

    private double width;
```

```
    private double len;

    public RectangleTable(int legs, int hight, double width, double len){
        super(legs, hight);
        this.width=width;
        this.len=len;

    }

    public void print(){
        super.print();
        System.out.println("方桌!");
        System.out.println("长为"+width+", 宽为"+len);
    }
}
```

**【程序 14.9】** 重写 print()方法的圆桌类程序 RoundTable.java。

```
public class RoundTable extends TableInfo{
    private double r;

    public  RoundTable(int legs, int hight, double r){
        super(legs, hight);
        this.r=r;
    }

    public void print(){
        super.print();
        System.out.println("圆桌!");
        System.out.println("半径"+r);
    }
}
```

**【程序 14.10】** 测试类程序 Test.java。

```
public class Test{
    public static void main(String[] args){
        RoundTable t1=new RoundTable(3, 100, 30.0);
        RectangleTable t2=new RectangleTable(4, 100, 40.0, 60.0);
        t1.print();
        t2.print();
    }
}
```

程序14.10运行结果如图14.4所示。

```
D:\program\unit14\14-3\3-1>javac Test.java

D:\program\unit14\14-3\3-1>java Test
桌子有3 条腿
圆桌!
半径30.0
桌子有4 条腿
方桌!
长为40.0, 宽为60.0
```

图14.4　程序14.10运行结果

从运行结果可以看出,在子类的print()方法中,先使用super对象调用父类的print()方法,再显示子类自己的内容。

## 14.4　拓展知识

### 14.4.1　动态绑定

与所有面向对象程序设计语言一样,Java语言提供动态绑定。所谓绑定是指一个对象与哪一个实例相关联。如果在编译期间进行关联就称为静态绑定,如果需要到运行阶段再进行关联则称为动态绑定。下面通过例子来说明什么是静态绑定和动态绑定,仍以Person类和Student类为例,略去其他实现细节,Person类定义如程序14.11所示。

**【程序14.11】** Person类的定义程序Person.java。

```
public class Person{
    public String name="张三";

    public String getName(){
        return name;
    }
}
```

注意,为了说明问题在Person类中定义了一个public属性name,初值为"张三"。同时提供一个公有的获取方法getName()。定义Person类子类Student如程序14.12所示。

**【程序14.12】** 学生类程序Student.java。

```
public class Student extends Person{
    public String name="李四";

    public String getName(){
        return name;
    }
}
```

学生类 Student 继承了类 Person，在 Student 中再次定义了一个 public 属性 name，初值为“李四”。同时也提供一个公有的获取方法 getName()。下面定义测试类程序 14.13，看看程序运行结果。

**【程序 14.13】** 测试类 Test.java。

```
public class Test{
    public static void main(String [] args){
        Person p=new Student();
        System.out.println("姓名:"+p.name);
        System.out.println("姓名:"+p.getName());
    }
}
```

运行这个程序之前，读者可以猜猜运行结果是什么？是显示两个“张三”，显示两个“李四”，还是一个“张三”，一个“李四”。编译运行程序，结果如图 14.5 所示。

```
D:\program\unit14\14-4\4-1>javac Test.java

D:\program\unit14\14-4\4-1>java Test
姓名: 张三
姓名: 李四
```

**图 14.5　程序 14.13 运行结果**

看到这个结果可能很诧异，为什么第一个显示“张三”，而后一个显示“李四”。原因很简单，类的实例属性是静态绑定，而实例方法是动态绑定。因此执行语句 p.name 关联的是父类的 name，显示父类对象的 name 属性值；而执行 p.getName()则关联的是子类的方法 getName()，显示子类对象的 name 属性值。从这个例子可以看出静态绑定与动态绑定的差异。

需要强调说明，这个例子只是为了说明静态绑定与动态绑定的区别，没有任何实际意义，实际的 Java 程序不会这样设计的。

### 14.4.2　多态讨论

面向对象三大特征，前面介绍了封装和继承，本章讲解了多态(Polymorphism)。面向对象最基本的特征是封装，通过封装分离了类的实现细节和外部访问，将属性和实现细节封装起来，将外部可以访问的方法暴露出来。通过继承机制可以搭建一个具有层次结构的类图，包括类和接口(第 16 章中介绍)，在这个层次中，位于顶层的类和接口定义了抽象的概念和抽象的操作，位于底层的类完成了具体功能的实现。继承是多态的基础，多态是面向对象技术的精华所在。通过多态技术实现了同一个操作在不同的语境下有不同的实现，大大提高了程序的灵活性，这也是构成框架的基础。

下面就来看看多态的具体实现机理。图 8.2 给出了对象存储的示意图，这个图也是最常见的描述对象存储图示样式。之所以说是示意图，是因为这个图还不够完整。在图 8.2 中，对象 zhangsan 对应的实例保存在堆中，对象 zhangsan 保存在栈中指向堆中的实例。这时执行语句 zhangsan. display(),对象 zhangsan 是如何找到对应的方法 display()的？按照图 8.2 中的结构很难实现。如何找到方法 display()的具体实现过程与具体的 Java 虚拟机相关,可以有多种实现方式,下面给出一种参考的实现方式,如图 14.6 所示。

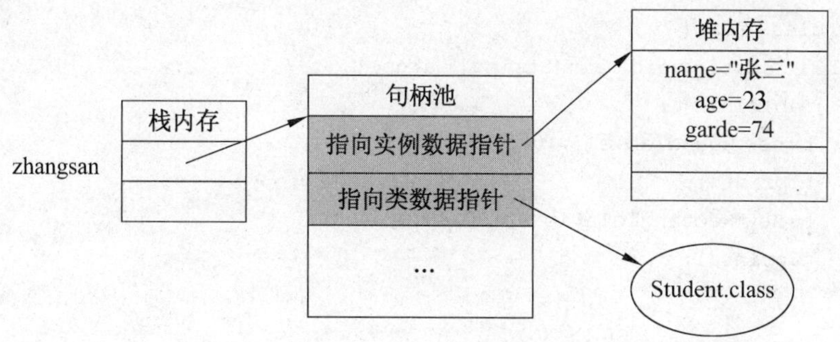


**图 14.6　对象存储结构参考图**

从图 14.6 中的实现方式可以看出,对象 zhangsan 指向了句柄池中的一个单元,这个单元中有两个指针,一个是指向对象 zhangsan 的实例,另一个指向对象张三保存在方法区的 Student 类。从这个图中也很容易看到,当执行语句 zhangsan. display()时,根据 zhangsan 对象找到句柄池中单元中的第二个指针,再到方法区中找到 display()方法。例如下面的程序段：

```
Person p;
p=new Person("张三", 23);
p.display();
p=new Student("李四", 23, 86);
p.display();
```

仔细看看图 8.4 就很容易理解这个程序段的执行过程：

第一步,语句 Person p,定义了一个 Person 类的对象 p；

第二步,语句 p=new Person("张三", 23),实例化一个 Person 类的实例,p 指向的句柄池中的两个指针分别指向了实例和类 Person。此时执行 p. display(),则调用 Person 类的方法 display()；

第三步,语句 p=new Student("李四", 23, 86),实例化一个 Student 类的实例,p 指向的句柄池中的两个指针分别指向了实例和类 Student。此时执行 p. display(),则调用 Student 类的方法 display()。

如果对象 p 的实例是通过参数传递过来,则语句 p. display()就需要到运行时根据传递给对象 p 的实例来确定所指向的句柄池,并根据句柄池中指向类的指针找到具体类的 display()方法。

## 14.5 实做程序

1. 修改程序 14.10 中定义类 Test 如下，请指出程序运行结果。

```
public class Test{
    public static void main(String[] args){
        TableInfo t;
        t=new RoundTable(3,100,30.0);
        t.print();
        t=new RectangleTable(4,100,40.0,60.0);
        t.print();
    }
}
```

2. 在第 13 章实做程序 1 基础上修改 Worker 类，对父类 Person 类的 display 方法进行重写，显示工人的工资和级别。在 Test 类中定义 Person 类对象指向 Worker 类的实例，并调用重写后的 display 方法。

要点提示：参考程序 14.2 重写 Worker 类的 display()方法。

3. 在第 13 章实做程序 2 基础上修改 MobilePhone 类，对父类的 display 方法进行重写，显示 brand 和 ownerId 属性的值。在 Test 类中定义 Phone 类和 MobilePhone 类的对象，并分别调用 display 方法。

要点提示：参考程序 14.2 重写 MobilePhone 类的 display()方法。

# 第 15 章 抽象类

**学习目标**

- 了解抽象类的概念和抽象类的含义；
- 掌握抽象类设计方法，学会应用抽象类来实现类的继承和多态；
- 理解抽象类的作用。

## 15.1 示例程序

### 15.1.1 方法抽象

在第 13 章中，对具体类 Student 和类 Teacher 进行泛化得到了泛化类 Person，Person 类有一个方法 display()，这个方法显示姓名。在实际的一些应用中，需要泛化的方法可能在不同的子类中有不同的实现方式，无法在泛化类中提取出类似 display()方法的公共操作。但是为了方便进行多态处理，还是需要泛化类有一个 display()方法。此时可以将方法设计为只有方法头，方法体为空。按照这个想法可以将 Person 的 display()方法修改如下：

```
public void display(){
}
```

此时的 display()方法只是一个空方法，将来在 Person 类的子类中可以重写 display()方法，实现每个子类自己希望的功能。

### 15.1.2 抽象方法 display

对于这样没有方法体的空方法，Java 提供了一种机制，可以起将 display()方法定义为抽象方法，同时将 Person 类定义成抽象类，修改后 Person 如程序 15.1 所示。

**【程序 15.1】** 抽象类 Person 程序 Person. java。

```
public abstract class Person{
    private String name;
    private int age;

    public Person(String name, int age){
```

```
        this.name=name;
        this.age=age;
    }

    public abstract void display();
}
```

在 Person 类的子类 Student 中，需要重写方法 display()，具体实现该方法，如程序 15.2 所示。

**【程序 15.2】** 重写方法 display()的学生类程序 Sudent.java。

```
public class Student extends Person{
    private double grade;

    public Student(String name, int age, double grade){
        super(name, age);
        this.grade=grade;
    }

    public void display(){
        System.out.println("学生成绩:"+grade);
    }
}
```

**【程序 15.3】** 测试类程序 Test.java。

```
public class Test{
    public static void main(String [] args){
        Student s=new Student("张三", 23, 86);
        s.display();
    }
}
```

程序 15.3 运行结果如图 15.1 所示。

```
D:\program\unit15\15-1\1-1>javac Test.java

D:\program\unit15\15-1\1-1>java Test
学生成绩：86.0
```

图 15.1 程序 15.3 运行结果

Person 类中的方法 display()没有方法体，只有方法头，因此是一个抽象方法。为了更清晰地定义，给方法增加了一个关键字 abstract，用来指示是抽象方法。同样包括抽象方法的类就是抽象类，也需要用关键字 abstract 来定义。抽象方法和抽象类的定义如程序 15.1 所示。

需要说明的是，Person 类是一个抽象类，不能进行实例化。Person 类的子类需要重写 display()方法，实现这个方法。否则对应的子类也只能是抽象类，不能进行实例化。

前面使用了两种方法来实现 display()方法，第一种是写一个空方法，第二种是使用抽象方法。第一种方法的好处是简单，使用方便，不要求子类必须重写 display()方法。第二种方法一般用于设计者要求具体的实现者必须重写这个方法的情况，主要用于多态，好处是把方法重写这样的设计要求变成了强制的语法要求，不重写编译时就会报错。

## 15.2 相关知识

### 15.2.1 抽象类定义

Java 中允许定义抽象类，抽象类的定义与普通类基本相同，不同的是一般抽象类都包含抽象方法，例如程序 15.1 中的方法 display()。

```
public abstract void display();
```

从程序 15.1 中可以看出，抽象方法有两个特点，第一是方法定义中使用了关键字 abstract 来修饰，说明要定义的方法是抽象方法；第二是该方法只有方法头部分，没有方法体部分。

抽象类在定义的时候也需要注意两点：第一点是抽象类中一般有一个或者是多个抽象方法；第二是抽象类的类头部分也使用关键字 abstract 修饰，例如程序 15.1 定义的抽象类 Person。

```
public abstract class Person{
    …
}
```

需要说明的是，第一点不是必需的，也就是说一个抽象类可以没有抽象方法，至少在语法上是可以的，例如下面定义的抽象类：

```
public abstract class Person{
    private String name;
    private int age;

    public Person(String name, int age){
    this.name=name;
    this.age=age;
    }
}
```

这个 Person 类没有抽象方法，但是也是抽象类，不能被实例化。定义抽象类的目的有两个，第一个要求使用者不能直接使用该类，必须先继承，并重写抽象类中的抽象方法。第二是抽象类作为基类可以包括经过泛化得到的子类中的公共方法，简化子类的实现。一般抽象类大多会位于类树的顶层或者是上部。

### 15.2.2 抽象类说明

用关键字 abstract 修饰的类称为抽象类，例如程序 15.1 中定义的 Person 类。抽象类的特点包括以下四点：

(1) 抽象类是一种抽象概念类，不能使用 new 关键字进行实例化。例如程序 15.1 定义的抽象类 Person，如果测试类中增加一条语句：

```
Person p=new Person();
```

在编译程序的时候会提示编译错误。定义抽象类的目的是被其他类继承。抽象类一般是经过多次泛化得到的类，类中有些方法可能不知道如何实现，因此定义为抽象的，需要在不同的子类中有不同的实现语句，例如程序 15.1 中 Person 类的 display()方法。

(2) 正常情况下抽象类中可以有非抽象方法，但至少要有一个抽象方法。例如 Person 类中定义的方法：

```
public abstract void display();
```

抽象方法的作用在于为所有子类定义一个统一的外部调用接口，例如程序 15.1 中所有的 Person 类及其子孙类都可以使用统一的方法调用 p.display()。对象 p 是 Person 类或者是其子孙类对象，调用方法采用统一的格式 p.display()。

(3) 抽象类的子类必须重写抽象类中的抽象方法。例如 Person 类的子类 Student 中重写了 display()方法。按照重写的要求，两个类中的方法名、返回类型和参数都要一样。如果在 Student 子类中不重写方法 display()，则类 Student 只能还是一个抽象类。

(4) 抽象类可以有构造方法，可以在子类的构造方法中使用 super 来调用父类的构造方法。例如程序 15.2 中定义的构造方法：

```
public Student(String name, int age, double grade){
    super(name, age);
    this.grade=grade;
}
```

类 Student 中的构造方法使用 super(name, age)调用了父类的构造方法，实现了父类属性的初始化。

## 15.3 训练程序

对于桌子类 TableInfo，可以继承得到不同的子类，比如圆桌类、方桌类等。如果要计算桌子的面积，则不同的子类需要使用不同的计算公式，即计算方法的具体实现是不同

的。针对这种情况，就可以把桌子类声明为一个抽象类，将计算面积声明为一个抽象方法，在各个子类中分别进行实现。

### 15.3.1 程序分析

定义桌子类 TableInfo 为抽象类，包括属性腿数 legs 和高度 hight，构造方法 public TableInfo(int legs, int hight)和抽象方法 tableArea()。抽象方法 tableArea()只有方法的声明，没有方法的实现，方法声明的语句为：

```
public abstract double tableArea();
```

在子类方桌类 RectangleTable 中，新增属性长 len 和宽 width，实现抽象方法 tableArea()计算面积，语句为：

```
public double tableArea(){
    return len * width;
}
```

在子类圆桌类 RoundTable 中，新增属性半径 r，实现抽象方法 tableArea()计算面积，语句为：

```
public double tableArea(){
    return 3.14 * r * r;
}
```

### 15.3.2 参考程序

桌子类 TableInfo 定义为抽象类，包括一个计算面积的抽象方法 tableArea()。以 TableInfo 类为父类，继承得到方桌类 RectangleTable 和圆桌类 RoundTable，分别给出 tableArea()方法的具体实现。

**【程序 15.4】** 桌子类程序 bleInfo. java。

```
public abstract class TableInfo{
    int legs;
    int hight;

    public  TableInfo(int legs,int hight){
        this.legs=legs;
        this.hight=hight;
    }

    public abstract double tableArea();
}
```

**【程序 15.5】** 子类方桌类程序 ctangleTable. java。

```
public class RectangleTable extends TableInfo{
    private double len;
    private double width;

    public RectangleTable(int legs, int hight, double len, double width){
        super(legs,hight);
        this.len=len;
        this.width=width;
    }

    public double tableArea(){
        return len * width;
    }
}
```

**【程序 15.6】** 子类圆桌类程序 RoundTable. java。

```
public class RoundTable extends TableInfo{
    private double r;

    public RoundTable(int legs, int hight, double r){
        super(legs, hight);
        this.r=r;
    }

    public double tableArea(){
         return 3.14 * r * r;
    }
}
```

**【程序 15.7】** 测试类程序 Test. java。

```
public class Test{
    public static void main(String[] args)
    {
        RoundTable t1=new RoundTable(3, 100, 30.0);
        RectangleTable t2=new RectangleTable(4, 100, 40.0, 60.0);
        System.out.println("圆桌面积"+t1.tableArea());
        System.out.println("方桌面积"+t2.tableArea());
    }
}
```

程序15.7的运行结果如图15.2所示。

```
D:\program\unit15\15-3\3-1>javac Test.java

D:\program\unit15\15-3\3-1>java Test
圆桌面积2826.0
方桌面积2400.0
```

图15.2 程序15.7运行结果

测试类中定义了一个圆桌和一个方桌,调用重写的方法计算桌子的面积,并分别显示圆桌和方桌的面积。

# 15.4 拓展知识

刚开始接触Java语言的人很难理解为什么要设计一个抽象类。简单地说,设计抽象类的目的有两个,第一个是描述一个抽象的概念,它里面可以包括一些共有的属性和方法;第二个是抽象类用于被继承,它里面一般都会包含抽象方法。

先说第一个目的。当一个抽象类被多个类继承后,假设每个具体的继承类里面都需要定义一个错误处理的方法,这时候如果提取到公共的抽象类中来定义显然更简洁和合适。类似的可能还有一些检查验证的方法和公共功能等。例如,在Person中可以定义一个方法,显示提示信息"姓名格式不正确",如下面程序所示:

```
public void nameError(){
    System.out.println("姓名格式不正确");
}
```

所有输入的姓名字符串都需要进行合法性检查,如果格式不正确则显式提示信息,显示提示信息的方法nameError()可以作为抽象类Person的一个方法。

第二个目的很简单,当看到一个抽象类时,应该想到这个类需要被继承。要求使用者继承这个类,在子类中实现相应的抽象方法。例如程序15.1中的Person类是一个抽象类,里面有一个抽象方法display()。这样Person的子类Student类中实现了这个方法。在其他程序中就可以使用这个抽象类了,例如下面程序段:

```
Person p;
p=new Student();
p.display();
```

抽象类经常用于多态程序设计,例如可以定义一个抽象类Person的对象p,接下来将一个Person子类的实例传递给p,而使用语句p.display()调用实现类的display()方法,代码段如下:

```
public void displayInfo(Person p){
```

```
        p.display();
    }
```

这段代码具体显示的内容取决于传递给这个方法的参数是哪个实现类的实例，实例不同显示的内容也不同。

## 15.5 实做程序

1. 应用程序 15.1 中的抽象类 Person，定义子类 Teacher 和子类 Worker，分别实现抽象方法 display()，分别显示教师工资和工人的级别。在测试类 Test 中定义 Teacher 类和 Worker 类的对象，调用 display()方法显示信息。

要点提示：

(1) 参考程序 15.2 中的 Student 类定义 Teacher 类和 Worker 类；

(2) 在 Teacher 类和 Worker 类中重写 display()方法。

2. 在第 14 章实做程序 3 基础上修改 Phone 类，将其定义为抽象类，将 display()方法定义为抽象方法。定义子类 MobilePhone 类，对 display()方法进行实现。在 Test 类中定义 MobilePhone 类的对象并调用 display()方法。

要点提示：参考程序 15.1 定义抽象类。

# 第 16 章 接口设计

**学习目标**

- 了解接口的概念和接口的含义；
- 掌握如何在类中实现接口，应用接口设计程序；
- 理解接口的用途。

## 16.1 示例程序

### 16.1.1 定义接口 MoveAble

前面讲了普通类通过泛化可以得到泛化类，进一步抽象可以得到抽象类。同样，不同类中的公共方法也可以进行单独泛化，将相关或者是不相关类中的相同或者相近方法泛化出来，并进行抽象化，得到接口。例如，前面讲到了学生类 Student、教师类 Teacher、方桌类 RectangleTable 和手机类 MobilePhone 类等多个类，都可以增加一个行为方法 move()，用来描述每个对象是如何移动的，这样的方法可以抽象为一个接口 MoveAble，程序如 16.1 所示。

**【程序 16.1】** 移动接口程序 MoveAble.java。

```
public interface MoveAble{
    public void move();
}
```

程序 16.1 定义了一个接口 MoveAble，关键字 interface 表示定义一个接口，MoveAble 是接口的名字。接口中只有方法的声明，一个接口可以定义多个方法，一般这些方法是一组相关的方法。接口描述了类的公共行为，例如接口 MoveAble 定义了行为是方法 move()。

在具体类程序中可以实现这个接口，根据具体类的需要实现行为方法 move()。例如在类 Student 中实现接口如程序 16.2 所示。

**【程序 16.2】** 实现 MoveAble 接口的学生类程序 Student.java。

```
public class Student extends Person implements MoveAble{
    private double grade;
```

```
    public Student(String name, int age, double grade){
        super(name, age);
        this.grade=grade;
    }

    public void display(){
        System.out.println("学生成绩:"+grade);
    }

    public void move(){
        System.out.println("每天行走方式移动");
    }
}
```

一个类可以继承另一个类，同时还可以实现一个或者是多个接口。使用关键字 implements 表示实现接口，例如：

```
class Student extends Person implements MoveAble
```

表示学生类 Student 实现了接口 MoveAble。一个类实现某个接口后需要在类内具体实现这个接口中定义的所有方法。例如，MoveAble 接口中的方法 move()需要在类 Student 中实现。实现的具体方式与子类重写父类方法相同，要求方法声明部分与接口中的定义完全相同，增加方法的具体实现部分。在测试类 Test 中，可以用不同的对象访问 move()方法，如程序 16.3 所示。

**【程序 16.3】** 测试类程序 Test.java。

```
public class Test{
    public static void main(String [] args){
        Student s=new Student("张三", 23, 86);
        s.move();

        MoveAble m=new Student("张三", 23, 86);
        m.move();
    }
}
```

程序 16.3 运行结果如图 16.1 所示。

```
D:\program\unit16\16-1\1-1>javac Test.java

D:\program\unit16\16-1\1-1>java Test
每天行走方式移动
每天行走方式移动
```

图 16.1 程序 16.3 运行结果

从上面 Test 类可以看出，可以定义 Student 类的对象 s 执行方法 s. move()，也可以定义 MoveAble 接口的对象 m 执行 m. move()。两个对象调用同一个 move()方法，都是 Student 对象实例的方法 move()。从类型这个角度上看，接口和实现类是一样的，都可以定义自己的对象，访问自己的方法。

如果把 Test 类中 Student s 修改为定义 Person 类对象 p，程序是否还可以正确运行呢？程序如下所示。

```
public class Test{
    public static void main(String [] args){
        Person p=new Student("张三", 23, 86);
        p.move();
    }
}
```

编译程序时报错了，给出错误如图 16.2 所示。

```
D:\program\unit16\16-1\1-1>javac Test.java
Test.java:10: 找不到符号
符号： 方法 move()
位置： 类 Person
                p.move();
                 ^
1 错误
```

**图 16.2 修改后程序编译错误**

仔细看看这个错误，提示 Person 类没有方法 move()，也就是说虽然给对象 p 赋值的是 Student 对象实例，对象 p 也只能访问自己的方法。这一点在继承和多态中应该特别注意。

### 16.1.2 应用 MoveAble 实现多态

应用接口同样也可以实现对象的多态，例如前面讲过 MobilePhone 类的例子，可以让这个类实现接口 MoveAble，如程序 16.4 所示。

**【程序 16.4】** 实现 MoveAble 接口的手机类程序 MobilePhone. java。

```
public class MobilePhone implements MoveAble{
    private String brand;
    private String code;

    public MobilePhone(String brand, String code){
        this.brand=brand;
        this.code=code;
    }
```

```
    public void print(){
        System.out.println("手机号码:"+code);
    }

    public void move(){
        System.out.println("跟着主人走!");
    }
}
```

在 MobilePhone 类实现了接口 MoveAble,重写了接口中的方法 move()。测试类中代码如程序 16.5 所示。

**【程序 16.5】** 测试类程序 Test.java。

```
public class Test{
    public static void main(String [] args){
        MoveAble m;
        m=new Student("张三", 23, 86);
        m.move();

        m=new MobilePhone("HK", "13800000000");
        m.move();
    }
}
```

程序 16.5 运行结果如图 16.3 所示。

```
D:\program\unit16\16-1\1-2>javac Test.java

D:\program\unit16\16-1\1-2>java Test
每天行走方式移动
跟着主人走!
```

图 16.3 程序 16.5 运行结果

在测试类 Test 中定义了接口 MoveAble 的对象 m,首先给 m 一个学生类 Student 的对象实例,执行的是学生类的 move()方法,显示结果“每天行走方式移动”。再次给 m 一个手机类 MobilePhone 的对象实例,这时执行了手机类的 move()方法,显示“跟着主人走!”。对同一个接口对象 m,给不同的实例,执行结果不同,从而实现了多态。

## 16.2 相关知识

### 16.2.1 接口定义

Java 语言中的接口是一种引用类型,与类相似。本质上说,类是事物的抽象,而接口是一种行为的抽象，因此接口中只定义了方法的头，定义格式如下：

```
public interface 接口名{
    方法头
}
```

每个接口有一个名字，接口中可以定义多个方法，每个方法都只给出方法头，没有方法体，接口的访问权限一般是 public，例如程序 16.1 定义的接口 MoveAble。Java 语言中，定义类的时候可以实现接口，例如程序 16.2 中类 Student 的定义：

```
public class Student extends Person implements MoveAble{……}
```

类 Student 继承了类 Person，实现了接口 MoveAble，使用关键字 implements 来表示实现接口。当类 Student 实现接口 MoveAble 后，就需要在类 Student 中实现接口 MoveAble 中定义的所有方法，因此可以看到类 Student 实现了接口 MoveAble 的方法：

```
public void move()
```

也就是在 Student 类中重写了这个方法。Java 语言中，一个类只能继承一个父类，但是可以实现多个接口。从类型继承的角度来看，子类继承父类和实现接口都可以实现方法重写，完成对象多态，例如程序 16.5 中的程序段：

```
MoveAble m;
m=…;
m.move();
```

定义接口对象 m，将不同类对象实例给 m，m.move()完成的功能不同。如果一个类要实现多个接口，则将这些接口名称用逗号分隔。例如 Java 常用的 String 类的定义如下：

```
public final class String extends Object
implements Serializable, Comparable<String>, CharSequence{
…
}
```

String 类实现了三个接口：Serializable、Comparable 和 CharSequence。如果实现接口的类不是抽象类，则需要实现接口中的所有方法。在类中实现方法时，方法名、返回类型和参数列表必须和接口中的定义完全相同。

与类相同，接口也是可以继承的。一个接口可以继承一个或者是多个接口。例如定义接口 SingAble 定义如下：

```
public interface SingAble{
    public void singing();
}
```

同样可以定义接口 DanceAble，代码如下：

```
public interface DanceAble{
    public void dancing();
}
```

再定义一个接口 InterestAble，继承了接口 SingAble 和接口 DanceAble，这样接口 InterestAble 就有了两个方法 singing()和 dancing()。

```
public interface InterestAble extends SingAble, DanceAble{
}
```

接口可以通过继承接口得到新的接口，如上面的 InterestAble 接口。具体实现类可以实现定义的接口，如下程序显示了学生类如何实现 InterestAble 接口。

```
public class Student implements InterestAble{
    ...

    public void singing(){
        ...
    }

    public void dancing(){
        ...
    }
}
```

程序 Student 类中略去其他内容，实现接口 InterestAble。类 Student 中重写了接口中定义的两个方法：

```
public void singing()
public void dancing()
```

两个方法的具体实现程序在例子中略去，有兴趣的读者可以自己实现这两个方法，运行程序，查看结果。

### 16.2.2 接口与抽象类比较

接口和抽象类都可以实现对方法的抽象，在抽象这个层面很相似。但是两者有着本质的区别：抽象类是类，是事物的抽象；而接口是行为的抽象。这一点是两者本质上的区别，尤其从系统分析和设计的角度看，两者区别很大。而在实现层面，两者的实现方式非常接近，因此容易混用这两个概念。

例如圆形、三角形等具体形状都需要计算面积，因此可以将这些图形进行抽象，得到抽象类 Shape。这个类中只定义了一个计算面积的方法 getArea()，如程序 16.6 所示。

**【程序 16.6】** 定义抽象图形类程序 Shape.java。

```
public abstract class Shape{
    public abstract double getArea();
}
```

定义一个具体的图形“圆”继承抽象类 Shape，定义属性半径，重写方法 getArea()计算面积，如程序 16.7 所示。

**【程序 16.7】** 定义继承抽象类 Shape 的圆类程序 Circle.java。

```
public class Circle extends Shape{
    private double r;

    public Circle(double r){
        this.r=r;
    }

    public double getArea(){
        return 3.14 * r * r;
    }
}
```

**【程序 16.8】** 测试类程序 Test.java。

```
public class Test{
    public static void main(String [] args){
        Shape s=new Circle(10);
        System.out.println("圆面积:"+s.getArea());
    }
}
```

测试类中定义一个 Shape 对象，赋给它一个 Circle 类实例，显示圆面积。运行结果如图 16.4 所示。

```
D:\program\unit16\16-2\2-1>javac Test.java

D:\program\unit16\16-2\2-1>java Test
圆面积：314.0
```

图 16.4 程序 16.8 运行结果

上面程序如果想使用接口来实现，就需要从计算面积的角度来思考，可以把计算行为抽象成一个接口，接口定义如程序 16.9 所示。

【程序 16.9】 定义接口程序 CalculateAble.java。

```
public interface CalculateAble{
    public double getArea();
}
```

相应地，类 Circle 就需要实现接口 CalculateAble，同样重写方法 getArea()计算面积，如程序 16.10 所示。对比程序 16.7 可以看出，两个程序实现上非常相似。但是在设计上有很大的区别，程序 16.7 是继承了抽象类，抽象类是概念的抽象；而程序 16.10 则是实现了接口，接口是行为的抽象。

【程序 16.10】 定义实现接口 CalculateAble 的圆类程序 Circle.java。

```
public class Circle implements CalculateAble{
    private double r;

    public Circle(double r){
        this.r=r;
    }

    public double getArea(){
        return 3.14 * r * r;
    }
}
```

【程序 16.11】 测试类程序 Test.java。

```
public class Test{
    public static void main(String [] args){
        CalculateAble c=new Circle(10);
        System.out.println("圆面积:"+c.getArea());
    }
}
```

程序 16.8 和程序 16.11 运行结果相同，如图 16.4 所示。有兴趣的读者可以自己编译运行这两个程序，并进行比较，从中体会抽象类和接口的相似与不同之处。

## 16.3 训练程序

定义桌子类 TableInfo 实现接口 MoveAble。定义一个新的接口 CalculateAble 计算桌子面积。定义桌子类的子类方桌类 RectangleTable 和圆桌类 RoundTable，分别实现 CalculateAble 接口。

### 16.3.1 程序分析

首先定义桌子类 TableInfo 实现接口 MoveAble，在类的声明部分使用 implements 显示说明，语句为 public class TableInfo implements MoveAble，然后在类体中对 MoveAble 接口中的 move ()方法进行具体实现。

计算桌子面积的功能在第 15 章训练程序中已经做过，是把 TableInfo 类定义为了一个抽象类，将计算面积的方法 getArea ()定义为了抽象方法，子类方桌类 RectangleTable 和圆桌类 RoundTable 分别实现抽象方法 getArea ()，完成计算桌子面积的功能。其实计算面积是 RectangleTable 类和 RoundTable 类共有的行为，可以定义一个接口 CalculateAble，包含计算面积的方法 getArea()，在 RectangleTable 类和 RoundTable 类中分别实现这个接口。

### 16.3.2 参考程序

**【程序 16.12】** 定义桌子类程序 TableInfo.java，实现接口 MoveAble。

```
public class TableInfo implements MoveAble{
    int legs;
    int hight;

    public  TableInfo(int legs,int hight){
        this.legs=legs;
        this.hight=hight;
    }

    public void move(){
        System.out.println("被人搬动了!");
    }
}
```

**【程序 16.13】** 定义子类圆桌类程序 RoundTable.java，实现接口 CalculateAble。

```
public class RoundTable extends TableInfo implements CalculateAble{
    private double r;

    public  RoundTable(int legs,int hight,double r){
        super(legs,hight);
        this.r=r;
    }

    public double getArea(){
        return 3.14 * r * r;
```

```
    }
}
```

【程序 16.14】 定义子类方桌类程序 RectangleTable.java，实现接口 CalculateAble。

```
public class RectangleTable extends TableInfo implements CalculateAble{
    private double len;
    private double width;

    public RectangleTable(int legs, int hight, double len, double width){
        super(legs,hight);
        this.len=len;
        this.width=width;
    }

    public double getArea(){
        return len * width;
    }
}
```

【程序 16.15】 测试类程序 Test.java。

```
public class Test{
    public static void main(String [] args){
        RoundTable t1=new RoundTable(3, 100, 30.0);
        RectangleTable t2=new RectangleTable(4, 100, 40.0, 60.0);
        System.out.println("圆桌面积"+t1.getArea());
        t1.move();
        System.out.println("方桌面积"+t2.getArea());
        t2.move();
    }
}
```

程序 16.15 运行结果如图 16.5 所示。

```
D:\program\unit16\16-3\3-1>java Test
圆桌面积2826.0
被人搬动了!
方桌面积2400.0
被人搬动了!
```

图 16.5 程序 16.15 运行结果

从程序的运行结果可以看出，在子类 RoundTable 和 RectangleTable 中都没有显式地实现接口 MoveAble，但是由于其父类 TableInfo 实现了该接口，子类也就继承了这个

实现。因此,在测试类中,定义了 RoundTable 类和 RectangleTable 类的对象 t1 和 t2 之后,t1. move ()和 t2. move ()语句其实调用的是其父类 TableInfo 类对 MoveAble 接口的实现方法,输出了两行"被人搬动了!"。

## 16.4 拓展知识

### 16.4.1 接口讨论

讨论接口之前,先来看一条简单的 Java 语句:

```
double y=Math.sin(x);
```

这条语句的功能非常简单,就是调用 Java 基础类库方法计算 sin(x)的值,赋给双精度变量 y。其他语言也有类似的函数,大家已经很习惯使用这些函数来计算正弦函数值。如果仔细研究这个函数,还可以得到哪些启示呢?

几乎所有的 Java 程序员都只关心如何使用这个方法来计算一个数 x 的正弦函数数值。可以查看 Java API 文档来看看这个方法的定义格式:

```
public static double sin(double a)
```

程序员根据函数定义的参数和返回值来使用这个方法,几乎没有程序员关注这个方法是如何实现的。可以把这个方法理解为对内封装了方法的具体实现,对外提供了一个访问接口:

```
public static double sin(double a)
```

前面讲到封装,将一个类的属性和实现细节封装起来。同时这个类还需要提供一些 public 方法允许其他类访问。这些 public 方法可以看作是广义的接口。通过上面讲述可以看出,在程序设计中,广义的接口就是对外提供的可以访问的方法。例如,下面的程序 16.16 定义了 Student 类,对外提供了一个广义的接口——display()方法。构造方法用于实例化对象,属于特殊的方法,不视作为一个接口。

**【程序 16.16】** 定义学生类程序 Student. java。

```
public class Student{
    private String name;
    private int age;
    private double grade;

    public Student(String name, int age, double grade){
        this.name=name;
        this.age=age;
        this.grade=grade;
    }
```

```
    public void display(){
        System.out.println("姓名="+name);
    }
}
```

在实际的程序设计中，每个类都有一些对外提供的可以使用的方法，是否可以将这些方法提取出来单独进行定义呢？答案是肯定的，提取后的公共方法就是前面讲到的接口，例如程序 16.16 中的 display()方法就可以提取出来，定义成一个接口，如程序 16.17 所示。

**【程序 16.17】** 定义显示接口程序 DisplayAble.java。

```
public interface DisplayAble{
    public void display();
}
```

提取出来的接口就是 Java 语言中定义的接口，可以称之为狭义的接口，可以在具体实现类中实现这些接口。提取出来接口后，可以有效实现对外提供服务和对内实现功能的分离。在接口 DisplayAble 中定义了对外提供的服务方法 display()，同时在实现接口 DisplayAble 的 Student 类中，完成方法 display()的具体实现。

### 16.4.2 接口应用

程序 16.17 中定义好接口后，就可以在程序中使用这个接口了，例如下面的程序段给出了如何应用接口来设计程序。

```
DisplayAble da;
da=new …;
da.display();
```

应用接口来设计程序，需要先定义一个接口 DisplayAble 对象 da；接下来将一个实例传递给 da，这个实例是实现接口 DisplayAble 的具体实现类的实例；语句 da.display()调用实现接口 DisplayAble 的具体类的 display()方法。同样也可以使用接口来实现多态，代码段如下：

```
public void displayInfo(DisplayAble da){
    da.display();
}
```

这段代码具体显示的内容取决于传递给这个方法的是哪个实现类的实例，不同的实例显示的内容不同。在 Java 程序设计中经常应用接口来实现多态。在软件设计阶段，只要定义好这些接口以及哪些类需要实现这个接口，具体到每个接口如何实现，需要到实现阶段再完成。

Java 中共有三种引用类型：类、接口和数组。类是第一种引用类型，可以在程序中定义类，定义这个类的对象，进行实例化得到实例。接口是第二种引用类型，可以在程序中定义接口，定义这个接口的对象，对象指向实现这个接口类的实例。第三种引用类型是数组，参见第 21 章中的应用实例。

## 16.5 实做程序

1. 定义 Person 类的子类教师类 Teacher 和工人类 Worker，分别实现接口 MoveAble。

要点提示：

(1) 教师类 Teacher 实现接口 MoveAble，显示"在讲台上走动"。

(2) 工人类 Worker 实现接口 MoveAble，显示"在车间走动"。

2. 定义 Person 类的子类教师类 Teacher 和工人类 Worker，分别实现接口 SoundAble。接口 SoundAble 定义如下：

```
public interface SoundAble{
    public void sound();
}
```

教师类 Teacher 和工人类 Worker 实现 sound()方法，分别显示"正在讲课！"和"噪声太大听不清楚！"

要点提示：

(1) 教师类 Teacher 实现接口 SoundAble，实现方法 sound()，显示提示"正在讲课！"；

(2) 工人类 Worker 实现接口 SoundAble，实现方法 sound()，显示提示"噪声太大听不清楚！"。

3. 为接口 CalculateAble 增加一个方法 getPerimeter()用于计算桌子的周长。修改程序 16.13 中的圆桌类 RoundTable 和程序 16.14 中的方桌类 RectangleTable，新增 getPerimeter()方法的实现代码。

要点提示：

(1) 在接口 CalculateAble 中增加一个方法 getPerimeter()；

(2) 在圆桌和方桌实现类中实现 getPerimeter()方法。

4. 定义一个接口 PayAble，包含计算电话话费的方法 pay()。定义电话类 Phone，包括属性号码 code。定义手机类 MobilePhone 继承 Phone 类，包含属性有通话时间 time，话费单价 price，上网费用 internetFee，短信费用 messageFee。定义固定电话类 Telephone 也继承 Phone 类，包括属性有通话时间 time，话费单价 price 和月租费 monthlyFee。在手机类和固定电话类分别实现 PayAble 接口计算话费。话费计算方法：

- 手机类话费＝通话时间＊话费单价＋上网费用＋短信费用。
- 固定电话话费＝通话时间＊话费单价＋月租费。

要点提示：

(1) 定义接口 PayAble,定义一个方法 pay()；

(2) 在手机类和固定电话类中实现接口 PayAble。

# 第 17 章 异常处理

**学习目标**

- 理解什么是异常处理机制以及异常处理机制的用途；
- 掌握应用异常处理机制来设计健壮程序的方法；
- 理解为什么要引入异常处理机制。

## 17.1 示例程序

### 17.1.1 程序异常实例

程序 10.4 中，类 MobilePhone 的 print()方法定义如程序段 17.1 所示。这个程序前面已经执行过，能够得到正确的结果。下面来仔细分析一下这个程序，看看这个程序是否存在着隐患，或者说在某种情况下可能出错？想象一下如果对象 owner 为空值 null，这时候程序运行结果会如何？

**【程序 17.1】** 手机类程序 MobilePhone.java 中的 print()方法程序段。

```
public void print(){
    System.out.println("手机号码:"+code);
    owner.display();
}
```

修改程序 10.5 中学生类 Student 的构造方法，将 owner 对象修改为 null，修改后的代码如程序 17.2 所示。

**【程序 17.2】** 修改学生类程序 Student.java 的构造方法程序段。

```
public Student(String name, int age, double grade, MobilePhone myPhone){
    this.name=name;
    this.age=age;
    this.grade=grade;
    this.myPhone=myPhone;
    this.myPhone.setOwner(null);
}
```

测试类没有改变，修改后的程序运行结果会是什么样的？读者自己可以先分析一下程序，猜一猜运行结果会是什么？实际情况是程序编译成功，而运行时报错，运行结果如图 17.1 所示。

```
D:\program\unit17\17-1\1-1>javac Test.java

D:\program\unit17\17-1\1-1>java Test
姓名：张三
手机号码：13811111111
Exception in thread "main" java.lang.NullPointerException
        at MobilePhone.print(MobilePhone.java:20)
        at Test.main(Test.java:6)
```

图 17.1　修改后程序的运行结果

从错误提示可以看出，这个错误是个空指针错误，出错的位置是 MobilePhone 类的第 20 行，也就是 print()方法中的语句：owner.display()。出现这个错误的原因是对象 owner 设置为空，这时再调用对象的方法就报错了。

为了让程序能够更好地运行，在程序设计的时候除了需要考虑正常情况下程序如何执行，还需要考虑到异常情况下程序应该如何进行处理，例如上例中对象为空的情况。Java 提供了异常处理机制，用来处理各种非正常情况。增加异常处理后的 print()方法如程序段 17.3 所示。

**【程序 17.3】** 修改后的手机类 MobilePhone.java 程序段，在 print()方法中增加了异常处理。

```
public void print(){
    System.out.println("手机号码:"+code);
    try{
        owner.display();
    }
    catch(NullPointerException e){
        System.out.println("机主为空,程序出错!!");
    }
}
```

修改后的运行结果如图 17.2 所示。

```
D:\program\unit17\17-1\1-2>javac Test.java

D:\program\unit17\17-1\1-2>java Test
姓名：张三
手机号码:13811111111
机主为空，程序出错！！
```

图 17.2　处理异常后程序的运行结果

异常处理的结构是把可能出现问题的程序段写在 try 后面的大括号中，例如程序 17.3 中的语句：

```
owner.display()
```

关键字 catch 后面的小括号中列出了需要处理的异常类对象，程序 17.3 中处理了空指针异常 NullPointerException 类对象 e，这是 Java 基础类库中已经定义好的一个异常类，直接引用这个类就可以了。接着大括号里面是异常处理过程，本例只是显示出现异常的原因，在实际应用中可以根据需要设计相应的异常处理程序进行处理。

有了异常处理后，程序可以正常执行了，并能够根据实际需求对出现异常的地方进行处理，显示提示信息“机主为空，程序出错!!”，避免了程序运行中出现系统报错。

### 17.1.2 受检异常

上节例子中的异常称为运行时异常，只有在程序运行出错时才会抛出异常。还有一类是在编译期间就进行检查的异常，称为受检异常。假设在学生类中增加一个方法 getInfo()，从文件中 student.txt 中读取信息，如程序段 17.4 所示。

**【程序 17.4】** 在学生类 Student.java 中添加 getInfo()方法的程序段。

```
public void getInfo(){
    int ch;
    FileInputStream ins=new FileInputStream("student.txt");
    while((ch=ins.read())!=-1){
        System.out.print((char)ch);
    }
}
```

在类 Student 程序前面添加一条导入语句：

```
import java.io.FileInputStream;
```

导入 FileInputStream 类是因为在程序 Student 中用到了这个类。此时编译程序，给出编译错误如图 17.3 所示。

```
D:\program\unit17\17-1\1-3>javac Test.java
.\Student.java:22: 未报告的异常 java.io.FileNotFoundException; 必须对其进行捕捉
或声明以便抛出
                FileInputStream ins = new FileInputStream("student.txt");
                                      ^
.\Student.java:23: 未报告的异常 java.io.IOException; 必须对其进行捕捉或声明以便
抛出
                while((ch = ins.read()) != -1){
                                    ^
2 错误
```

图 17.3 受检异常报错

仔细研读图 17.3 中的错误提示，共计有两个错误。这两个错误都提示需要在程序中捕获并处理异常，两个异常分别是类 FileNotFountException 异常和类 IOException 异常。处理异常类的方法就是像上面一样捕获异常，并进行处理。Student 类增加异常处理后代码段如程序 17.5 所示。

【程序 17.5】 修改学生类 Student.java 程序段，在 getInfo()方法中进行异常处理。

```
public void getInfo(){
    int ch;
    try{
        FileInputStream ins=new FileInputStream("student.txt");
        while((ch=ins.read())!=-1){
            System.out.print((char)ch);
        }
    }
    catch(FileNotFoundException e){
        System.out.println("未找到文件,请重试!");
    }
    catch(IOException e){
        System.out.println("文件 I/O 错误!");
    }
}
```

程序中增加了两个异常的处理，再次编译，程序正确通过。关于文件操作的实例程序会在第 22 章中介绍，本例只是说明如何处理异常。

## 17.2 相关知识

### 17.2.1 异常处理结构

程序中的语句大体可以划分成两大类：第一类是完成用户需要的功能，例如输入数据、显示结果等；另一类是一些特殊情况的处理，比如说输入的年龄应该是数字，如果输入了字符会怎么样？程序是否还能够继续执行，还是直接报错结束？作为用户，当然希望程序给出错误提示后能够继续执行。这就需要在程序中设计相应的功能来处理这些异常的情况，把完成这些功能的语句就称为异常处理。

在 Java 程序设计语言中提供异常处理结构，可以把正常功能处理语句和异常处理语句分隔开来，放到不同地方，异常处理结构如下：

```
try{
    正常功能处理语句块;
}
catch(异常类 e1){异常处理语句 1}
...
catch(异常类 en){异常处理语句 n}
finally{一定执行语句}
```

上面 try 部分的“正常功能处理语句块”是完成用户功能的一组 Java 语句，语句块中包括可能引发异常的语句。Java 语言中将常见的每一类错误都被定义为一个异常类，每一个 catch 部分捕获一类异常，例如定义异常类对象 e1，后面是这个异常的处理语句。try 部分的语句块中包含多少个可能发生的异常，后面都需要捕获相应的异常进行处理。在 Java API 文档中详细列出了 Java 基础类库中每个类的方法定义中会抛出什么样的异常，例如程序 17.5 中用到类 FileInputStream 对象 ins 的 read()方法，这个方法在基础类库中定义如下：

```
public int read()throws IOException
```

方法定义中抛出了 IOException 类异常，因此在使用这个方法的程序中就需要处理 IOException 类异常，如程序段 17.5 所示。捕获异常代码段如下：

```
catch(IOException e){
    System.out.println("文件 I/O 错误!");
}
```

最后的 finally 部分是完成最终的处理，不管是否发生异常，结束前都一定要执行这部分语句，一般是完成资源释放，程序安全退出等操作。

### 17.2.2　常见异常类

Java 程序设计语言在基础类库中给出了一些常见的异常类，如图 17.4 所示。这些类给出了常见的程序异常情况。

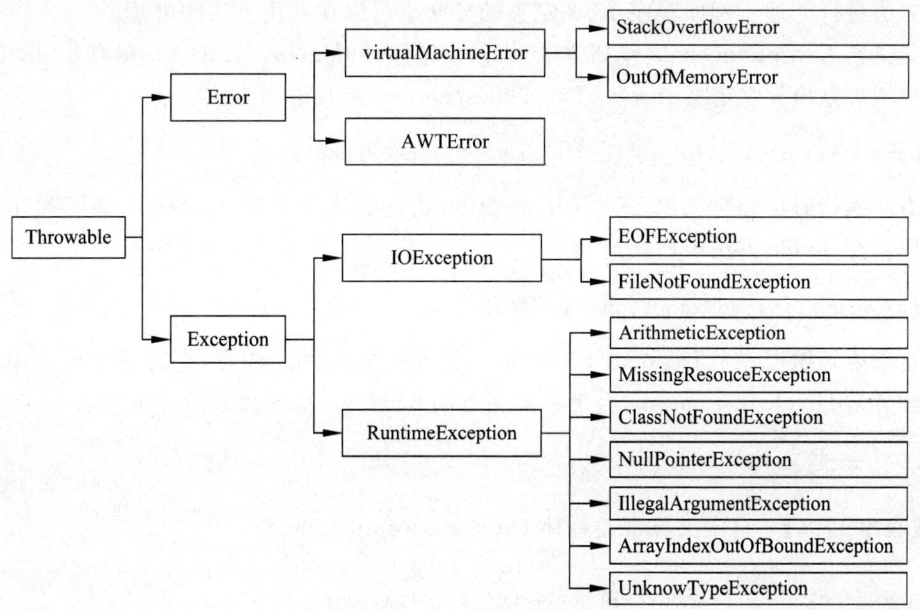


**图 17.4　Java 异常类树**

在 Java 异常类树中，所有的异常类都有一个共同的祖先 Throwable(可抛出)。它有两个重要的子类：Exception（异常）和 Error（错误）。Error（错误）是程序无法处理的错误，表示运行应用程序出现比较严重的问题。这些错误一般与代码编写者的程序关系不大，是表示代码运行时 JVM（Java 虚拟机）出现的问题。Exception（异常）是程序本身需要处理的异常。这些异常需要编写相应的异常处理程序进行处理。具体 Java 基础类库中哪个类的哪些方法抛出了哪些异常参见 Java API 文档。

## 17.3 训练程序

除了使用 Java 基础类库提供的异常类，用户自己设计程序时，也可以根据需要来定义自己的异常类。自定义异常类一般都是 Exception 类的子类，下面给出一个例子来说明定义的过程。自定义一个除数为零的异常，编写程序抛出这个异常，显示结果。

### 17.3.1 程序分析

自定义一个异常类 DividedException，它继承了类 Exception。DividedException 类中定义两个构造方法，一个是无参数的构造方法，另一个是有参数的构造方法，都是使用基类的构造方法 super(String)，定义异常的名字为给定的 message，或者是使用默认的字符串“dividedException”。

自定义异常的处理方法，与基础类库中定义的异常一样，都需要在 catch 部分进行捕获和处理。当程序出现异常后，一般有两种处理方法：第一种就是前面讲到的处理方法，在 try 语句的 catch 部分捕获处理；第二种方法是在方法中不处理，直接抛给调用这个方法的方法进行处理。例如程序 17.3 定义的异常也可以在调用方法中处理。

定义类 ExceptionDemo，包括方法 display() 和 divide(int i，int j)。在方法 divide 的定义中增加抛出异常定义 throws DividedException，定义语句为：

```
public int divide(int i, int j)throws DividedException
```

表示方法执行时可能会抛出 DividedException 类的异常。关键字 throws 表示抛出异常的意思。在 divide 方法中增加语句：

```
throw new DividedException("被零除")
```

这条语句抛出一个 DividedException 类异常对象实例。注意，在方法 divide 中不需要处理异常 DividedException，而是在调用方法 display() 中来处理这个异常。

### 17.3.2 参考程序

**【程序 17.6】** 自定义异常类程序 DividedException. java。

```
public class DividedException extends Exception{
  public DividedException(){
    super("dividedException");
  }
```

```
    DividedException(String message){
      super(message);
    }
}
```

**【程序 17.7】** 定义异常类程序 ExceptionDemo.java，实现两个数字相除，并捕获处理异常。

```
import java.util.Scanner;
public class ExceptionDemo{
    public void display(){
        Scanner sc=new Scanner(System.in);
        int i=sc.nextInt();
        int j=sc.nextInt();
        int k=0;
        try{
            k=divide(i, j);
        }
        catch(DividedException e){
            System.out.println("Exception is: "+e);
        }
        finally{
            System.out.println("k="+k);
        }
    }
    public int divide(int i, int j)throws DividedException{
        if(j ==0){
            throw new DividedException("被零除");
        }
        return i/j;
    }
}
```

**【程序 17.8】** 测试类程序 Test.java。

```
public class Test{
    public static void main(String [] args){
        ExceptionDemo ed=new ExceptionDemo();
        ed.display();
    }
}
```

程序 17.8 运行结果如图 17.5 所示。

```
D:\program\unit17\17-3\3-1>javac Test.java

D:\program\unit17\17-3\3-1>java Test
6
0
Exception is: DividedException: 被零除
k = 0
```

图 17.5 程序 17.8 运行结果

程序 17.7 中用到了两个关键字 throws 和 throw，用于定义异常和抛出异常。关键字 throws 是定义方法时使用，声明该方法可能抛出的异常，用于方法的声明语句中。例如程序 17.7 中定义方法 divide()，该方法可能抛出 DividedException 类异常，代码如下：

```
public int divide(int i, int j)throws DividedException{
    …
}
```

而关键字 throw 是一个语句，用于抛出一个异常对象实例。程序 17.7 中抛出了一个 DividedException 类异常的实例，代码如下：

```
if(j ==0){
    throw new DividedException("被零除");
}
```

从上面讲解可以看出，throw 语句用在方法体内，实际抛出一个异常实例，由方法体内的语句处理；而 throws 语句用在方法声明后面，表示该方法可能抛出这一类异常，由该方法的调用者来处理。方法定义中的 throws 主要是声明这个方法会抛出这种类型的异常，使它的调用者知道要捕获这个异常；而 throw 是具体向外抛异常的动作，所以它抛出一个异常实例。定义中的 throws 说明有出现异常的可能或者倾向，而 throw 是把可能变成了现实。

运行程序 17.8，当除数输入 0 时抛出一个自定义 DividedException 类对象，在调用方法 display()中捕获异常，并处理这个异常。处理结果显示提示信息“被零除”。

## 17.4 拓展知识

### 17.4.1 异常处理讨论

程序在运行过程中可能会出现各种异常，当出现异常的时候一定要有相应的异常处理程序进行处理，否则可能出现报系统错误或者死机等严重情况。例如第 3 章中程序 3.4 的异常处理，程序需要对输入数据进行异常处理，如果输入的数据有问题，不应该直接抛出一个 Java 系统的异常，而是应该给出一个提示信息，甚至可以让用户再次输入等。因此要求程序要捕获所有可能出现的异常，并编写相应的异常处理程序进行处理，包括自定义的异常也需要处理。

有人很喜欢使用 Exception 类对象捕获异常，或者是不对异常做任何处理。尤其是刚开始学习 Java 程序设计的读者更是如此，例如下面程序段。

```
try{
   …
}
catch(Exception e){     }
```

程序段中异常处理部分为空，这样会带来很多问题。当出现异常的时候，由于没有处理代码，软件没有任何提示和反应，但运行结果不正确，这样会让用户无所适从，更有甚者可能出现死机的情况。这样的软件用户体验很差，应该是程序设计者极力避免的情况。另一个问题是捕获了 Exception 类异常，由于常见的异常类都是 Exception 类的子孙类，因此使用 catch(Exception e)几乎可以捕获所有常见的异常，因此导致无法详细区分究竟是出现了哪一类异常。正确的做法是针对不同的异常分别进行处理，如下面程序段所示。

```
try{
   …
}
catch(XxxxxException e){
   …
}
catch(XyyyyException e){
   …
}
catch(XzzzzException e){
   …
}
```

根据 catch 语句捕获的异常不同，分别进行处理。每个异常的处理包括两个部分：显示异常的提示信息，这个部分越详细越好；另一部分是进行异常处理的程序。

### 17.4.2 防御性编程

在程序设计中经常会从外部输入数据，可能来自键盘、文件或者数据库，这些输入的数据可能存在问题。此外，程序设计时也会用到别人的程序或者是操作系统的资源，这些程序也可能存在问题。为了保证自己的程序能够正确运行，就需要对来自程序之外的数据和子程序进行必要的处理，滤掉可能的错误，称为防御性编程。

最常见的外部输入数据问题是来自键盘的不合法输入数据，例如程序 3.4 中输入非数字字符情况。其他的数据输入方式也存在类似情况。异常处理机制为防御性编程提供了一种有效的手段，通过捕获各种输入数据异常来处理输入数据问题。在调用别人的方法时也需要捕获定义的各种异常，并对异常进行处理，这样可以防止程序出现不可控的问题。

防御性编程是从软件使用者的角度，而不是软件开发的角度来看待如何提高软件的可用性。当用户使用一个软件的时候出现了问题，会希望软件能够给出尽可能详细的信息说明使用中出现了什么问题，应该如何处理这个问题；同时还希望软件不要没有响应或者宕机，而是能够从错误中恢复出来，改正存在的问题后可以继续运行。例如，修改学生年龄的程序如 17.9 所示。

**【程序 17.9】** 测试类程序 Test.java，修改学生的年龄。

```
import java.util.Scanner;
public class Test{
    public static void main(String [] args){
        Student s=new Student("张三", 23, 74);
        Scanner sc=new Scanner(System.in);
        int age=sc.nextInt();
        s.setAge(age);
        s.display();
    }
}
```

正常情况下运行程序，从键盘输入一个年龄，程序显示学生姓名和年龄，程序运行结果如图 17.6 所示。

```
D:\program\unit17\17-4\4-1>javac Test.java

D:\program\unit17\17-4\4-1>java Test
21
学生姓名：张三
学生年龄：21
```

**图 17.6 程序 17.9 运行结果**

如果输入的数据有问题，例如输入年龄为 2b1，这时候程序运行就会报错了。运行结果如图 17.7 所示。

```
D:\program\unit17\17-4\4-1>java Test
2b1
Exception in thread "main" java.util.InputMismatchException
        at java.util.Scanner.throwFor(Scanner.java:840)
        at java.util.Scanner.next(Scanner.java:1461)
        at java.util.Scanner.nextInt(Scanner.java:2091)
        at java.util.Scanner.nextInt(Scanner.java:2050)
        at Test.main(Test.java:6)
```

**图 17.7 程序 17.9 运行结果**

所有用户都不希望使用软件的过程中由于操作失误而出现了系统错误，这就需要对用户输入数据进行处理，处理程序如 17.10 所示。

**【程序 17.10】** 测试类程序 Test.java，对输入的错误数据进行异常处理。

```
import java.util.Scanner;
```

```
import java.util.InputMismatchException;

public class Test{
    public static void main(String [] args){
        Student s=new Student("张三", 23, 74);
        Scanner sc=new Scanner(System.in);
        int age=0;
        try{
            age=sc.nextInt();
        }
        catch(InputMismatchException ime){
            System.out.println("输入数据格式错误!");
        }
        s.setAge(age);
        s.display();
    }
}
```

运行程序，再次输入年龄为 2b1，运行结果如图 17.8 所示。

```
D:\program\unit17\17-4\4-2>javac Test.java

D:\program\unit17\17-4\4-2>java Test
2b1
输入数据格式错误!
学生姓名: 张三
学生年龄: 0
```

图 17.8　程序 17.10 运行结果

程序 17.10 不再报出系统异常错误，而是给出一个提示，这样用户感觉会好很多。但是程序在输入错误数据后给出提示就结束了，更好的处理方式应该是让程序报错后，能够允许用户输入新的数据，而不是退出，修改后程序如 17.11 所示。

**【程序 17.11】**　测试类程序 Test.java，对输入的错误数据进行异常处理并允许用户再次输入。

```
import java.util.Scanner;
import java.util.InputMismatchException;

public class Test{
    public static void main(String [] args){
        Student s=new Student("张三", 23, 74);
        int age=0;
        while(age ==0){
            age=input();
        }
```

```
        s.setAge(age);
        s.display();
    }

    public static int input(){
        int age=0;
        Scanner sc=new Scanner(System.in);

        try{
            age=sc.nextInt();
        }
        catch(InputMismatchException ime){
            System.out.println("输入数据格式错误!");
        }

        return age;
    }
}
```

重新编译运行程序，再次输入年龄为 2b1，给出错误提示，再次输入年龄 21，显示正确结果，如图 17.9 所示。

```
D:\program\unit17\17-4\4-3>javac Test.java

D:\program\unit17\17-4\4-3>java Test
2b1
输入数据格式错误!
21
学生姓名：张三
学生年龄：21
```

图 17.9　程序 17.11 运行结果

每次输入年龄，判断是否合法，如果不合法就会报错，这时候年龄的数值仍然是初始值 0。在 main()方法中判断读入的年龄是否为 0，为 0 表示有错误，再次输入，直到正确为止。经过修改后的程序 17.11，对于错误的输入给出错误提示，并等待用户再次输入正确数值。与程序 17.9、程序 17.10 相比，程序 17.11 用户的体验会更好一些。

防御性编程是提高软件质量的有效手段，可以提高 Java 程序的健壮性，建议读者在编写自己的程序时应用防御性编程。

## 17.5　实做程序

1. 第 16 章中程序 16.12～16.14 定义了桌子类、圆桌类和方桌类，在子类圆桌和方桌实现了接口 CalculateAble 的 getArea()方法。修改程序如下：

(1) 自定义异常 AreaException，表示计算面积出现异常。

(2) 定义接口方法 getArea() 抛出异常 public double getArea() throws AreaException。

(3) 在实现类中具体抛出异常,例如,如果圆桌半径小于 0 则抛出异常 AreaException,同样,可以定义方桌的宽大于长也抛出异常。

2. 第16章中实做程序第4题中定义了一个接口 PayAble,包含计算电话话费的方法 pay()。在手机类定义中增加计算话费异常,如果话费小于0则抛出异常。

要点提示:

(1) 自定义一个异常类,表示话费小于0的异常;

(2) 计算话费时如果小于0则抛出异常,在测试类中处理异常。

3. 在第9章9.2节中定义了一个方法 CheckName(),用来检查给定的 name 字符串是否合法。给使用这个方法的 setName()方法增加一个自定义异常 IllegalNameException,当名字不合法时抛出这个异常实例。

要点提示:

(1) 自定义一个异常类 IllegalNameException,表示名字不合法异常;

(2) 在测试类中处理异常。

# 第 18 章 包结构设计

**学习目标**

- 了解什么是包；
- 掌握包结构和应用包管理程序的方法；
- 理解包结构的用途。

## 18.1 示例程序

### 18.1.1 按包组织程序

前面各个章节的例子中，每次用到的类程序都放在同一个目录下。随着应用程序越来越大，对应的文件就会越来越多，就需要对文件分门别类进行组织和管理，Java 语言提供包结构来解决这一问题。Java 程序是按照包进行组织的，例如第 17 章的程序中，可以将 Person 类、Student 类和 Teacher 类组织到包 poeple 中，而把手机类 MobilePhone 组织到另外一个包 phone 中。放入 people 包后的 Student 类如程序 18.1 所示。

**【程序 18.1】** 放入 people 包中的学生类 Student. java。

```
package people;

public class Student extends Person{
    private double grade;

    public Student(String name, int age, double grade){
        super(name, age);
        this.grade=grade;
    }

    public void display(){
        super.display();
        System.out.println("学生成绩:"+grade);
    }
}
```

在学生类 Student 的前面增加一个包定义语句：

```
package people;
```

在概念上，该语句定义类 Student 在包 people 中。在程序存储时，需要创建一个 people 目录，把 Student 类对应的文件 Student. java 放到 people 目录中。目录结构如图 18.1 所示。

**图 18.1 包对应的目录结构**

将一个类组织到包中，在使用这个类时就需要先引入包中的这个类。像以前使用基础类库需要导入一样，测试类 Test 中需要先导入前面定义的类 Student，测试类 Test 如程序 18.2 所示。

**【程序 18.2】** 测试类程序 Test. java，导入 people 包中的 Student 类。

```
import people.Student;

public class Test{
    public static void main(String [] args){
        Student s=new Student("张三", 23, 86);
        s.display();
    }
}
```

导入包语句 import people. Student 指示导入包 people 中的类 Student。该语句的作用是告诉程序后面用到的类 Student 位于 people 包中，这样可以让编译程序找到对应的类。导入后 Student 类就可以使用了。将测试类 Test. java 与子目录 people 放在同一目录下，如图 18.2 所示。

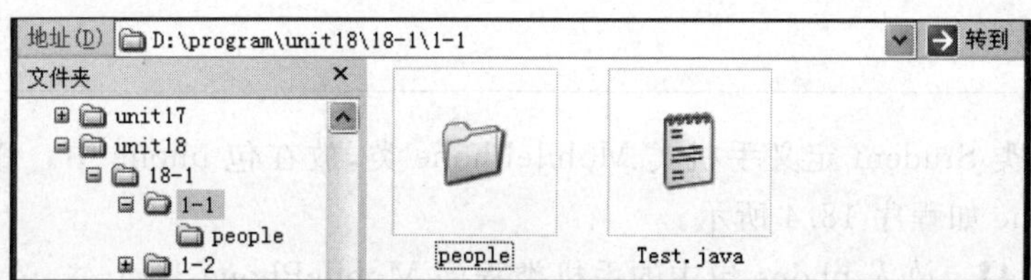


**图 18.2 测试类所在目录**

在测试类 Test. java 所在的目录编译运行程序，编译运行测试类，程序运行结果如图 18.3 所示。需要说明，Student 类在 people 包中，而包 people 需要与 Test. java 文件在同一个目录下，这样才能正确进行编译。

在使用包结构之前需要先设计好包结构，不同包之间的类在相互引用时需要使用

```
D:\program\unit18\18-1\1-1>javac Test.java

D:\program\unit18\18-1\1-1>java Test
姓名：张三
学生成绩：86.0
```

图 18.3　程序 18.2 运行结果

import 语句显式地导入所需要的类。

### 18.1.2　导入手机类

在学生类中可能会用到其他包的类，例如手机类 MobilePhone，这样就需要在学生类中导入对应的包，修改后类 Student 如程序 18.3 所示。

**【程序 18.3】** 学生类程序 Student.java，导入 phone 包中的 MobilePhone 类。

```
package people;
import phone.MobilePhone;

public class Student extends Person{
    private double grade;
    private MobilePhone phone;

    public Student(String name, int age, double grade, MobilePhone phone){
        super(name, age);
        this.grade=grade;
        this.phone=phone;
    }

    public void display(){
        super.display();
        System.out.println("学生成绩"+grade);
        phone.print();
    }
}
```

参考学生类 Student 定义手机类 MobilePhone 类，放在包 phone 中。修改后的手机类 MobilePhone 如程序 18.4 所示。

**【程序 18.4】** 放入 phone 包中的手机类程序 MobilePhone.java。

```
package phone;
import people.Student;

public class MobilePhone{
    private String brand;
```

```
    private String code;
    private Student owner;

    public MobilePhone(String brand, String code){
        this.brand=brand;
        this.code=code;
    }

    public Student getOwner(){
        return owner;
    }

    public void setOwner(Student owner){
        this.owner=owner;
    }
    public void print(){
        System.out.println("手机号:"+code);
    }
}
```

【程序 18.5】 测试类程序 Test.java。

```
import people.Student;
import phone.MobilePhone;

public class Test{
    public static void main(String [] args){
        MobilePhone phone=new MobilePhone("SAMSUNG", "13811111111");
        Student s=new Student("张三", 23, 86, phone);
        s.display();
    }
}
```

程序 18.5 运行结果如图 18.4 所示。

```
D:\program\unit18\18-1\1-2>javac Test.java

D:\program\unit18\18-1\1-2>java Test
姓名：张三
学生成绩86.0
手机号：13811111111
```

图 18.4　程序 18.5 运行结果

导入手机类的过程与导入普通基础类库过程是一样的。需要说明一点，在程序运行时导入的类是编译后的 class 文件，而不是源文件，由于目前所有的源文件与 class 文件都在一个目录下，因此使用的是同一个目录。读者自己可以试试，如果把源程序移到别的目录下程序可以正常执行，但是如果将 class 文件移走了，程序执行就会报错。

# 18.2 相关知识

## 18.2.1 包定义

Java 语言中使用关键字 package 来定义包，定义格式如下：

```
package 包名;
```

这条语句要求放在源程序的第一条语句，指示源程序所在的包。package 是关键字，用来说明这条语句是包定义语句。包名是用符号“.”分隔的包结构名。例如程序 18.1 中包定义语句 package people，指示包名为 people。再比如第 17 章中使用的类 Scanner 所在的包名为 java.util。

包名代表的是子目录，例如包名为 people 表示对应的源程序放到 people 目录下。而包名 java.util 是两层目录结构，表示源程序放在 java 目录下的 util 子目录下。包结构可以表示任意多层目录结构，一般在软件设计中包结构的层级常见为 3 到 6 层。

源程序如果没有定义包，Java 源程序编译后的 class 文件位置就是程序执行的当前位置。例如第 17 章 17.1 节的程序都在目录 D:\program\unit17\17-1\1-1 下面，因此当前位置就是 D:\program\unit17\17-1\1-1。如果定义了包结构，程序的当前位置就是顶层包所在位置。例如第 18 章中类 Student 中定义了包 package people，Student 源程序和 class 文件放在 D:\program\unit18\18-1\1-1\people 目录下，而当前目录为 D:\program\unit18\18-1\1-1\。因此执行程序是在 D:\program\unit18\18-1\1-1\目录中，如图 18.5 所示。

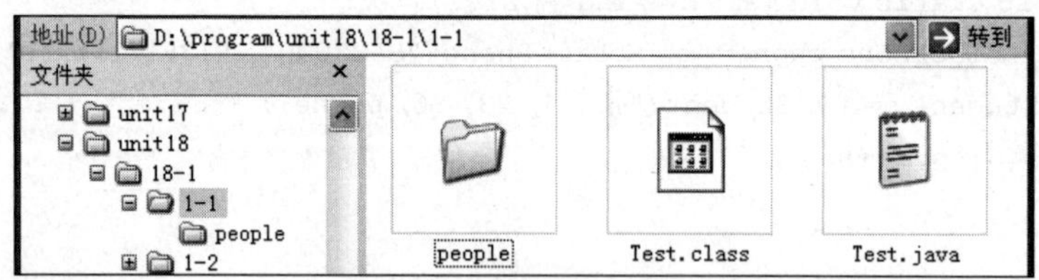


图 18.5 程序执行的目录

如果按照包结构来组织源程序，在编译程序时就要根据需要使用不同的编译命令。例如程序 18.5 的编译命令如图 18.6 所示。直接编译需要执行的程序 Test.java，所需要的相关类由编译器自动找到并进行编译。

```
D:\program\unit18\18-3\3-1>javac Test.java
```

图 18.6 包结构编译命令

如果只希望编译某一个包下的 Java 源文件，可以使用命令来指定编译的目录，如图 18.7 所示，这个命令编译 people 包下所有的 Java 源程序文件，编译后的文件保存在

people 目录中。

```
D:\program\unit18\18-1\1-2>javac people\*.java
```

图 18.7 编译指定包命令

上面两种方法编译的时候，都是将编译后的 class 文件与 Java 源文件放在同一个目录下。使用图 18.4 所示的运行命令可以运行程序。

特别强调的是，在 Java 程序中应用包结构时需要做两件事，第一个是在源程序中使用 package 语句定义包名；第二个是建立相应的目录将对应的 class 文件保存在这个目录下，注意目录名需要与包名一样。

### 18.2.2 其他包中类的引用

在 Java 程序中可以导入某个包中的类，引入包使用语句 import，语句定义格式如下：

```
import 包名.类名;
```

在一个源程序中如果用到其他包中的类就需要引入，例如在第 17 章的程序 17.7 中引入了 Java 基础类 Scanner，语句如下：

```
import java.util.Scanner
```

除了可以引入 Java 基础类，也可以引入自己定义的类，例如程序 18.5 测试类 Test 中，引入了自己定义的两个类，语句如下：

```
import people.Student;
import phone.MobilePhone;
```

Java 允许一次引入一个包中的所有类，例如，import java. util. * 表示引入 util 目录下的所有包，这种写法给程序设计者带来了方便。但是建议大家不要使用这种方法，而是列出所有需要引入的类。因为一次引入整个包时，虚拟机需要搜索这个目录下的所有类，找到引用的那个包，降低运行效率。更重要的问题是，如果一次引入多个包，而恰巧这些包中有重名的类，系统就会出问题。还有一点就是从程序的可读性考虑，如果明确指示引入哪个包中的哪个类可以方便阅读者找到引入的类在哪个包中，程序可读性比较好。例如下面程序段：

```
import test.input.*;
import test.output.*;
import test.process.*;
…
MyData md=new MyData();
…
```

程序中用到了类 MyData，很难弄清楚这个类在哪个包下。为了弄清楚类 MyData 是哪个包下的类就需要查看 test 目录下的 input、output 和 process 子目录，看看是哪个目录下有这个类。给程序阅读带来了很大的不便。如果运气不好，在两个包下都有这个类，这时编译程序会报错。

## 18.3 训练程序

参考 18.1 节中给出的程序，在此基础上增加一个 table 包，里面有桌子类 TableInfo，属性有腿数 legs 和高度 hight，以 TableInfo 类为父类，继承得到方桌类和圆桌类，方桌类要求新增属性边长，圆桌类新增属性半径。将 table 包与 people 包放在同一目录下。在包 people 中增加教师类，给教师增加一个办公桌属性，办公桌可以是圆桌或者方桌。在测试类中显示教师信息和办公桌信息。

### 18.3.1 程序分析

新建一个目录 table，将桌子类和它的子类放到这个目录中。在桌子类和它的子类中定义包为 table。

在教师类中增加一个属性办公桌 officeTable，类型是桌子 TableInfo，将来具体的实例可以是桌子也可以是方桌或者圆桌。在教师类构造方法中增加桌子参数用于初始化办公桌属性。

### 18.3.2 参考程序

在目录 table 下创建一个 TableInfo 类，如程序 18.6 所示。

**【程序 18.6】** 放入 table 包中的桌子类程序 TableInfo.java。

```
package table;

public class TableInfo{
    int legs;
    int height;

    public  TableInfo(int legs,int height){
        this.legs=legs;
        this.height=height;
    }

    public void print(){
        System.out.println("桌子腿数:"+legs);
    }
}
```

在目录 table 下创建一个桌子的子类——方桌类 RectangleTable，如程序 18.7 所示。同样可以创建子类圆桌类，在此略去。

**【程序 18.7】** 放入 table 包中的方桌类程序 RectangleTable.java。

```
package table;

public class RectangleTable extends TableInfo{
    double side;

    public  RectangleTable(int legs,int height,double side){
        super(legs, height);
        this.side=side;
    }

    public void print(){
        super.print();
        System.out.println("方桌边长:"+side);
    }
}
```

定义一个教师类 Teacher，增加一个办公桌属性，教师类位于 people 包下，修改后程序如 18.8 所示。

**【程序 18.8】** 放入 people 包中的教师类程序 Teacher.java。

```
package people;
import table.TableInfo;

public class Teacher extends Person{
    private double salary;
    private TableInfo officeTable;

    public Teacher(String name, int age, double salary, TableInfo officeTable)
{
        super(name, age);
        this.salary=salary;
        this.officeTable=officeTable;
    }

    public void display(){
        System.out.println("工资:"+salary);
        officeTable.print();
    }
}
```

【程序 18.9】 测试类程序 Test.java。

```
import people.Teacher;
import table.TableInfo;
import table.RectangleTable;

public class Test{
    public static void main(String [] args){
        TableInfo table=new TableInfo(4, 76);
        Teacher t=new Teacher("李老师", 33, 3423, table);
        t.display();
        table=new RectangleTable(4, 87, 40);
        t=new Teacher("张老师", 43, 6423, table);
        t.display();
    }
}
```

程序 18.9 运行结果如图 18.8 所示。

```
D:\program\unit18\18-3\3-1>javac Test.java

D:\program\unit18\18-3\3-1>java Test
工资: 3423.0
桌子腿数: 4
工资: 6423.0
桌子腿数: 4
方桌边长: 40.0
```

图 18.8 程序 18.9 运行结果

测试类中导入了三个类：people. Teacher 类、table. TableInfo 类和 table. RectangleTable 类，每个类都带有包名指示该类所在位置。

## 18.4 拓展知识

### 18.4.1 Java 基础类库包

为了方便 Java 程序设计，Oracle 公司提供了 Java 程序设计语言基础类库，程序设计者可以在自己程序中引用相关的包和类。Java 的核心类库都放在 java 包及其子包的下面，Java 扩展的许多类都放在了 javax 包及其子包下面。常用的包如表 18.1 所示。

表 18.1 常用 Java 基础类库包

| 包 | 描 述 |
| --- | --- |
| java. lang | 包括一些基本的 Java 类，系统默认导入的包，用户不需要导入可以直接使用 |
| java. util | 包括一些常用的工具类，例如编码、解码、向量、堆栈等数据结构和工具 |

续表

| 包 | 描　述 |
| --- | --- |
| java. io | 包括常用的输入输出操作类,文件操作类和各种数据流操作类 |
| java. net | 包括网络编程操作的基础类、套接字、HTTP 和 URL 等 |
| java. sql | 数据库操作包,包括数据库连接,数据库结构操作和数据操作等 |
| java. awt | 图形包,Java 显示图形界面需要的各种容器和控件等 |
| javax. swing | 轻量级 Swing 图形包,显示图形界面需要的各种容器和控件等 |

有兴趣的读者可以下载 Java API 的源码,在安装 JDK 时候可以选装源码。自己看看 Java 设计者是如何组织包结构的,这样可以提高组织包结构的能力。Java API 是按照应用的类别来组织包结构的,每个包下可以是类或者子包。在程序设计的时候如果不知道这些基础类在哪个包中,可以查查相关资料或者到网上搜索,也可以使用 Java API 文档进行查找。例如在第 17 章中用到的类 FileInputStream,如果想知道这个类位于哪个包中,可以直接打开 Java API 文档,找到类 FileInputStream 的说明文档,说明文档的最前面给出了该类所在的包,如图 18. 9 所示。第一行的 java. io 指示该类位于包 java. io 中。

```
java.io
Class FileInputStream
```

图 18.9 查找包名示例

包 java. lang 中的类不需要引入可以直接使用,由系统自动默认导入。例如前面程序中一直使用的类 java. lang. System,就不需要在程序中导入。

## 18.4.2 包的设计

Java 语言中包名是标识符,从语法上说只要是符合要求的标识符都可以作为包名,但是从规范上说,应该使用一个有意义的单词作为包名。一般包名全部都是小写英文字符。例如,本章程序中用过的包名 people 和 phone,Java 语言基础类库中的包名 java 和 util 等等。

Java 程序有时候需要在网上运行,因此包名的设计很重要,应该考虑尽量不要与其他人的包名重复,避免出现问题。常用的方法是将包名分成单位域名加上自己设计包名两个部分。一般把单位域名倒过来作为前面的包名,例如某个单位域名是 ncist. edu. cn,可以设计包名为 cn. edu. ncist。后面的包名可以根据具体的功能和设计划分来命名。

下面给出一个 Web 应用软件的示例,该软件要实现角色管理和菜单管理这两个简单的功能。在包结构的设计时,包名的第一部分使用变形的域名 cnedu. ncist,第二部分则基于设计进行考虑,主要考虑程序功能和程序结构两个部分。首先按照功能划分,分成 authmenu 和 authrole 两个包。每个包下面再按照结构进行规划分,分成业务服务包 service 和 Web 访问包 web。包结构设计如图 18. 10 所示。

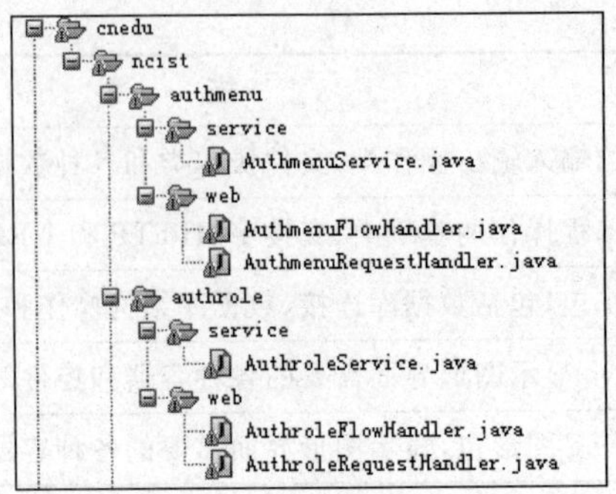


**图 18.10 包结构示例**

按照图 18.10 给出的包结构，在每个功能的 web 包和 service 包下定义具体的实现类，例如类 AuthmenuService 在包 cnedu. ncist. authmenu. service 中。类 AuthmenuService 中定义包名语句如下：

```
package cnedu.ncist.authmenu.service;
```

读者经常会看到全限定名，是指带完整包名的类名称(Fully Qualified Name)，例如上面给出的类 AuthmenuService 的全限定名为 cnedu. ncist. authmenu. service. AuthmenuService。

## 18.5 实做程序

1. 参考程序 18.1 和程序 18.2，在包 people 中定义一个工人类 Worker，在测试类中使用这个类，显示提示信息。

要点提示：

(1) Worker 类中定义包 people；

(2) 工人类定义一个 display()方法，显示工人信息。

2. 参考程序 18.6～18.9，设计一个 table 包，包中定义桌子类 TableInfo、方桌类 RectangleTable 和圆桌类 RoundTable。建立 Worker 类与桌子类之间的关联，设计测试类显示 Worker 和桌子的提示信息。

要点提示：

(1) 桌子类 TableInfo 中定义 print()方法，显示提示信息。

(2) 桌子类的子类重写 print()方法，显示各自不同的提示信息。

(3) 工人类 Worker 定义一个 TableInfo 类属性办公桌，在构造方法中初始化。

(4) 工人类 Worker 的显示方法 display()中显示桌子信息。

# 第 19 章 简单框架设计

**学习目标**

- 了解什么是框架；
- 掌握应用继承和多态来实现简单框架的过程；
- 理解框架的工作原理。

## 19.1 示例程序

### 19.1.1 简单框架

框架定义了一组类，一组接口，以及相互之间的关系，通过继承类或实现接口可以继承某些类间关系，从而把不同的子类关联起来。例如，下面的程序 19.1 和程序 19.2 定义了类 Person、电话类 Phone，这两个类之间的关系通过方法 buy(Phone phone)联系到一起。

**【程序 19.1】** Person 类程序 Person.java。

```
package people;
import phone.Phone;

public class Person{
    private String name;
    private int age;

    public Person(String name, int age){
        this.name=name;
        this.age=age;
    }

    public void display(){
        System.out.println("姓名 ="+name);
    }
    public void buy(Phone phone){
        display();
        phone.print();
```

```
    }
}
```

Person 类中定义一个方法 buy(Phone phone)，该方法有一个参数是 Phone 类对象 phone。电话类 Phone 定义如程序 19.2 所示。

**【程序 19.2】** Phone 类程序 Phone.java。

```
package phone;

public class Phone{
    private String brand;
    private String code;

    public Phone(String brand, String code){
        this.brand=brand;
        this.code=code;
    }

    public void print(){
        System.out.println("电话号码="+code);
    }
}
```

在类 Person 中定义了方法 buy(Phone phone)，把类 Person 和类 Phone 的对象联系起来。两个类的子类也就继承了这些关系。定义类 Student 继承类 Person 如程序 19.3 所示。

**【程序 19.3】** Person 类的子类程序 Student.java。

```
package people;

public class Student extends Person{
    private double grade;

    public Student(String name, int age, double grade){
        super(name, age);
        this.grade=grade;
    }
}
```

类 Student 继承了类 Person，也继承了类 Person 的方法 buy(Phone phone)。定义类 MobilePhone 继承类 Phone，代码如程序 19.4 所示。

【程序 19.4】 Phone 类的子类程序 MobilePhone.java。

```
package phone;
import people.Person;

public class MobilePhone extends Phone{
    private Person owner;

    public MobilePhone(String brand, String code){
        super(brand, code);
    }

    public Person getOwner(){
        return owner;
    }

    public void setOwner(Person owner){
        this.owner=owner;
    }
}
```

【程序 19.5】 测试类程序 Test.java。

```
import people.Person;
import people.Student;
import phone.Phone;
import phone.MobilePhone;

public class Test{
    public static void main(String [] args){
        Phone phone=new MobilePhone("SAMSUNG", "13811111111");
        Person s=new Student("张三", 23, 86);
        s.buy(phone);
    }
}
```

程序 19.5 运行结果如图 19.1 所示。

```
D:\program\unit19\19-1\1-1>javac Test.java

D:\program\unit19\19-1\1-1>java Test
姓名 =张三
电话号码 = 13811111111
```

图 19.1　程序 19.5 运行结果

下面详细说明程序 19.5 的执行过程：

第一步，测试类中先定义了电话类 Phone 对象 phone，赋给 phone 对象一个子类 MobilePhone 对象实例；

第二步，定义了 Person 类对象 s，赋给对象 s 一个学生类 Student 对象的实例；

第三步，执行语句 s. buy(phone)，调用了 s 对象方法 buy()。由于对象 s 的实例是类 Student 对象实例，因此需要调用 Student 类的方法 buy(Phone)；

第四步，类 Student 的方法 buy(Phone)是继承自 Person 类；

第五步，方法 buy(Phone phone)中定义的参数是 Phone 类的对象，传递给方法的实参是 MobilePhone 对象实例；

第六步，执行方法 buy(Phone phone)中的 display()方法，显示学生姓名“张三”，如图 19.1 所示；

第七步，执行方法 buy(Phone phone)中的 phone. print()方法，由于实参是 MobilePhone 对象实例，因此调用 MobilePhone 类的 print()，该方法继承自 Phone 类，显示电话号码如图 19.1 所示。

可以仔细看看这个程序，程序中没有定义 Student 类与 MobilePhone 类之间的关系，但是两个类之间的关系从父类那里继承下来了，这就是一个最简单的框架。

### 19.1.2 增加功能

在子类中可以重写父类的方法，这样就可以按照子类程序设计者的希望来执行方法，达到增加框架功能的目的。例如，可以改写 Phone 类的 print()方法和 Person 类的 display()方法，在类 Person 中增加获取 name 属性的方法，代码段如下。

```
public String getName(){
    return name;
}
```

在类 Phone 中增加获取电话号码的方法如下。

```
public String getCode(){
    return code;
}
```

在 Student 类中重写方法 display()，程序如下。

```
public void display(){
    System.out.println("学生姓名 ="+getName());
}
```

在 MobilePhone 中重写方法 print()，程序如下。

```
public void print(){
    System.out.println("手机号码="+getCode());
}
```

还是使用程序 19.5 作为测试类 Test 程序，程序执行结果如图 19.2 所示。

```
D:\program\unit19\19-1\1-2>javac Test.java

D:\program\unit19\19-1\1-2>java Test
学生姓名 =张三
手机号码 = 13811111111
```

图 19.2 增加功能的运行结果

上面程序中，Student 类重写了 Person 类的 display()方法，Person 类对象实例 s 的实例是 Student 对象实例，因此调用的是 Student 类的显示方法 display()。

上面的程序展示了一个简单框架，类 Person 和类 Phone 和购买关系 buy 方法是一个简单框架。使用者可以继承这两个类，例如 Student 类和 MobilePhone 类，同时也继承了类间关系，将类 Student 和类 MobilePhone 关联起来，实现类学生购买手机的过程。程序同时提供了两个插入点，允许在子类中分别重写 Person 类的方法 display()和 Phone 类的方法 print()，这两个方法是框架预留给使用者的两个程序插入点，通过重写这两个方法，框架使用者可以完成自己希望做的工作，实现了对框架功能的增加。

## 19.2 相关知识

### 19.2.1 多态与框架

前面详细介绍了什么是多态，简单地说就是一个对象执行的方法与传给这个对象的实例相关，实例不同执行的方法不同。例如定义一个对象 p，调用 p.display()，对象 p 具体执行的是哪一个类的 display()方法，要到运行时候看传递给对象 p 的实例来确定。对象 p 可能有三种情况：第一种情况 p 是普通类对象，传递给 p 的实例可以是对象 p 的实例或者是对象 p 子孙类的实例；第二种情况 p 是抽象类对象，传递给 p 的实例是对象 p 子孙类的实例；第三种情况 p 是接口对象，传递给 p 的实例可以是实现这个接口的类或其子类实例。具体实例参见第 14 章、15 章和 16 章中的例子。

框架程序与之前写的程序有明显的不同，前面章节给出程序都是传统的程序，主要特点是后写的程序调用先写的程序。假设有两个方法 sin(a)和 display()，其中计算正弦函数方法 sin(a)是 Java 语言已经在 Math 类定义好的方法，定义格式如下：

```
public static double sin(double a)
```

而方法 display()是程序员自己写的一个方法，定义如下：

```
public void display(){
    System.out.println("正弦函数值 ="+Math.sin(1.2));
}
```

方法 display()中调用了 Java 基础类库已有的 Math 类中函数 sin(a)来实现自己的功能。

而在框架程序中,后写的程序可以插入到先写的框架程序中执行。例如上面例子中的框架包括 Person 类、Phone 类和两个类之间的购买关系,这个框架是先写好的程序。后写的程序 Student 类和 MobilePhone 类分别继承 Person 类和 Phone 类就可以了。使用框架程序 Student 类对象实例可以购买 MobilePhone 类对象实例,执行 Student 实例中的 display()方法和 MobilePhone 类实例的 print()方法。这样后写的 Student 类、MobilePhone 类就可以放到已有的框架中执行,从而实现了先写的框架调用后写程序。

### 19.2.2 依赖关系

仔细研究框架程序,基础的框架程序 Person 类里面有一个非常重要的方法:

```
public void buy(Phone phone)
```

这个方法把类 Person 和类 Phone 联系到一起,这两个类之间的关系就是第三种类间关系—依赖关系。Person 类依赖 Phone 类,如图 19.3 所示。

**图 19.3 Person 类与 Phone 类依赖关系**

当子类继承 Person 类时,方法 buy(Phone phone)被继承下来,成为子类的方法。同样,传递给这个方法的参数也可以是 Phone 子孙类的实例。通过这种方法类 Person 和类 Phone 的依赖关系也就被继承下来,从而实现了一个人购买电话的框架。不同类型的人只要继承类 Person,就可以购买任意类型的电话了(Phone 子孙类对象)。例如程序 19.5 中的程序段:

```
Phone phone=new MobilePhone("SAMSUNG", "13811111111");
Person s=new Student("张三", 23, 86);
s.buy(phone);
```

一个学生类 Student 的实例就可以购买一个 MobilePhone 对象实例。在实际的框架应用中,一般框架大多会使用接口或者抽象类定义,等到使用框架的时候再继承抽象类,实现相应的接口。

## 19.3 训练程序

参考 19.1 节中的框架程序,自己设计一个简单的 Java 框架。框架对常见的计算机处理问题过程进行抽象,处理过程分成三步:第一步输入、第二步进行处理、第三步输出。将这个过程抽象成一个简单框架,并应用这个简单的框架完成求和功能,输入两个数、求和、显示结果。

### 19.3.1 程序分析

这个应用程序首先需要设计一个框架。先分析一下，框架需要完成的工作应该有三项，分别是输入数据、数据处理和显示结果。

首先看输入数据，由于不知道实际应用中需要输入哪些数据，也不知道这些数据是从键盘输入、文件读入还是数据库中读取，因此可以设计一个抽象的输入接口。同样，设计抽象的处理接口和抽象的输出接口。

输入的数据需要进行保存，具体应用中需要输入什么类型的数据是未知的，具体输入多少个数据也是未知的，因此需要使用更通用的数据结构来存储这些数据。数据的处理结果也同样需要进行保存。本例中使用 Map 类型数据用于存储输入数据和处理结果数据，有关 Map 数据结构将在第 21 章中具体说明。

有了上面的框架，就可以设计具体的实现类来实现输入接口输入两个数据，实现处理接口完成求和功能，实现输出接口显示计算结果。最后设计测试类将实现类的实例传递给框架，显示运行结果。

### 19.3.2 参考程序

根据前面的分析，先来设计框架类程序。这个框架是一个自定义的简单框架，实现了计算机处理问题的过程，程序如 19.6 所示。

**【程序 19.6】** 框架类程序 MyFrame.java。

```
import java.util.Map;

public class MyFrame{
    public void run(InputAble ia, ProcessAble pa, OutputAble oa){
        Map inputMap=ia.input();
        Map resultMap=pa.doProcess(inputMap);
        oa.output(resultMap);
    }
}
```

在框架类 MyFrame 中只有一个 run 方法。run 方法有三个参数，分别是输入接口、处理接口和输出接口类型对象。方法中定义了计算机处理问题的过程，调用输入接口 InputAble 对象 ia 的方法 ia.input()，将输入数据存放到 inputMap 中。调用处理接口 ProcessAble 对象 pa 的方法 pa.doProcess(inputMap)，对 inputMap 中数据进行处理，将得到结果保存到 resultMap 中。最后调用输出接口 OutputAble 对象 oa 的方法 output (resultMap)，输出 resultMap 结果。

框架 MyFrame 定义了一个抽象的处理过程，这个处理过程分成三步：第一步是调用输入接口方法输入数据；第二步是调用处理接口方法完成数据处理；第三步是调用输出接口方法输出结果。具体的输入接口如程序 19.7 所示，处理接口如程序 19.8 所示，输出接口如程序 19.9 所示。

**【程序 19.7】** 输入接口程序 InputAble.java。

```
import java.util.Map;

public interface InputAble{
    public Map input();
}
```

**【程序 19.8】** 处理接口程序 ProcessAble.java。

```
import java.util.Map;

public interface ProcessAble{
    public Map doProcess(Map m);
}
```

**【程序 19.9】** 输出接口程序 OutputAble.java。

```
import java.util.Map;

public interface OutputAble{
    public void output(Map m);
}
```

程序 19.6～19.9 这四个程序定义了一个简单的处理过程框架。下面应用框架来实现求和功能,定义三个实现类：加法输入类,加法处理类和加法输出类,三个实现类分别实现输入接口、处理接口和输出接口。加法输入类如程序 19.10 所示。

**【程序 19.10】** 加法输入类程序 AddInput.java。

```
import java.util.Map;
import java.util.HashMap;

public class AddInput implements InputAble{
    public Map input(){
        Map inputMap=new HashMap();
        inputMap.put("PARA1", new Integer(10));
        inputMap.put("PARA2", new Integer(20));

        return inputMap;
    }
}
```

输入类 AddInput 实现了接口 InputAble,重写方法 input(),为了简化程序直接将两个整数放到输入结果 inputMap 对象中,读者可以自己修改这段程序,从键盘读入数据或者从其他渠道得到数据。相加操作的实现类如程序 19.11 所示。

**【程序 19.11】** 加法处理类程序 AddProcess. java。

```
import java.util.Map;
import java.util.HashMap;

public class AddProcess implements ProcessAble{
    public Map doProcess(Map m){
        Map resultMap=new HashMap();
        Integer a=(Integer)m.get("PARA1");
        Integer b=(Integer)m.get("PARA2");

        Integer c=a+b;

        resultMap.put("RESULT", c);

        return resultMap;
    }
}
```

加法处理类实现了接口 ProcessAble,重写它的方法 doProcess(Map m),完成加法运算,把结果放到 resultMap 对象中。输出结果实现类如程序 19.12 所示。

**【程序 19.12】** 加法输出类程序 AddOutput. java。

```
import java.util.Map;

public class AddOutput implements OutputAble{
    public void output(Map m){
        Integer c=(Integer)m.get("RESULT");
        System.out.println("result ="+c.toString());
    }
}
```

加法输出类实现了接口 OutputAble,重写它的方法 output(Map m),简单显示相加结果。最后在测试类中调用框架,显示结果,测试类如程序 19.13 所示。

**【程序 19.13】** 测试类程序 Test. java。

```
public class Test{
    public static void main(String [] args){
        MyFrame mf=new MyFrame();
```

```
        mf.run(
            new AddInput()
            , new AddProcess()
            , new AddOutput()
            );
    }
}
```

程序 19.13 运行结果如图 19.4 所示。

```
D:\program\unit19\19-3\3-1>javac Test.java

D:\program\unit19\19-3\3-1>java Test
result =30
```

**图 19.4 程序 19.13 运行结果**

下面详细说明程序 19.13 的执行过程。

第一步,测试类中先定义了框架类 MyFrame 对象 mf;

第二步,调用对象 mf 的 run 方法,该方法定义如下:

```
public void run(InputAble ia, ProcessAble pa, OutputAble oa)
```

第三步,实例化一个 AddInput 类对象,并将实例作为实参传递给形参 InputAble 接口对象 ia;同样实例化一个 AddProcess 类对象,并将实例作为实参传递给形参 ProcessAble 接口对象 pa;再实例化一个 AddOutput 类对象,并将实例作为实参传递给形参 OutputAble 接口对象 oa;

第四步,执行对象 mf 的 run 方法,调用接口 ia 的 input()方法,由于传递给该参数的实参是 AddInput 类对象实例,因此执行 AddInput 类的 input()方法,得到输入结果 10 和 20。

第五步,与第四步相类似,执行 AddProcess 类的 doProcess()方法,完成两个数相加,结果保存到 resultMap 中。

第六步,与第四步相类似,执行 AddOutput 类的方法 output(),显示相加结果,如图 19.4 所示。

## 19.4 拓展知识

### 19.4.1 框架设计

在第 6 章中讲到,如果有一段程序完成一个相对独立的功能就需要提取出来,形成一个单独的方法。为了提高提取后方法的通用性,需要给方法设计不同的参数,根据参数的数据不同得到不同的处理结果。通过方法提取可以把多个相似的程序段提取成一个方法,实现代码重用。

这个想法也可以推广一下，如果在程序设计中，有很多处理流程都相近或者是相似，是否可以把这些处理流程的公共部分提取出来？答案是肯定的。提取后的通用处理流程就是框架。框架包括一组包、多个类和接口，是高度重用的软件半成品，用于解决某一类的问题。

一般框架包括一些业务流程控制类，各种接口和抽象类。使用框架的应用软件可以继承这些抽象类，实现接口，完成具体业务流程。框架结构如图 19.5 所示。

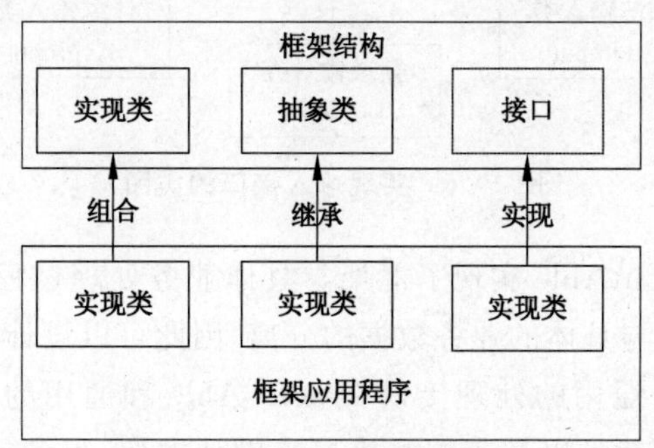


图 19.5　框架结构与应用示意图

图 19.5 上半部分是框架，框架包括实现类、抽象类和接口，多数框架都有这三个部分，至少有实现类和接口两个部分。例如 19.3 节的框架就包括一个框架流程控制类 MyFrame 和三个接口 InputAble、ProcessAble、OutputAble。这三个接口是相似的业务流程中操作的抽象。框架中的流程控制类完成相似流程的处理过程。

图 19.5 的下半部分是使用框架的应用程序，需要实现框架中的接口，继承框架中的抽象类，并重写其中的抽象方法。例如 19.3 节中的具体应用程序加法运算，就设计了输入类 AddInput、加法操作类 AddProcess 和输出类 AddOutput，分别实现了输入接口 InputAble.java、处理接口 ProcessAble.java 和输出接口 OutputAble.java。在测试类中定义框架类 MyFrame 对象 mf，调用 mf 的 run 方法完成加法功能。

### 19.4.2　框架设计讨论

框架用于解决同一类应用中的相似处理流程的代码复用问题。刚开始编写程序的时候，遇到这类问题基本上采用粘贴复制代码的方法，通过不断复制和修改现有代码来实现相似流程的处理功能。但随着时间的推移，程序变得越来越大，这时候如果想对流程做一些修改就很麻烦了，需要修改以前所有复制过的代码，对程序员来说这个工作是痛苦的。更痛苦的是修改过程可能引入错误，程序修改越多出错的可能性越大。

如果能够对这些相似流程进行分析，抽取出流程中的不变部分，抽象出相应的接口，设计成框架就可以有效解决这一问题。例如 19.3 节中的输入接口 InputAble 就是输入过程数据抽象。不同的问题输入数据可能千差万别，例如加法操作需要输入两个数，登录操作需要输入用户名和密码，计算学生平均成绩则需要输入学生的成绩。它们的共同之处是获取数据，因此抽象成一个输入接口。抽象的接口得到的输入数据也应该是抽象的，原因是不知道具体数据的格式，数据的个数等等，因此使用一个抽象的数据类型 Map 来保存数据。不管是什么样的输入数据都保存在 Map 对象中。而把具体变化的部分保留到对应实现类中实现,经过抽象的类图如图 19.6 所示。

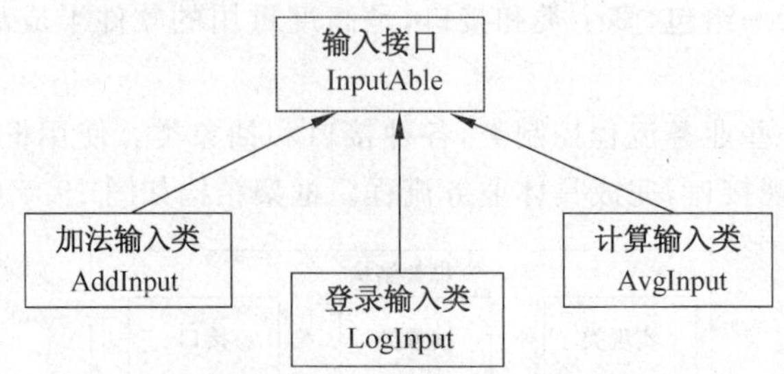


**图 19.6 实现输入接口的类图**

抽象后输入接口 InputAble 实现了框架与具体业务处理过程的分离,抽象后数据类型 Map 实现了框架数据与具体的业务数据的分离,因此可以设计出通用的框架。

同样,也可以抽象出通用的处理接口 ProcessAble 和通用的输出接口 OutputAble。这些接口是稳定不变的,就可以基于这些接口来设计框架,得到框架类 MyFrame。这样得到的框架就可以实现各种类型数据的输入、处理和输出。

框架设计首先会用到抽象原则,分离公开接口和接口具体实现,接口对外开放,由实现接口的实现类完成实现细节的封装。框架设计中还会用到依赖翻转原则(Dependency Inversion Principle,DIP),让框架依赖稳定的接口。其他的原则还有单一职责原则(Single Responsibility Principle,SRP)、开闭原则(Open-Closed Principle,OCP)、里氏替代原则(Liskov Substitution Principle, LSP)和接口分离原则(Interface Segragation Principle,ISP)等。

## 19.5 实做程序

1. 修改 19.1 节程序,给手机类 MobilePhone 类增加两个子类,智能手机 SmartPhone 和普通手机 OrdinalPhone,各自增加一个属性,应用 19.1 节的框架实现学生购买智能手机程序。

要点提示:

(1) SmartPhone 类继承 MobilePhone 类,增加一个属性微信号,修改显示方法,增加显示微信号;

(2) OrdinalPhone 类继承 MobilePhone 类,增加一个属性型号,修改显示方法,增加显示型号;

(3) 参考 19.1 节测试类程序,定义 SmartPhone 类和 OrdinalPhone 类对象实例,购买对应手机。

2. 在第 1 题程序的基础上,增加一个教师类 Teacher 继承 Person 类,应用框架实现教师购买普通手机的程序。

要点提示:

(1) Teacher 类继承 Person 类；

(2) Teacher 类对象调用 buy 方法实现购买。

3. 应用 19.3 节设计的框架实现用户登录功能，输入用户名和密码，判断是否与给定用户名和密码一致，显示是否登录成功。

要点提示：

(1) 输入实现类保存用户名和密码；

(2) 处理实现类判断用户名和密码是否正确，用户名和密码可以分别使用一个设定的字符串。例如，用户名 shangsan，密码 123；

(3) 输出实现类显示登录结果：登录成功或者失败，显示提示字符串；

(4) 参考程序 19.13 编写测试类。

# 第 20 章 带配置文件的框架

**学习目标**

- 了解 Java 反射机制的工作原理；
- 掌握应该用反射机制使用配置文件来配置实现类的方法；
- 理解配置框架中实现类的思路。

## 20.1 示例程序

### 20.1.1 装入 Person 类

在 19.1 节中实现了简单的框架，应用这个框架时需要给框架传递相应的实例。例如程序 19.5 中测试类的 Student 类实例和 MobilePhone 类实例。这些类的实例化过程是写在程序中的，能否把它们设计的再灵活一些呢？例如，有一天想使用 Teacher 类的实例来替换类 Student 的实例，而又不想修改和重新编译程序是否可以做到呢？答案是肯定的。这就用到了 Java 提供的反射机制。新建一个测试类 TestNew，程序如 20.1 所示。

**【程序 20.1】** 装入类程序 TestNew. java。

```
import java.lang.reflect.Method;
public class TestNew{
    public static void main(String args[]){
        String className="people.Person";
        String methodName="display";
        try {
            Class para[]=new Class[0];
            Object ob[]=new Object[0];

            Class theObject=Class.forName(className);
            Object theInst=(Object)theObject.newInstance();

            Method theMethod=theObject.getMethod(methodName,para);
            Object returnObject=theMethod.invoke(theInst,ob);
        } catch(Throwable e){
            System.err.println(e);
```

```
        }
    }
}
```

本章之前的所有程序，当程序中用到某一个类时，Java 虚拟机会负责装入该类。程序 20.1 完成了用户自己装入指定类的功能。语句：

```
Class theObject=Class.forName(className);
```

负责装入由变量 className 指定的类，参数 className 指定要装入类的类名，是带包名的全限定名，例如"people. Person"。语句定义了类 Class 的对象 theObject，指向装入的类 people. Person 的 Class 实例。语句：

```
Object theInst=(Object)theObject.newInstance();
```

定义一个 Object 类对象 theInst，theObject. newInstance()调用 Person 类的无参构造方法，得到一个 Person 类的实例，赋给对象 theInst。语句：

```
Method theMethod=theObject.getMethod(methodName,para);
```

定义了类 Method 对象 theMethod，调用 getMethod(methodName，para)得到类 Person 的 display()方法，在 para 定义了 display()方法的参数，这里面定义为空数组，表示没有参数。语句：

```
Object returnObject=theMethod.invoke(theInst,ob);
```

完成调用 Person 类的 display()方法功能。为了让程序能够正确运行，对 people 包中的 Person 类做了修改，修改后的 Person 类程序 20.2 所示。

**【程序 20.2】** 修改后的 Person 类程序 Person. java。

```
package people;
public class Person{
    private String name;
    private int age;
    public Person(){
    }
    public Person(String name, int age){
        this.name=name;
        this.age=age;
    }

    public String getName(){
        return name;
    }
    public void setName(String name){
        this.name=name;
```

```
    }

    public int getAge(){
        return age;
    }
    public void setAge(int age){
        this.age=age;
    }

    public void display(){
        System.out.println("姓名 ="+name);
    }
}
```

上面的 Person 类中增加了无参的构造方法,并且为了方便对类 Person 的属性进行访问定义了所有属性的置取方法。程序 20.1 运行结果如图 20.1 所示。

```
D:\program\unit20\20-1\1-1>java TestNew
姓名 =null
```

**图 20.1 程序 20.1 运行结果**

程序 20.1 中 TestNew 类 main 方法中的语句等价于下面两条语句:

```
Person p=new Person();
p.display();
```

为什么不使用简单的这两条语句,而要大费周章地写一大堆语句来实现呢?仔细对比两段程序,程序 20.1 中类名和方法名都是作为一个字符串出现的,而后面的语句是将类名 Person 和方法名 display 都是定义为标识符,直接写到程序中。前面写法可以提高程序的灵活性,例如可以把类名和方法名作为字符串传过来进行处理。

### 20.1.2 显示名字

程序 20.1 和程序 20.2 成功地实例化了 Person 类,调用了它的方法 display(),但是显示的名字为空。如果想显示一个人的名字就需要调用属性设置方法,设置属性 name 的值,修改后 TestNew 类如程序 20.3 所示。

**【程序 20.3】** 显示姓名的程序 TestNew.java。

```
import java.lang.reflect.Method;
public class TestNew{
    public static void main(String args[]){
        String className="people.Person";
        String methodName="display";
```

```
        try {
            Class theObject=Class.forName(className);
            Object theInst=(Object)theObject.newInstance();

            Class zs[]=new Class[1];
            zs[0]=String.class;
            Method setZs=theObject.getMethod(new String("setName"), zs);
            Object zsPara[]=new Object[1];
            zsPara[0]=new String("张三");
            Object returnObject=setZs.invoke(theInst,zsPara);

            Class para[]=new Class[0];
            Object ob[]=new Object[0];
            Method theMethod=theObject.getMethod(methodName,para);
            returnObject=theMethod.invoke(theInst,ob);
        } catch(Throwable e){
            System.err.println(e);
        }
    }
}
```

程序 20.3 中的语句：

```
Class zs[]=new Class[1];
```

定义一个 Class 数组，用来存储方法的形参，由于要访问的方法 setName 只有一个参数，因此定义数组长度为 1。语句：

```
zs[0]=String.class;
```

用于指定第一个形参为 String 类型。语句：

```
Method setZs=theObject.getMethod(new String("setName"), zs);
```

得到方法名为 setName，方法参数放在 zs 中。语句：

```
Object zsPara[]=new Object[1];
```

定义一个 Object 数组，用来存放方法 setName 的实参，数组长度为 1，表示只有一个实参。语句：

```
zsPara[0]=new String("张三");
```

定义第一个实参的数值为："张三"。语句：

```
returnObject=setZs.invoke(theInst,zsPara);
```

调用 setName 方法，调用方法使用的实参存放在数组 zsPara 中。程序 20.3 其他部分与前面例子相同,程序运行结果如图 20.2 所示。

```
D:\program\unit20\20-1\1-2>java TestNew
姓名 =张三
```

**图 20.2　程序 20.3 运行结果**

# 20.2 相关知识

## 20.2.1 反射机制

反射机制是 Java 程序设计语言的特征之一,它允许用户自己模拟虚拟机来装入一个类,初始化一个类,查看类的属性和方法,并调用其中的方法。恰当地应用 Java 的这一能力在实际应用中可以设计出更有威力的程序。

对于一个类的构造函数、属性和方法,java.lang.Class 提供四种独立的反射调用,以不同的方式来获得构造函数、属性和方法的信息。这些调用都使用统一的格式。下面是用于查找构造函数的四个反射调用:

- Constructor getConstructor(Class[] params),获得使用指定参数类型的公共构造函数对象。
- Constructor[] getConstructors() ,获得类的所有公共构造函数,得到一个构造函数对象的数组。
- Constructor getDeclaredConstructor(Class[] params),获得使用指定参数类型的构造函数对象。
- Constructor[] getDeclaredConstructors(),获得类的所有构造函数,得到一个构造函数对象的数组。

获得类的属性信息的反射调用与获取构造函数的调用不同,在参数类型数组中可以使用属性的名字,四个用于查找属性的反射调用是:

- Field getField(String name),获得参数 name 所指定的公有属性。
- Field[] getFields(),获得类的所有公有属性,得到的属性放到一个 Field 数组中。
- Field getDeclaredField(String name),获得一个类中声明名字为 name 的属性。
- Field[] getDeclaredFields(),获得一个类中声明的所有属性,得到的属性放到一个 Field 数组中。

四个用于获得方法的反射调用:

- Method getMethod(String name, Class[] params),使用特定的参数类型,获得指定名称的公有方法。
- Method[] getMethods(),获得类的所有公有方法,返回的方法放到一个 Method 数组中。
- Method getDeclaredMethod(String name, Class[] params),使用特定的参数类型,获得类声明的指定方法。
- Method[] getDeclaredMethods(),获得类声明的所有方法,返回的方法放在一个

Method 数组中。

使用反射机制获取一个类的信息需要三步：

第一步，获得想操作类的 java.lang.Class 对象；

第二步，调用诸如 getDeclaredMethods 的方法，以取得该类中定义的所有方法和属性的列表；

第三步，使用反射的 API 来操作这些信息。

使用反射机制可以对类进行动态调用，使用这种方法可以编写更复杂的框架程序。下一节将给出一个例子，结合到框架，可以把程序类名和方法名作为参数配置到一个文件中，通过解析配置文件就可以运行相应的方法。还可以通过修改配置文件，增加新的类和方法的调用，这个类可以在以后的任何时候编写，最终实现了程序的动态配置。

### 20.2.2 反射机制应用

反射机制用到一个特殊的 Class 类，它是包 java.lang 中的一个类，用于封装被装入到 Java 虚拟机中的类或者接口信息。当一个类或接口被装入 Java 虚拟机，就会产生一个与之关联的 Class 类对象，可以通过这个 Class 对象对被装入类的详细信息进行访问。

程序 20.3 中用到了两种方法获取某一个类所对应的 Class 对象。第一种方法使用 Class 类的 forName()方法得到一个 Class 对象，例如语句：

```
Class theObject=Class.forName(className);
```

第二种方法是使用.class 的方式，例如语句：

```
zs[0]=String.class;
```

String.class 返回与 String 类对应的 Class 对象。反射机制用到的另一个类就是 Field 类，代表类的属性。程序 20.3 不需要访问装入类的属性，因此没有用到这个类。反射机制还用到了 Method 类用来代表装入类的方法，用到 Constructor 类代表装入类的构造方法。

## 20.3 训练程序

程序 20.1 中需要用到的类名和方法名都放在了程序的字符串变量中。为了提高灵活性可以把这些字符串放到配置文件中，使用配置文件读取程序将需要的字符串读到程序中。

### 20.3.1 程序分析

首先需要定义一个配置文件 framework.cfg，配置文件包括多行，每一行配置一个参数，具体配置多少个参数根据需要来确定，参数配置格式为：

```
参数名=参数值
```

本例中需要配置三个参数，类名、方法名和人名，参数名字定义为 class、method 和

name。接着需要定义一个类来解析配置文件,将配置文件的参数值读取出来。解析文件核心是从配置文件中读取三行,将每行对应的参数值解析后保存在对象的属性中。

修改程序 20.3,定义一个配置文件,将所有需要的配置信息保存在配置文件中,程序从配置文件读取相关配置信息,达到灵活配置的目的。

### 20.3.2 参考程序

**【程序 20.4】** 配置文件 framework. cfg。

```
class=people.Person
method=display
name=张三
```

**【程序 20.5】** 解析配置文件类程序 FrameworkConfig. java。

```
import java.io.FileReader;
import java.io.BufferedReader;
import java.io.IOException;

public class FrameworkConfig{
    private String fileName;
    private String className;
    private String methodName;
    private String theName;

    public FrameworkConfig(String fileName){
        this.fileName=fileName;
    }

    public String getClassName(){
        return className;
    }
    public String getMethodName(){
        return methodName;
    }
    public String getTheName(){
        return theName;
    }

    public void parse(){
        try{
            FileReader fr=new FileReader(fileName);
            BufferedReader br=new BufferedReader(fr);
```

```
            String content=br.readLine();
            className=getConfigValue("class", content);
            content=br.readLine();
            methodName=getConfigValue("method", content);
            content=br.readLine();
            theName=getConfigValue("name", content);
        }
        catch(IOException e){
            System.out.println("I/O 错误");
        }
    }

    public String getConfigValue(String theKey, String content){

        String theValue="";
        String [] result=content.split("=");
        String newKey=result[0];
        newKey=newKey.trim();

        if(theKey.equals(newKey)){
            theValue=result[1];
            theValue=theValue.trim();
        }
        return theValue;
    }
}
```

**【程序 20.6】** 修改后的测试类程序 TestNew.java。

```
import java.lang.reflect.Method;
public class TestNew{
    public static void main(String args[]){
        String className="";
        String methodName="";
        String theName="";

        FrameworkConfig fc=new FrameworkConfig("framework.cfg");
        fc.parse();
        className=fc.getClassName();
        methodName=fc.getMethodName();
        theName=fc.getTheName();

        try {
```

```
            Class theObject=Class.forName(className);
            Object theInst=(Object)theObject.newInstance();

            Class zs[]=new Class[1];
            zs[0]=String.class;
            Method setZs=theObject.getMethod(new String("setName"), zs);
            Object zsPara[]=new Object[1];
            zsPara[0]=new String(theName);
            Object returnObject=setZs.invoke(theInst,zsPara);

            Class para[]=new Class[0];
            Object ob[]=new Object[0];
            Method theMethod=theObject.getMethod(methodName,para);
            returnObject=theMethod.invoke(theInst,ob);
        } catch(Throwable e){
            System.err.println(e);
        }
    }
}
```

程序 20.6 的运行结果如 20.3 所示。

```
D:\program\unit20\20-3\3-1>java TestNew
My name =张三
```

图 20.3 程序 20.6 运行结果

使用配置文件提高了程序的灵活性，如果想把 Person 类换成其他类，不需要重新编译程序，只需要修改配置文件，如将装入的类名改为 Student，配置文件如程序 20.7 所示。

【程序 20.7】 修改后的配置文件 framework.cfg。

```
class=people.Student
method=display
name=张三
```

为了方便调试程序，给出学生类的源程序。注意，需要单独编译类 Student 对应的 Java 程序，编译后的结果 Student.class 文件保存在 people 目录下。

【程序 20.8】 学生类程序 Student.java。

```
package people;

public class Student extends Person{
    private double grade;
```

```
        public Student(){
        }

        public Student(String name, int age, double grade){
            super(name, age);
            this.grade=grade;
        }
        public void display(){
            System.out.println("学生姓名 ="+getName());
        }
    }
```

再次运行程序 20.6,运行结果如图 20.4 所示。

```
D:\program\unit20\20-3\3-2>java TestNew
学生姓名 =张三
```

图 20.4 程序 20.6 运行结果

从图 20.4 可以看出在没有修改程序 20.6 的情况下,修改配置文件将装入类修改为 Student,则执行 Student 类对象的 display()方法。程序 20.5 的配置文件解析程序涉及到文件的操作,可以参见第 22 章关于 I/O 操作的内容。

## 20.4 拓 展 知 识

### 20.4.1 反射机制讨论

反射机制被广泛地用于那些需要在运行时检测或修改程序行为的程序中,例如单元测试工具和各种 Java 框架。这是一个相对高级的特性,如果想用好它就需要语言基础非常扎实。反射机制是非常强大的技术,可以让应用程序做一些几乎不可能做到的事情。同时反射机制也带来了一些问题。

首先,Java 反射机制破坏了 Java 的封装性,通过反射机制可以看到一个 Java 类所有的属性和方法,而封装是 Java 语言的基本特征,也是 Java 安全的必要保证,因此应用反射机制可能带来安全上的问题。

其次,失去了类型检查带来的好处。Java 是强类型语言,在编译时对所有类型进行检查,可以及时发现各种潜在的错误。而反射机制使得很多编译时可以发现的错误推迟到运行时才表现出来,影响程序的健壮性。另外使用反射机制使得程序代码变得冗长难读,不方便程序阅读和修改。

最后就是性能上的问题。反射包括了一些动态类型,所以 JVM 无法对这些代码进行优化。因此,反射操作的效率要比那些非反射操作低得多。根据有些人的测试结果,执行时间是普通代码的几倍到几十倍,具体与使用的软硬件环境相关。因此应该避免在经常执行的代码或对性能要求很高的程序中使用反射。

可以简单做个总结，在那些必需的场合可以使用反射技术，以便设计出功能强大的程序。但是一定要小心，除非必要，尽量不要使用。

### 20.4.2 配置文件

在20.3节中用到的配置文件是简单的文本文件，配置文件的解析程序也是自己写的一个简单的文件读取处理类。在实际应用中更多是使用XML文件作为配置文件。XML(eXtensible Markup Language)意为可扩展标记语言，它已经被软件开发行业中大多数程序员和厂商选择作为数据传输的载体。最初的XML语言仅仅是意图用来作为HTML语言的替代品而出现的，但是随着该语言的不断发展和完善，XML现在已经成为一种通用的数据交换格式，它的平台无关性、语言无关性、系统无关性给数据集成与交互带来了极大的方便。例如程序20.7给出的配置文件framework.cfg可以修改为如下的XML配置文件。

```
<?xml version="1.0" encoding="UTF-8"?>
<DemoFrame>
    <Item name="class">people.Student</Item>
    <Item name="method">display</Item>
    <Item name="name">zhangsan</Item>
</DemoFrame>
```

对于XML本身的语法知识与技术细节需要阅读相关的技术文献。XML基本的解析方式有两种，一种是SAX，另一种是DOM。SAX是基于事件流的解析，DOM是基于XML文档树结构的解析。常用的解析软件包有四个：第一个是DOM生成和解析XML文档，第二个是SAX生成和解析XML文档，第三个是DOM4J生成和解析XML文档，第四个是JDOM生成和解析XML。目前常用的Java解析软件包是DOM4J。

## 20.5 实做程序

1. 修改第19章实做程序第1题，修改程序20.7配置文件内容，配置电话类Phone的子类MobilePhone完成需要的功能，显示电话号码。

要点提示：

(1) 在原有程序基础上修改配置文件；

(2) 参考程序20.5设计配置文件解析文件；

(3) 修改测试程序，从配置文件中得到实现类MobilePhone；

(4) 使用反射机制装入类，执行类MobilePhone的方法显示电话号码。

2. 修改第19章训练程序，增加配置文件来配置需要实现功能的具体实现类，包括加法输入类、加法处理类和加法输出类。

要点提示：

(1) 在原有程序基础上增加配置文件；

(2) 参考程序 20.5 设计配置文件解析文件；

(3) 修改测试程序，从配置文件中得到实现类；

(4) 使用反射机制装入类执行。

# 第三篇

# Java 应用开发

第三篇是在前两篇的基础上学习如何应用 Java 语言来开发规模更大的程序，解决一些实际应用的问题。本篇共 5 章，从学生成绩排序开始讲起，介绍基本的排序方法，以及应用集合类提供的排序方法实现排序；接下来介绍如何把学生的信息保存起来，分别实现了保存到文件和保存到数据库两种方法，并实现了对存储数据的读取和修改；为了更直观地查看学生信息和成绩，进一步实现了图形界面的学生成绩管理；最后介绍了基于网络应用的客户机/服务器结构的学生成绩管理，并改进为多线程的学生成绩查询。这5 章的内容既相互独立，又相互关联，层层推进，最终完成一个具有一定实用价值的学生成绩管理系统。

本篇通过以做带学的方式进行介绍，先给出一个学习任务，然后是完成这个任务的程序和实现过程。读者可以先按照书中的实例完成这个任务，得到结果后，如果还对程序有疑问，再参看后面给出的代码解释。在完全清楚程序的实现过程后，还可以按照要求对现有程序进行扩充，以便测试自己是否真正掌握了这个程序的要领。

希望读者在完成本篇的学习之后，能够进入到 Java 的世界，可以独立应用 Java 语言编写程序来解决一些简单的实际问题。本书所列内容只涉及到常用的 Java 语言知识，如果读者在学完本书后能够通过查阅 Java 的 API 文档和利用网上资源自主学习其他知识，相信一定会迅速成长为一名合格的 Java 程序员。

# 第21章 学生成绩排序输出

**学习目标**

- 了解Java集合类的主要接口和类，了解集合类的主要用途；
- 能够应用数组和ArrayList实现冒泡排序；
- 能够应用Collections类实现自动排序；
- 能够应用HashMap实现通用输出功能；
- 掌握基于Java类库的编程方法。

## 21.1 开发任务

本章完成两个开发任务。第一个开发任务是实现对一个班级的学生按照成绩从小到大排序，并按照排序结果输出学生信息。假定一个班级有5名学生，程序运行效果如图21.1所示。这个任务将给出三种不同的方法分别实现：第一种方法利用对象数组存储学生信息，使用冒泡排序算法实现排序；第二种方法利用List存储学生信息，使用冒泡排序算法进行排序；第三种方法利用Comparator接口和Collections类，实现自动排序。

第二个开发任务是实现一个通用的数据输出方法，能够对学生成绩和教师工资两种不同类型的数据使用同一个方法进行输出，程序运行效果如图21.2所示。

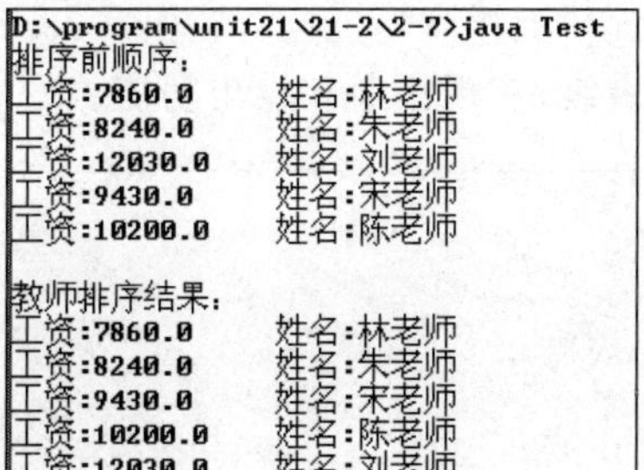

```
D:\program\unit21\21-2\2-7>java Test
排序前顺序:
工资:7860.0      姓名:林老师
工资:8240.0      姓名:朱老师
工资:12030.0     姓名:刘老师
工资:9430.0      姓名:宋老师
工资:10200.0     姓名:陈老师

教师排序结果:
工资:7860.0      姓名:林老师
工资:8240.0      姓名:朱老师
工资:9430.0      姓名:宋老师
工资:10200.0     姓名:陈老师
工资:12030.0     姓名:刘老师
```

图21.1 成绩排序功能

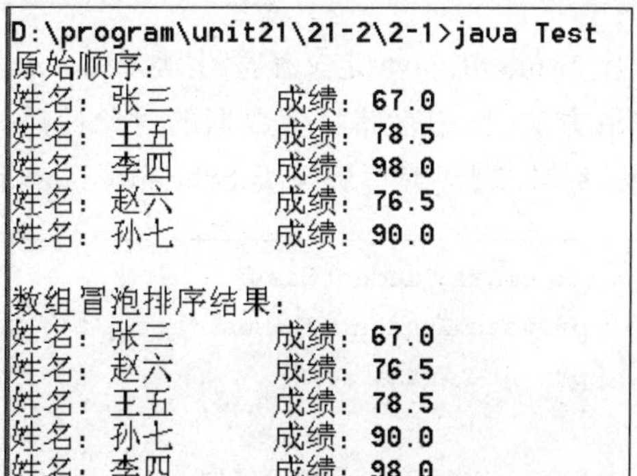

```
D:\program\unit21\21-2\2-1>java Test
原始顺序:
姓名: 张三        成绩: 67.0
姓名: 王五        成绩: 78.5
姓名: 李四        成绩: 98.0
姓名: 赵六        成绩: 76.5
姓名: 孙七        成绩: 90.0

数组冒泡排序结果:
姓名: 张三        成绩: 67.0
姓名: 赵六        成绩: 76.5
姓名: 王五        成绩: 78.5
姓名: 孙七        成绩: 90.0
姓名: 李四        成绩: 98.0
```

图21.2 通用输出功能

## 21.2 程序实现及分析

要实现学生成绩的排序,需要从两个方面来考虑如何设计程序。第一个方面是选择数据存储方式,就是用什么样的数据结构来存储需要排序的数据;第二个方面是选择什么样的排序方式和方法,选择不同则实现程序也有所不同。下面给出三种常见的实现方法。

### 21.2.1 数组排序

第一种方法是采用对象数组的方式来存储学生对象,定义一个班级类,每个班中有多个学生,使用数组来保存班级中的学生。选择冒泡排序算法实现对班级中的学生按照成绩从小到大进行排列。通过以上分析可以看出需要定义学生类 Student 和班级类 StudentClass 来实现这个功能。

**1. 程序实现**

**【程序 21.1】** 编写学生类 Student,用于封装学生基本信息。

```
public class Student{
    private String name;
    private int age;
    private double grade;
    public Student(String name, int age, double grade){
        this.name=name;
        this.age=age;
        this.grade=grade;
    }
    //此处省略置取方法
}
```

程序 Student.java 定义了学生类 Student,学生类是一个值对象类,包括学生基本信息和置取方法,作为存储学生数据的对象使用。

**【程序 21.2】** 编写班级类 StudentClass,创建班级,实现排序和输出功能。

```
public class StudentClass{
    private Student[] stus;
    private int size;

    public StudentClass(){
        size=0;
        stus=null;
    }

    public void createClass(){
```

```
        String names[]={ "张三", "王五", "李四", "赵六", "孙七" };
        double grades[]={ 67, 78.5, 98, 76.5, 90 };
        int ages[]={ 17, 18, 18, 19, 17 };

        size=names.length;

        stus=new Student[size];

        for(int i=0; i<size; i++){
            stus[i] =new Student(names[i], ages[i], grades[i]);
        }
    }
    public void sort(){
        Student temp;
        //冒泡排序
        for(int i=0; i<size-1; i++){
            for(int j=1; j<size-i; j++){
                if(stus[j-1].getGrade()>stus[j].getGrade()){
                                                              //比较两个整数的大小
                    temp=stus[j-1];
                    stus[j-1]=stus[j];
                    stus[j]=temp;
                }
            }
        }
    }

    public String output(){
        StringBuilder studentInfo=new StringBuilder();
        for(int i=0; i<size; i++){
            studentInfo.append("姓名:"+stus[i].getName()+"\t成绩:"
                +stus[i].getGrade()+"\r\n");
        }
        return studentInfo.toString();
    }
}
```

班级类定义两个私有属性：

- 学生类数组 stus,用来保存班级中的学生；
- 班级人数 size,用来保存一个班级中学生的人数。

班级类定义了三个方法：

- 创建班级方法：createClass()。

- 排序方法：sort()。
- 输出方法：output()。

在创建班级方法 createClass()中定义了三个数组 names、grades 和 ages，分别存放一个班级中 5 名学生的姓名、成绩和年龄信息。获取 names 数组的长度作为班级人数，根据班级人数创建班级 stus，使用前面定义的三个数组的信息初始化 stus 的属性。

排序方法 sort ()实现了冒泡排序算法，根据各个 Student 对象的 grade 属性值大小将 stus 数组的元素从小到大进行排序。冒泡排序是一种简单的排序算法。它的处理逻辑是，算法每次比较相邻的两个元素，如果前面元素大就进行交换，通过不断交换实现排序。数值大的元素会像气泡一样经过交换慢慢向上"冒泡"到顶端，因此称为冒泡算法。使用冒泡排序算法排序的主要步骤如下：

第一步，比较相邻的元素，如果前面元素比后面元素大，就进行交换；

第二步，对每一对相邻元素作同样的工作，从第一对开始到最后一对结束，这样最后的元素就是最大的数；

第三步，针对除了最后一个之外的元素重复以上步骤，直到完成排序。

输出方法 output()将班级学生数组中需要输出的学生信息拼接成字符串返回。该方法用到了一个类 StringBuilder，该类用于操作字符串，是效率比较高的字符串操作类，本例中使用 StringBuilder 类对象 studentInfo 的 append()方法来完成字符串的拼接操作。

**【程序 21.3】** 测试类程序 Test.java。

```
public class Test {
    public static void main(String[] args){
        //创建班级对象
        StudentClass sClass=new StudentClass();

        //给班级添加学生
        sClass.createClass();

        //排序前输出
        System.out.println("原始顺序:");
        System.out.println(sClass.output());

        //冒泡排序
        sClass.sort();

        //排序后输出
        System.out.println("数组冒泡排序结果:");
        System.out.println(sClass.output());
    }
}
```

编译和运行程序21.3测试类Test，原始顺序的学生成绩数据和排序后的结果如图21.3所示。

```
D:\program\unit21\21-2\2-1>javac Test.java

D:\program\unit21\21-2\2-1>java Test
原始顺序：
姓名：张三        成绩：67.0
姓名：王五        成绩：78.5
姓名：李四        成绩：98.0
姓名：赵六        成绩：76.5
姓名：孙七        成绩：90.0

数组冒泡排序结果：
姓名：张三        成绩：67.0
姓名：赵六        成绩：76.5
姓名：王五        成绩：78.5
姓名：孙七        成绩：90.0
姓名：李四        成绩：98.0
```

**图21.3　数组冒泡排序**

**2. 代码分析**

程序从测试类Test的main()方法开始执行，执行过程如下：

第一步，定义班级类StudentClass对象sClass，并进行实例化；

第二步，调用对象sClass的方法createClass()，使用方法中给定的班级中5个学生数据创建5个学生对象，添加到班级对象sClass中；

第三步，调用对象sClass的方法output()，显示排序前班级中的学生信息，图21.3的上半部分显示了班级原始的学生顺序；

第四步，调用对象sClass的方法sort()，对班级中的学生按照成绩属性grade进行排序，注意排序后的学生对象还是保存在对象sClass的属性stus中；

第五步，调用对象sClass的方法output()，显示排序后班级中的学生信息，如图21.3的下半部分所示。

在main()方法中，依次调用之前各个类中所实现的方法，通过准备原始数据、输出原始数据、进行冒泡排序、输出排序结果，最终实现所要求的排序功能。

**3. 改进和完善**

本例中使用数组来保存各个Student对象，利用冒泡排序算法编程实现学生成绩排序功能。但是，这种实现方法有两个不足：第一个是使用数组来存储班级中学生信息，当学生人数发生变化时，程序需要做较大改动才能实现；第二个就是实现方法是个传统的方法，没能够体现Java语言的特色。

下面详细说明第一个不足。假设班级新增加了一个学生，上面的程序在创建班级时，已经将班级人数设定为5，所以很难给班级增加新的学生。要解决这个问题，当然可以在创建数组时，将数组长度预先设定为一个比较大的数字(比如100)，这样可以应付学生数量不超过100时的需要。但是这个数字的选择并不容易。选小了会导致存储空间不够，选大了又会浪费。另外，如果要减少一个学生，处理起来也会比较繁琐。读者可以尝试编程实现增加或减少一个学生再重新排序的功能，体会一下具体会带来哪些麻烦。

事实上，在Java基础类库中已经编写了大量的类，直接应用这些基础类就可以解决编程中遇到的很多常见问题。学习 Java 编程，首先就要熟悉这些基础类库。在完成开发任务时应该尽可能使用 Java 类库中已有的类，只有在找不到合适的类时，才需要自己编写代码去实现。

回到刚才提到的问题，即如果班级中学生数量不确定，Java 类库中有没有可用的类来解决这个问题呢？答案是肯定的。可以使用 Java 中的集合类来处理这个问题。

### 21.2.2 List 排序

Java 语言提供了 List 接口，表示元素可以重复的一个广义线性表。它的一个具体的实现类是 ArrayList，是长度可变的数组，可以对数组中的元素随机访问、插入和删除。因此可以定义 ArrayList 类对象来存放班级中的若干个学生对象，然后利用冒泡排序算法实现按成绩排序功能。

**1. 程序实现**

学生类程序 Student. java 不变，不再列出。程序 StudentClass. java 中存储学生的数据结构由对象数组变成了 ArrayList 对象，创建班级、排序和输出的方法也都做了改变，修改后的程序如 21. 4 所示。

**【程序 21. 4】** 修改后的班级类 StudentClass，实现创建班级、排序和输出功能。

```
import java.util.List;
import java.util.ArrayList;

public class StudentClass{

    private List<Student> stuList;
    private int size;

    public StudentClass(){
        size=0;
        stuList=null;
    }

    public void createClass(){
        String names[]={ "张三", "王五", "李四", "赵六", "孙七" };
        double grades[]={ 67, 78.5, 98, 76.5, 90 };
        int ages[]={ 17, 18, 18, 19, 17 };

        size=names.length;

        stuList=new ArrayList<Student>();
        Student temp;

        for(int i=0; i<size; i++){
```

```
            temp=new Student(names[i], ages[i], grades[i]);
            stuList.add(temp);
        }
    }

    public void sort(){
        Student temp;
        //冒泡排序
        for(int i=0; i<size; i++){
            for(int j=1; j<size-i; j++){
                if(stuList.get(j-1).getGrade()>stuList.get(j).getGrade()){
                    temp=stuList.get(j-1);
                    stuList.set(j-1, stuList.get(j));
                    stuList.set(j,temp);
                }
            }
        }
    }

    public String output(){
        StringBuilder studentInfo=new StringBuilder();

        for(Student stu : stuList){
            studentInfo.append("姓名:"+stu.getName()
                +"\t 成绩:"+stu.getGrade()+"\r\n");
        }

        return studentInfo.toString();
    }
}
```

班级类定义两个私有属性，由于存储学生信息的数据机制变了，因此存储学生信息的属性修改为：

```
private List<Student>stuList;
```

定义一个 List 接口对象 stuList 来保存班级中的学生，该定义中用到了泛型，就是<>中给出的类型。泛型用来指定集合类中元素的具体类型，定义时可以略去。上例中定义的 List 对象元素是 Student 类型。Java 集合类基本都支持泛型，例如后面用到的比较器接口 Comparator<Student>，有关泛型的详细信息请参考相关资料。另一个属性 size 没有变化。类中同样定义了三个方法，三个方法名字没有变化，但具体实现代码变了。

在创建班级的方法 createClass()中同样定义了三个数组 names、grades 和 ages，用于存放5名学生的姓名、成绩和年龄信息。获取names数组的长度作为班级人数，根据班级人数创建班级对象stuList的实例。应用ArrayList的方法add()将创建的学生对象添加到班级中。

排序方法sort()还是采用冒泡排序算法，根据Student对象的grade属性值大小将数组元素进行从小到大的排序。排序过程是一样的，主要不同是使用到了ArrayList的如下两个方法：

- public E get(int index)：从ArrayList对象中获取第index个元素。
- public E set(int index ,E element)：将元素element写到ArrayList对象中的第index个位置上，替换原来的元素。

使用这两个方法完成两个学生的位置交换，实现排序。

输出方法output()将班级学生数组中需要输出的学生信息拼接成字符串返回。方法处理过程没有变，只是每个学生信息从ArrayList对象中读取。方法中用到循环语句：

```
for(Student stu : stuList)
```

这是Java语言中一种新的循环方式，定义一个学生类Student对象stu，循环访问stuList中的每一个元素放到stu中，进行处理。这个语句有一个等价的for循环语句，完成上述功能的代码如下：

```
for(int i=0; i<stuList.size(); i++){
    Student stu=stuList.get(i);
    ...
}
```

测试类Test程序没有改变，编译和运行测试类程序Test.java，班级原始的学生成绩数据和排序结果如图21.3所示。

比较程序21.2和21.4，班级类StudentClass的存储方式由对象数组变成了ArrayList对象，各个方法的实现细节也发生了变化，但是方法的签名(就是方法头)没有改变，因此使用这个类的Test类不需要做任何修改，仍然可以完成原来的功能。从这个例子可以看出类StudentClass很好地封装了实现细节，并对外提供了稳定的接口，不因自己的实现细节修改而影响到相关的程序，这正是封装的妙处。

下面来看看如果想给班级添加一个学生，是否可以方便地实现，又应该如何实现？首先需要修改班级类StudentClass，添加一个增加学生方法。然后需要修改测试类，添加一个学生，显示结果。修改后的StudentClass类如程序段21.5所示。

**【程序21.5】** 修改班级类StudentClass，增加add()方法。

```
public void add(Student s){
    stuList.add(s);
    size=stuList.size();
}
```

方法 add()实现给班级添加一个学生的功能，参数 Student 类对象 s 代表要添加的学生，调用 ArrayList 的方法 add()将学生添加到班级中，最后修改班级人数 size。修改测试类 Test，给班级添加一个学生，程序如 21.6 所示。

**【程序 21.6】** 修改后的测试类程序 Test.java。

```
public class Test {
    public static void main(String[] args){
        //创建班级对象
        StudentClass sClass=new StudentClass();

        //给班级添加学生
        sClass.createClass();

        //增加一个学生
        sClass.add(new Student("董十", 18, 80));

        //排序前输出
        System.out.println("原始顺序:");
        System.out.println(sClass.output());

        //冒泡排序
        sClass.sort();

        //排序后输出
        System.out.println("数组冒泡排序结果:");
        System.out.println(sClass.output());
    }
}
```

编译和运行程序 21.6，添加一个学生后的原始学生顺序以及排序后的结果如图 21.4 所示。

**2. 代码分析**

来看看程序 21.6 的执行过程：

第一步，定义班级类 StudentClass 对象 sClass，并进行实例化；

第二步，调用对象 sClass 的方法 createClass()，给班级对象 sClass 中添加 5 个学生，使用 ArrayList 的 add()方法完成添加；

第三步，调用对象 sClass 的方法 add()，给现有的班级对象 sClass 增加一个学生，从这可以例子可以看出，可以很方便地增加一个学生；

第四步，调用对象 sClass 的方法 output()，显示排序前班级中的学生信息，如图 21.4 的上半部分所示，显示了班级原始的学生顺序；

第五步，调用对象 sClass 的方法 sort()，对班级中的学生按照成绩 grade 属性进行排序，使用冒泡排序算法；

第六步，调用对象 sClass 的方法 output()，显示排序后班级中的学生信息，如图 21.4 的下半部分所示。

```
D:\program\unit21\21-2\2-3>javac Test.java

D:\program\unit21\21-2\2-3>java Test
原始顺序:
姓名: 张三        成绩: 67.0
姓名: 王五        成绩: 78.5
姓名: 李四        成绩: 98.0
姓名: 赵六        成绩: 76.5
姓名: 孙七        成绩: 90.0
姓名: 董十        成绩: 80.0

数组冒泡排序结果:
姓名: 张三        成绩: 67.0
姓名: 赵六        成绩: 76.5
姓名: 王五        成绩: 78.5
姓名: 董十        成绩: 80.0
姓名: 孙七        成绩: 90.0
姓名: 李四        成绩: 98.0
```

**图 21.4　List 排序结果**

修改学生类的存储结构，使用 Java 提供的基础类 ArrayList 来存储班级信息，可以方便地实现班级人数的增减，也使得程序更有 Java 特点。班级类 StudentClass 在定义班级学生时用到语句：

```
private List<Student>stuList;
```

定义班级为 List 接口对象 stuList，在后面再为这个对象赋给一个实现 List 接口的 ArrayList 类实例 stuList=new ArrayList＜Student＞()。定义一个接口或者抽象类的对象，给这个对象一个具体实现类的实例，这样设计程序的好处是提高程序的通用性。这种做法在 Java 程序设计中是很常见、很普遍的，希望读者能够逐步熟悉这样的做法，编写出有 Java 特色的程序。结合上面的程序，读者可以思考一下，如果想要实现从大到小的排序，程序应该如何进行修改？

**3. 改进和完善**

本例中使用更加通用的数据结构 ArrayList 类来描述一个班级的学生信息，很方便地实现了增加一个学生的功能。由于增加功能是由 ArrayList 的 add()方法提供的，实现者不需要考虑增加一个学生的具体实现细节，提高了编写程序的效率。同时使用 ArrayList 来存储一个班级的学生信息，还带来一个好处就是有更好的通用性，作为 List 对象可以存放学生，也可以存放教师，或者其他内容。这样就提高了数据描述的一致性，实现了数据的抽象。

下面来看看排序功能是不是也有现成的类可以使用呢？答案仍然是肯定的。可以使用一个工具类来实现学生成绩排序功能。

## 21.2.3　List 自动排序

Java 基础类库中提供了实现排序功能的类与接口，可以使用 Collections 类和

Comparator 接口实现自动排序功能。因此在现有程序的基础上,使用 Java 基础类库提供的排序方式实现自动排序。

**1. 程序实现**

**【程序 21.7】** 编写 StudentComparator 类,实现一个学生比较器 Comparator。

```
import java.util.Comparator;
public class StudentComparator implements Comparator<Student>{
    public int compare(Student student1, Student student2){
        double grade1,grade2;
        grade1=student1.getGrade();
        grade2=student2.getGrade();
        if(grade1>grade2){
            return  1;
        }else if(grade1<grade2){
            return -1;
        }else{
            return 0;
        }
    }
}
```

程序 StudentComparator.java 实现了 Comparator<T>接口,给出了排序依据。接口 Comparator<T>的方法 compare(T o1,T o2)比较用来排序的两个参数,根据第一个参数小于、等于或大于第二个参数分别返回负整数、零或正整数,这个返回值作为排序的依据。本例中比较两个学生成绩根据大于、等于和小于,返回 1、0 和-1,表示将实现从小到大排序。如果同样是上面的比较,返回-1、0 和 1,则实现从大到小的排序。实现类比较器后,就可以在排序方法中调用比较器实现排序功能。程序如 21.8 所示。

**【程序 21.8】** 修改 StudentClass 类,使用比较器实现排序算法,排序算法程序段如下。

```
public void sort(){
    StudentComparator sc=new StudentComparator();
    Collections.sort(stuList, sc);
}
```

在班级类 StudentClass 的 sort ()方法中,创建一个比较器 StudentComparator 类对象 sc,然后使用 Collections 类的静态方法 sort()实现排序,方法 sort()有两个参数,分别是要进行排序的班级学生列表 stuList 和排序依据对象 sc,使用 sc 中定义的排序规则给 stuList 排序。测试类 Test 如程序 21.9 所示。

**【程序 21.9】** 修改后的测试类程序 Test.java。

```
public class Test {
```

```
    public static void main(String[] args){
        //创建班级对象
        StudentClass sClass=new StudentClass();

        //给班级添加学生
        sClass.createClass();

        //排序前输出
        System.out.println("排序前顺序:");
        System.out.println(sClass.output());

        //自动排序
        sClass.sort();

        //排序后输出
        System.out.println("排序结果:");
        System.out.println(sClass.output());
    }
}
```

编译和运行程序 21.9，班级原始的学生成绩数据顺序和排序结果如图 21.5 所示。

```
D:\program\unit21\21-2\2-4>javac Test.java

D:\program\unit21\21-2\2-4>java Test
排序前顺序:
姓名: 张三        成绩: 67.0
姓名: 王五        成绩: 78.5
姓名: 李四        成绩: 98.0
姓名: 赵六        成绩: 76.5
姓名: 孙七        成绩: 90.0

排序结果:
姓名: 张三        成绩: 67.0
姓名: 赵六        成绩: 76.5
姓名: 王五        成绩: 78.5
姓名: 孙七        成绩: 90.0
姓名: 李四        成绩: 98.0
```

图 21.5　自动排序结果

**2. 代码分析**

程序 21.9 中的测试类 Test 与程序 21.3 一样。从上面程序可以看出，修改类 StudentClass 的实现过程没有影响到使用这个类的 Test 类。在 Test 类的 main()方法中，依次调用 StudentClass 类对象的方法，通过准备原始数据、输出原始数据、进行自动排序、输出排序结果，最终验证了能够使用比较器实现排序。在程序中不再需要关心如何实现排序，而是通过提供排序依据，直接使用 Java 类库中已有的排序功能。

Java 提供了两种比较器，分别是 Comparator 接口和 Comparable 接口。上面程序中使用 Comparator 接口实现比较器，实现接口的 compare()方法，使用 Collections 类的

sort()方法完成排序功能。另外一种比较器是使用 java.lang 包中的 Comparable 接口，可以用于对象之间比较大小。如果对某一个类的两个对象进行比较，定义这个类时需要实现 Comparable 接口，重写类的 compareTo()方法。例如，程序 21.10 实现了一个能够比较大小的学生类 Student。

**【程序 21.10】** 实现比较器的学生类 Student.java。

```
public class Student implements Comparable<Student>{
    private String name;
    private int age;
    private double grade;

    public Student(String name, int age, double grade){
        this.name=name;
        this.age=age;
        this.grade=grade;
    }
    //此处省略置取方法

    public int compareTo(Student student){
        double grade1,grade2;
        grade1=this.getGrade();
        grade2=student.getGrade();
        if(grade1>grade2){
            return  1;
        }else if(grade1<grade2){
            return -1;
        }else{
            return 0;
        }
    }
}
```

在班级类中定义排序方法 sort()，实现代码如下：

```
public void sort(){
    Collections.sort(stuList);
}
```

Student 类实现了 Comparable 接口，在 compareTo()方法中定义了比较大小的规则。这样，Student 的对象就是可以比较大小的对象。定义 Student 类的 List，使用 Collections 类的 sort()方法进行排序。

使用 Comparator 接口和 Comparable 接口实现自动排序的两种方法各有优劣。用

Comparable 比较简单，只要在定义类时实现 Comparable 接口，其对象直接就成为一个可以比较大小的对象。但是如果最初设计类的时候没有考虑到比较大小的需求，就需要修改源代码。用 Comparator 的好处是不需要修改源代码，而是另外实现一个比较器，当某个对象需要作比较的时候，把比较器和对象一起使用就可以。另外在 Comparator 里面可以自己实现一些通用的比较逻辑，不足之处是额外引入了一个新的比较器类。

**3. 改进和完善**

通过上面的不断改进，班级学生按照成绩进行排序的功能使用更通用的 Java 集合类来实现学生对象的存储，使用 Java 基础类库提供的比较方法实现排序。除了 ArrayList 可以用来代替数组存放多个对象外，Java 还提供了其他的集合类实现类似的功能。就排序而言，TreeSet 利用自平衡的排序二叉树来保存元素，也可用于实现排序功能。例如，可以使用 TreeSet 存放学生对象，实现自动排序功能，参与排序的类需要实现 Comparable<T>接口，用于提供排序的依据。

### 21.2.4 通用输出

现在开始完成第二个任务。在程序 21.8 中，类 StudentClass 的方法 output()实现了将班级中所有学生的信息拼接成字符串，以便于输出。如果在软件中除了有学生类 Student、班级类 StudentClass，还有教师类 Teacher、学院类 College，可以参考 Student 类来定义 Teacher 类，参考 StudentClass 类来定义 College 类。当然还可能有其他相似的类，此时就应该考虑如何来实现统一的输出。定义教师类 Teacher 如程序 21.11 所示，定义学院类 College 如程序 21.12 所示。

**1. 程序实现**

**【程序 21.11】** 编写教师类 Teacher，用于封装教师基本信息。

```
public class Teacher {
    private String name;
    private int age;
    private double salary;
    public Teacher(String name, int age, double salary){
        this.name=name;
        this.age=age;
        this.salary=salary;
    }
    //此处省略置取方法
}
```

**【程序 21.12】** 编写学院类 College，创建学院教师，实现教师按工资排序和输出功能。

```
import java.util.List;
import java.util.ArrayList;
```

```
import java.util.Collections;

public class College{

    private List<Teacher>teachList;
    private int size;

    public College(){
        size=0;
        teachList=null;
    }

    public void createCollege(){
        String names[]={ "林老师", "朱老师", "刘老师", "宋老师", "陈老师" };
        int ages[]={ 26, 28, 40, 32, 38 };
        double salarys[]={ 7860.0, 8240.0, 12030.0, 9430.0, 10200.0 };

        size=names.length;

        teachList=new ArrayList<Teacher>();
        Teacher temp;

        for(int i=0; i<size; i++){
            temp=new Teacher(names[i], ages[i], salarys[i]);
            teachList.add(temp);
        }
    }

    public void sort(){

        TeacherComparator sc=new TeacherComparator();
        Collections.sort(teachList, sc);
    }

    public String output(){
        StringBuilder teachInfo=new StringBuilder();

        for(Teacher t : teachList){
            teachInfo.append("姓名:"+t.getName()
              +"\t 工资:"+t.getSalary()+"\r\n");
        }

        return teachInfo.toString();
    }
}
```

【程序 21.13】 编写 TeacherComparator 类,实现一个教师比较器 Comparator。

```
import java.util.Comparator;

public class TeacherComparator implements Comparator<Teacher>{
    public int compare(Teacher t1, Teacher t2){

        //读取第一个教师工资
        double salary1=t1.getSalary();
        //读取第二个教师工资
        double salary2=t2.getSalary();

        //根据教师工资比较设置比较器
        if(salary1>salary2){
            return  1;
        }else if(salary1<salary2){
            return -1;
        }else{
            return 0;
        }
    }
}
```

【程序 21.14】 编写测试类程序 Test.java。

```
public class Test {
    public static void main(String[] args){
        //创建学院对象
        College jsj=new College();

        //给学院添加教师
        jsj.createCollege();

        //排序前输出
        System.out.println("排序前顺序:");
        System.out.println(jsj.output());

        //自动排序
        jsj.sort();

        //排序后输出
        System.out.println("教师排序结果:");
        System.out.println(jsj.output());
    }
}
```

程序 21.14 运行结果如图 21.6 所示。

```
D:\program\unit21\21-2\2-6>javac Test.java

D:\program\unit21\21-2\2-6>java Test
排序前顺序:
姓名: 林老师     工资: 7860.0
姓名: 朱老师     工资: 8240.0
姓名: 刘老师     工资: 12030.0
姓名: 宋老师     工资: 9430.0
姓名: 陈老师     工资: 10200.0

教师排序结果:
姓名: 林老师     工资: 7860.0
姓名: 朱老师     工资: 8240.0
姓名: 宋老师     工资: 9430.0
姓名: 陈老师     工资: 10200.0
姓名: 刘老师     工资: 12030.0
```

图 21.6 教师数据输出

教师类 Teacher 是参考学生类 Student 设计的,只是有一个属性不同。学院类 College 是参考班级类 StudentClass 设计的,两者相似。同样参考比较器 StudentComparator 设计了另一个比较器 TeacherComparator。图 21.6 给出的运行结果也相似,显示学院原始教师顺序和按照工资从低到高的排序结果。

对比图 21.5 和图 21.6 可以看出,都是对原来数据进行排序,排序后输出。在班级类中定义了 output()方法输出学生信息,学院类中定义了 output()方法输出教师信息。能否定义一个通用的输出方法实现输出,完成任务二的要求呢? 下面给出修改后的班级类 StudentClass,如程序 21.15 所示,修改学院类如程序 21.16 所示,增加应用程序类如程序 21.17 所示,最后给出测试类如程序 21.17 所示。

【程序 21.15】 修改 StudentClass 类,删除方法 output(),增加一个方法 formatStudent()。

```
public List<Map<String, String>>formatStudent(){
    List fClass=new ArrayList<Map<String, String>>();
    Map stu;
    for(Student s : stuList){
        stu=new HashMap<String, String>();
        stu.put("姓名", s.getName());
        stu.put("成绩", new Double(s.getGrade()).toString());
        fClass.add(stu);
    }
    return fClass;
}
```

班级类 Student 中删除了方法 output(),增加一个方法 formatStudent(),用于格式化班级学生的数据,为统一信息输出做好准备。格式化后的数据保存在一个 List 对象 fClass 中,该对象的每一个元素都是一个 Map 类型对象,每个 Map 对象都是实现 Map 接口的 HashMap 类实例,以“键(key)-值(value)”对的方式存放多组元素。定义 HashMap

<String,String>用来指定这个 Map 中 key 和 value 都是 String。可以通过调用 HashMap. put(Object key, Object value)方法,往其中添加"key-value"对。该方法将需要输出的信息重新格式化后保存到一个 ArrayList 对象 fClass 中,方便后面使用。

**【程序 21.16】** 修改 College 类,删除 output()方法,增加一个 formatTeacher()方法。

```
public List<Map<String, String>>formatTeacher(){
    List fCollege=new ArrayList<Map<String, String>>();
    Map teacher;
    for(Teacher t : teachList){
        teacher=new HashMap<String, String>();
        teacher.put("姓名", t.getName());
        teacher.put("工资", new Double(t.getSalary()).toString());
        fCollege.add(teacher);
    }
    return fCollege;
}
```

学院类 College 与班级类 Student 相似,删除 output()方法,增加一个 formatTeacher()方法,实现的功能与 formatStudent()相似,用于格式化教师的数据,这里不再详细说明。

**【程序 21.17】** 编写输出工具类 DisplayUtils. java。

```
import java.util.List;
import java.util.Map;

public class DisplayUtils{
    public static String display(List<Map>conList){

        StringBuilder strResult=new StringBuilder();

        for(Map<String, String>map : conList){
            for(Map.Entry entry : map.entrySet()){
                strResult.append(entry.getKey()+":"
                +entry.getValue()+"\t");
            }
            strResult.append("\r\n");
        }
        return strResult.toString();
    }
}
```

通用的输出方法在各个类中都一样的,需要提取出来,放到一个工具类中。因此定义一个工具类 DisplayUtils,里面有一个静态方法 display()。该方法有一个参数 List

<Map> conList，保存需要输出的信息，该参数的格式与方法 formatStudent()、方法 formatTeacher()生成的要输出的数据格式相同。将这个格式的数据拼接成一个字符串。

这里面定义的方法 display()是一个静态的方法，主要是考虑这是一个工具类，方法 display()用于生成一个字符串，不需要实例。为了访问方便，设计成静态方法。

**【程序 21.18】** 编写测试类程序 Test.java。

```
import java.util.List;

public class Test {
    public static void main(String[] args){
        List lst;

        //创建学院对象
        College jsj=new College();

        //给学院添加教师
        jsj.createCollege();

        //排序前输出
        System.out.println("排序前顺序:");
        lst=jsj.formatTeacher();
        System.out.println(DisplayUtils.display(lst));

        //自动排序
        jsj.sort();

        //排序后输出
        System.out.println("教师排序结果:");
        lst=jsj.formatTeacher();
        System.out.println(DisplayUtils.display(lst));
    }
}
```

程序 21.18 运行结果如图 21.7 所示。

**2. 代码分析**

程序从测试类 Test 的 main()方法开始执行，执行过程如下：

第一步，定义学院 College 对象 jsj，并进行实例化；

第二步，调用对象 jsj 的方法 createCollege()，使用方法中给定的教师数据，添加到学院类 College 中；

第三步，调用对象 jsj 的方法 formatTeacher()，格式化学院教师的信息，结果保存到 lst 中；

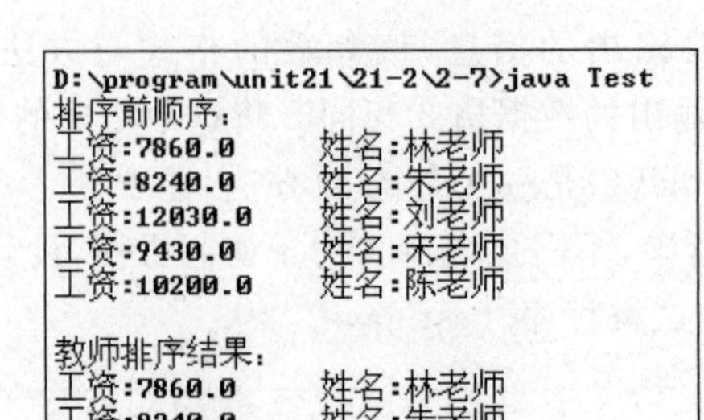


图 21.7 统一的数据输出

第四步，调用 DisplayUtils 类的方法 display()，显示保存在 lst 中的数据，显示结果如图 21.7 上半部分所示；

第五步，对学院教师进行排序，显示排序后结果，过程与学生排序类似。

至此完成了通用的输出功能。读者可以自己尝试修改 Test 类，生成班级学生，格式化学生信息，同样可以调用 DisplayUtils 类的方法 display()进行显示。

# 21.3 集合相关类库

Java 语言的设计者对编程中经常需要用到的数据结构和算法进行抽象，定义了一些规范(接口)和实现(接口的实现类)。这些数据结构和算法统称为 Java 集合框架(Java Collection Framework)。在使用 Java 语言编程时，程序员不需要考虑这些数据结构和算法的实现细节。只要基于这些类创建对象，然后直接使用所创建的对象即可实现一些常用功能，可以提高编程效率。

集合相关的接口和类位于 java.util 包中，主要类型有 List、Set 和 Map。它们的基本任务是存放对象，更准确地说是存放对象的引用。图 21.8 是简化的集合类结构图，其中包含了常用的集合类和相关接口。

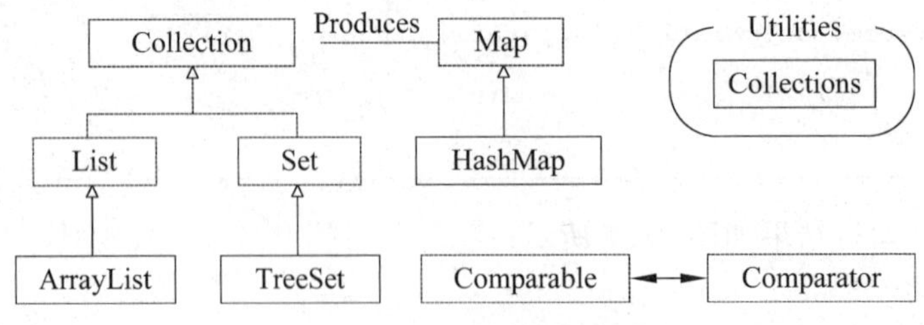


图 21.8 简化的集合类结构图

在集合框架中定义的接口和实现类，实现了常见的数据结构。集合类对外提供了公共的访问接口，对内封装了实现类的细节和一些常用的算法。

## 21.3.1 Collection 与 Collections

Java 基础类库中提供了集合接口 Collection 和一个实用类 Collections。接口 Collection 提供了对集合对象进行基本操作的通用接口方法，在 Java 类库中有很多具体的实现。Collection 接口的意义是为各种子接口和对应的实现类提供了统一的操作方式。集合类 Collections 是一个包装类，包含有各种有关集合操作的方法，是一个工具类。

Collection 接口是 List 接口和 Set 接口的父接口，通常情况下不被直接使用。它仅表示一组对象的集合，并不指定对象的存放次序和能否包含重复元素。Collection 接口定义了一些通用的方法，可以实现对集合的基本操作，这些方法对 List 和 Set 通用。Collection 接口的主要方法见表 21.1。

**表 21.1　Collection 接口的主要方法**

| 方法声明 | 功能简介 |
| --- | --- |
| add(E obj) | 将指定的对象添加到该集合中 |
| remove(Object obj) | 将指定的对象从该集合中移除。返回值为 boolean 型，如果存在指定的对象则返回 true，否则返回 false |
| contains(Object obj) | 用来查看在该集合中是否存在指定的对象。返回值为 boolean 型，如果存在则返回 true，否则返回 false |
| size() | 用来获得该集合中存放对象的个数。返回值为 int 型，为集合中存放对象的个数 |
| iterator() | 用来序列化该集合中的所有对象。返回值为 Iterator＜E＞型，通过返回的 Iterator＜E＞型实例可以遍历集合中的对象 |
| toArray() | 用来获得一个包含所有对象的 Object 型数组 |

Collections 是一个集合公用类，其中提供了对集合中元素进行诸如排序、复制、查找和填充等一些非常有用的操作，常用方法见表 21.2。

**表 21.2　Collections 类的常用方法**

| 方法声明 | 功能简介 |
| --- | --- |
| static boolean addAll(Collection c, T... elements) | 将所有指定元素添加到指定的 collection 中 |
| static void sort(List＜T＞ list) | 根据元素的自然顺序对指定列表做升序排序 |
| static void sort(List＜T＞ list, Comparator＜? super T＞ c) | 根据指定比较器产生的顺序对指定列表进行排序 |

程序 21.8 的方法 sort()中使用 Collections 的 sort()方法实现了班级中学生按照学习成绩进行排序的功能。排序代码如下：

```
Collections.sort(stuList, sc);
```

同样使用 Collections 类的 addAll()方法可以将学生数组中的所有学生一次放到一个 List 中，代码如下：

```
public static ArrayList<Student>createStudentList(){
    Student[] stus=new Student[size];
    ArrayList<Student>stuList=new ArrayList<Student>();
    Collections.addAll(stuList,stus);
    return stuList;
}
```

使用 Collections.addAll(stuList, stus)语句就可以实现原来需要使用循环来实现的添加多个对象的功能。将数组 stus 中的元素,一次都添加到 ArrayList 类的 stuList 中。

### 21.3.2 List 与 ArrayList

List 接口继承了 Collection 接口,其中的元素会按照加入的顺序有序存放,并允许出现重复的元素。可以根据元素的整数索引(元素的位置)访问元素。List 接口在 Collection 接口的基础上增加了一些方法,见表 21.3。

**表 21.3 List 接口增加的主要方法**

| 方 法 声 明 | 功 能 简 介 |
| --- | --- |
| public boolean add(E element) | 将参数 elememt 指定的对象添加到 List 的尾部 |
| public E get(int index) | 得到 List 中指定位置处节点中的对象 |
| public E set(int index ,E element) | 将 List 中 index 位置节点中的对象 element 替换为参数 element 指定的对象,返回被替换的对象 |

ArrayList 是常用的 List 接口实现类,是一个大小可变的数组。每个 ArrayList 对象都有一个容量,该容量是指用来存储元素的数组的大小。它总是至少等于 List 的大小。随着向 ArrayList 中不断添加元素,其容量会自动增长。例如,在程序 21.4 中定义 List 对象,用来存放多个 Student 对象,部分代码如下:

```
public class StudentClass{
    …
    private List<Student>stuList;
    …
    public void createClass(){
        stuList=new ArrayList<Student>();
        Student temp;
        for(int i=0; i<size; i++){
            temp=new Student(names[i], ages[i], grades[i]);
            stuList.add(temp);
        }
    }
}
```

定义一个 List 对象 stuList，用来保存班级中的学生，在创建班级时给对象 stuList 一个 ArrayList 类的实例。调用 List 的方法 add()将学生添加到班级中。可以使用以下代码来操作 stuList 对象中的元素：

```
Student temp=stuList.get(j-1);
…
stuList.set(j,temp);
```

用 stuList.get(j－1)取出 stuList 中的第 j－1 个元素放到对象 temp 中。语句 stuList.set(j,temp)中使用 temp 对象替换 stuList 中的第 j 个元素。

当需要遍历访问 List 中的每一个元素时，一般使用 for 循环。例如，输出 stuList 中每个学生成绩信息，可以使用如下代码：

```
for(Student stu : stuList){
    System.out.println("姓名:"+stu.getName()+"\t 成绩:"+stu.getGrade());
}
```

使用 for 循环的好处是自动遍历数组或集合中的每个元素，不需要设置循环条件，语法比较简洁。

### 21.3.3　Map 与 HashMap

Map 集合用于存储键-值(key-value)数据对，其中的对象都是成对存在的，称为一对映射。Map 中存储的每组对象由一个键(key)对象和一个值(value)对象组成。通过键对象可以获取到相应的值对象，类似于在字典中查找单词一样，因此键对象必须唯一。如果出现两个数据项对应相同的键，那么 Map 中先前的键-值对将被替换。Map 在它需要更多的存储空间时会自动增大容量。Map 接口的主要方法见表 21.4。

**表 21.4　Map 接口的主要方法**

| 方法声明 | 功能简介 |
|---|---|
| public V put(K key, V value) | 将键-值对数据存放到 Map 中，返回键所对应的值 |
| public V get(Object key) | 返回 Map 中使用 key 作为键的键-值对中的值 |
| public Boolean containsKey(Object key) | 如果 Map 中有键-值对使用了参数指定的键，返回 true，否则返回 false |
| public int size() | 返回 Map 的大小，即其中的键-值对的个数 |
| public Set＜Map.Entry＜K, V＞＞ entrySet() | 返回 Map 中包含的映射关系的 Set 视图 |

HashMap 是 Map 接口的一个常用实现类，例如，程序 21.15 中将 Student 对象 stu 的姓名和成绩数据以字符串形式分别作为值，用字符串“姓名”和“成绩”分别作为键，存入到一个 Map 对象 stu 中，程序代码如下：

```
Map stu;
stu=new HashMap<String, String>();
stu.put("姓名", s.getName());
stu.put("成绩", new Double(s.getGrade()).toString());
```

定义一个Map对象stu,给对象stu一个HashMap实例。将学生的姓名保存到stu中,键为“姓名”,值为使用语句s.getName()得到的学生姓名字符串。同样把学生的成绩也保存在stu中。一个Map对象可以保存多个键值对。在程序21.16学院类College中也有类似的代码:

```
Map teacher;
teacher=new HashMap<String, String>();
teacher.put("姓名", t.getName());
teacher.put("工资", new Double(t.getSalary()).toString());
```

这里的teacher是一个Map对象,把一个教师的信息保存到Map对象teacher中。在程序设计中经常把Map和List放在一起使用。定义一个List数组,数据元素是Map类型,前面例子中多次出现,例如程序21.17中的代码段:

```
for(Map<String, String>map : conList){
    for(Map.Entry entry : map.entrySet()){
        strResult.append(entry.getKey()+":"
        +entry.getValue()+"\t");
    }
    strResult.append("\r\n");
}
```

遍历conList中的所有Map,获取Map中的键名和值,拼接成字符串返回。在程序设计中经常会用到这样的程序段来处理元素为Map类型的List数组。

### 21.3.4 Set与TreeSet

Set接口也是Collection的一种扩展。与List不同的是,Set中存放的元素不能重复。Set接口中的方法定义和Collection接口一致,没有新的方法定义。TreeSet是Set接口的常用实现类,采用自平衡的排序二叉树存放元素,其中没有重复元素,且按照大小顺序排列存放。

下面给出一个例子,使用TreeSet存储班级学生,实现班级学生按照成绩自动排序。首先定义实现Comparable接口的Student类,如程序21.10所示。定义班级类如程序21.19所示,定义测试类如程序21.20所示。

**【程序21.19】** 修改班级类StudentClass,定义Set接口对象stuSet存储班级学生。

```
import java.util.Set;
import java.util.TreeSet;

public class StudentClass{

    private Set<Student>stuSet;
    private int size;

    public StudentClass(){
        size=0;
        stuSet=null;
    }

    public void createClass(){

        String names[]={ "张三","王五","李四","赵六","孙七" };
        double grades[]={ 67, 78.5, 98, 76.5, 90 };
        int ages[]={ 17, 18, 18, 19, 17 };

        size=names.length;

        stuSet=new TreeSet<Student>();
        Student temp;

        for(int i=0; i<size; i++){
            temp=new Student(names[i], ages[i], grades[i]);
            stuSet.add(temp);
        }
    }

    public String output(){
        StringBuilder studentInfo=new StringBuilder();

        for(Student stu : stuSet){
            studentInfo.append("姓名:"+stu.getName()
                    +"\t成绩:"+stu.getGrade()+"\r\n");
        }
        return studentInfo.toString();
    }
}
```

班级类 StudentClass 的实现过程与使用 List 接口对象存储班级学生的实现过程相

同，只是省去了排序方法，接口 Set 的实现类 TreeSet 能够根据元素类 Student 实现的比较器，自动完成学生排序。

**【程序 21.20】** 编写测试类程序 Test. java。

```
public class Test {
    public static void main(String[] args){
        //创建班级对象
        StudentClass sClass=new StudentClass();

        //给班级添加学生
        sClass.createClass();

        //排序前输出
        System.out.println("创建班级后的学生顺序:");
        System.out.println(sClass.output());
    }
}
```

编译运行程序 21.20，可以看到输出的学生已经是按照学生成绩进行排序了。说明存放学生的 stuSet 在添加元素的过程中就实现了排序。

总结一下，实现一个班级的学生按照学习成绩进行排序，这是一个最常见的程序功能。实现这个功能需要考虑如何存储一个班级的学生，不同的存储方式会影响到排序方法。例如本章中使用对象数组存储时就需要自己设计排序算法，而使用 List 存储时就可以使用 Java 基础类库提供的排序算法。如果对排序没有特殊要求，一般建议使用 Java 基础类库提供的排序方法实现排序。

## 21.4 实做程序

1. 修改程序 21.2，增加一个 add()方法，允许在原来班级中新增加一个学生。学生信息定义如下：姓名吴九，成绩 80，年龄 18，最后输出排序后的结果。

要点提示：

(1) 重新定义一个数组，长度是 size+1(现有数组长度为 size 属性值)，将 stus 数组中的前 size 个 Student 对象复制到新数组中；

(2) 根据要增加的学生信息新建一个 Student 对象，并放入新数组中；

(3) 将新数组赋给 stus。

2. 修改程序 21.2 的 sort()方法，实现按照学生成绩从大到小排序。

要点提示：

(1) 只需要修改排序算法中的比较条件；

(2) 交换相邻元素的条件修改为小于。

3. 程序 21.7~21.9 实现了自动排序，修改程序按照学生成绩从大到小排序。

要点提示：

(1) 需要修改自动排序的比较器；

(2) 比较器的返回值 1 和－1 的情况与程序 21.7 相反。

4. 使用 TreeSet 实现教师排序功能，按照教师的工资实现从大到小排序。

要点提示：可参考程序 21.19 和 21.20 来实现。

# 第 22 章

# 学生信息保存

**学习目标**

- 理解 I/O 流和 JDBC 数据库连接的基本概念；
- 掌握应用文件保存学生信息；
- 掌握应用数据库保存学生信息。

## 22.1　开发任务

第 21 章中给出了班级学生信息的输入、处理和显示。在实际应用中，有时还需要把程序中输入的数据和处理结果都保存起来，方便以后使用。常用的保存数据有两种方法，第一种方法是保存到文件中；第二种方法是保存到数据库中。本章完成的两个开发任务都是保存数据，第一个开发任务是将一个班级的学生信息保存到文件中。程序运行效果如图 22.1 所示。

第二个开发任务是将一个班级的学生信息保存到数据库中。程序运行效果如图 22.2 所示。

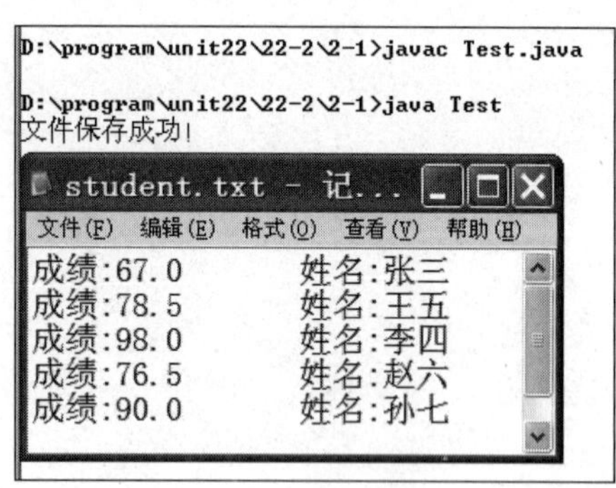


图 22.1　文件保存

```
D:\program\unit22\22-2\2-2>javac Test.java

D:\program\unit22\22-2\2-2>java Test

D:\pr                                   2>
```

| id | name | age | grade |
|---|---|---|---|
| 33 | 张三 | 17 | 67 |
| 34 | 王五 | 18 | 78.5 |
| 35 | 李四 | 18 | 98 |
| 36 | 赵六 | 19 | 76.5 |
| 37 | 孙七 | 17 | 90 |

图 22.2　数据库保存

## 22.2　程序实现及分析

一个班级的学生信息保存在班级类 StudentClass 中，每个班级对象中有一个属性用于存放学生信息，可以参考程序 21.15 给班级类设计一个方法，格式化输出数据，为实现学生数据保存到文件或者数据库做好准备。

### 22.2.1　文件保存功能

参考前面的学生信息显示，将班级中的每一个学生的姓名和成绩保存到文件 student.txt 中。学生类没有变化，如程序 21.1 所示，班级类如程序 22.1 所示。

**1. 程序实现**

**【程序 22.1】**　编写班级类 StudentClass，创建班级，并进行学生数据格式化。

```
import java.util.List;
import java.util.ArrayList;
import java.util.Map;
import java.util.HashMap;

public class StudentClass{

private List<Student>stuList;
    private int size;

    public StudentClass(){
        size=0;
        stuList=null;
    }

    public void createClass(){

        String names[]={ "张三", "王五", "李四", "赵六", "孙七" };
        double grades[]={ 67, 78.5, 98, 76.5, 90 };
        int ages[]={ 17, 18, 18, 19, 17 };

        size=names.length;

        stuList=new ArrayList<Student>();
        Student temp;

        for(int i=0; i<size; i++){
            temp=new Student(names[i], ages[i], grades[i]);
            stuList.add(temp);
        }
    }

    public List<Map<String, String>>formatStudent(){
        List fClass=new ArrayList<Map<String, String>>();
        Map stu;
```

```
        for(Student s : stuList){
            stu=new HashMap<String, String>();
            stu.put("姓名", s.getName());
            stu.put("成绩", new Double(s.getGrade()).toString());
            fClass.add(stu);
        }
        return fClass;
    }
}
```

参考程序 21.16 给班级类 Student 增加一个方法 formatStudent()，格式化班级学生数据，保存到 fClass 对象中，返回的对象 fClass 是一个 ArrayList 数组，每一个元素是一个 Map 类型的数据，保存一个学生的姓名和成绩。

**【程序 22.2】** 编写文件操作类 FileOperation，打开文件，保存标准格式数据。

```
import java.util.List;
import java.util.Map;

import java.io.FileWriter;
import java.io.IOException;

public class FileOperation{

    private FileWriter out;

    public FileOperation(String fileName)throws IOException{
        out=new FileWriter(fileName);
    }

    public void save(List<Map<String, String>>lst)throws IOException{

        for(Map<String,String>m: lst){
            //输出到文件
            for(Map.Entry entry : m.entrySet()){
                out.write(entry.getKey()+":"
                    +entry.getValue()+"\t");
            }
            out.write("\r\n");
        }
    }

    public void close()throws IOException{
```

```
            out.close();
        }
    }
```

定义一个文件操作类 FileOperation,完成与文件相关的操作。为了方便文件操作,该类定义三个方法:

- 构造方法 FileOperation(),定义一个 FileWriter 对象,关联文件名。
- 保存文件方法 save(),参数是格式化后的数据,将这些数据保存到文件中。
- 关闭文件方法 close(),关闭打开的 FileWriter 对象。

Java 中的数据输出是通过一种抽象的"流"来实现的。针对不同类型的数据和不同的输出目的地,可以基于不同的"流"对象来实现数据传输。这里使用文件输出流 FileWriter 来实现数据输出。首先创建一个 FileWriter 类对象 out,对象 out 关联到一个文件 student.txt,输入数据都会保存在文件中。循环遍历 ArrayList 中的每一个 Map 对象,将 Map 对象的键和值使用 write()方法输出到文件中,最后关闭文件输出流。

文件操作中可能会抛出异常,查看 JavaAPI 文档可以知道,类 FileOperation 中用到的 FileWriter 类的方法抛出 IOException 类异常。由于 FileOperation 类是一个基础文件操作类,不知道具体保存信息是什么,因此在类方法中直接抛出了这个异常,等待使用这个类的程序去处理这个异常。

**【程序 22.3】** 编写测试类程序 Test.java。

```
import java.util.List;
import java.util.Map;
import java.io.IOException;

public class Test {
    public static void main(String[] args){
        List<Map<String, String>>lst;

        //创建班级对象
        StudentClass xg=new StudentClass();

        //给班级添加学生
        xg.createClass();

        //格式化学生信息
        lst=xg.formatStudent();

        try{
            FileOperation xgStudent=new FileOperation("student.txt");
```

```
            //保存学生信息到文件
            xgStudent.save(lst);

            //关闭文件
            xgStudent.close();

            //显示保存成功提示
            System.out.println("文件保存成功!");
        }
        catch(IOException e){
            System.out.println("IO 错误,文件保存失败!");
        }
    }
}
```

编译和运行程序 22.3,运行效果如图 22.3 所示。仔细看看编译命令,里面有一个提示,程序存在一些不安全的操作。

```
D:\program\unit22\22-2\2-1>javac Test.java
注意: .\StudentClass.java 使用了未经检查或不安全的操作。
注意: 要了解详细信息, 请使用 -Xlint:unchecked 重新编译。

D:\program\unit22\22-2\2-1>java Test
文件保存成功!
```

图 22.3 文件保存

使用提示的参数再次编译源程序,输入命令:

```
javac -Xlint:unchecked *.java
```

可以看到给出的警告错误,按照提示逐一修改这些错误,重新编译,直到没有图 22.3 中的警告提示,就说明警告错误都已经改好了。有的读者可能会想,警告错误不影响程序运行,为什么还要修改?先看看编译程序为什么会给出警告。警告的意思是程序的写法不安全或者是可能存在潜在的问题。编译程序给出一个警告,告诉程序设计者需要注意这个问题,例如上面程序类型存在不完全一致的情况,因此给出警告提示。既然这些警告预示着可能存在潜在错误,因此建议读者调试程序的时候把所有的警告也都修改正确,尤其是在开发实用软件时,这一点很重要。读者可以自己尝试修改这些警告,修改后重新编译和运行程序,查看运行结果。

程序运行后输出提示信息"文件保存成功!",打开当前目录下的文件 student.txt,可以看到学生信息已经成功写入文件中,使用记事本打开的文件如图 22.4 所示。

**2. 代码分析**

程序从测试类 Test 的 main()方法开始执行,执行过程如下:

第一步,定义 List 对象 lst,用于保存格式化后的班级数据;

第二步,定义班级类 StudentClass 对象 xg,并进行实例化;

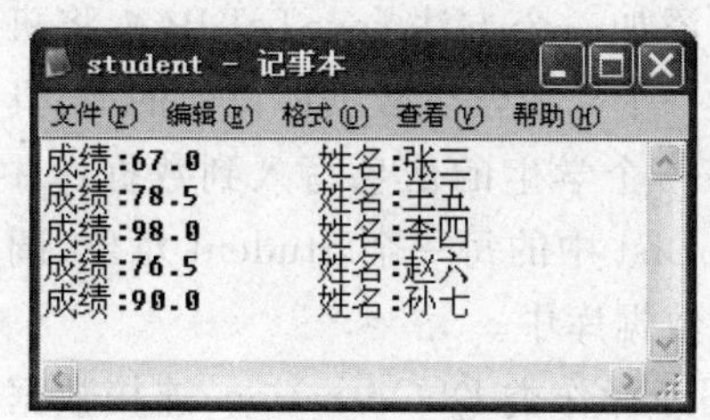


图 22.4 student.txt 文件内容

第三步，调用对象 xg 的方法 createClass()，使用方法中给定的数据，为班级类 StudentClass 对象 xg 添加学生；

第四步，调用对象 xg 的方法 formatStudent()，格式化班级中学生的信息，结果保存到 lst 中；

第五步，保存格式化后的学生数据。定义文件操作类 FileOperation 对象 xgStudent，并进行实例化，保存学生数据到文件，最后关闭文件操作类，输出保存成功提示。由于文件操作类中抛出异常 IOException，因此在 Test 类中需要捕获和处理这个异常。

**3. 改进和完善**

在实现了文件保存功能后，可以再实现相应的文件读取功能。Java 中的数据输入同样也是通过一种“流”来实现，可以使用 FileReader 这个文件输入流来实现文件读取功能。参考程序 22.2，增加一个方法 read()，实现从文件 student.txt 中读取学生成绩信息，并将读出的信息显示到屏幕上。

使用文件来存储数据只适合存储简单的数据，对于大量的数据或经常需要修改的数据可以考虑采用数据库来存储。

## 22.2.2 数据库保存功能

接着实现第二个任务，将班级的学生信息保存到数据库中。有关数据库的知识，可以参考其他的书籍或者文献，在此只是介绍如何实现数据库操作数据的功能。学生类 Student 没有改变不再列出，班级类 StudentClass 增加保存到数据库方法 saveToDB()如程序 22.4 所示，数据库操作类如程序 22.5 所示，数据访问层如程序 22.6 所示，测试类如程序 22.7 所示。

**1. 程序实现**

**【程序 22.4】** 修改班级类 StudentClass，添加保存到数据库的方法 saveToDB()。

```
public void saveToDB(){
    StudentDAO dao=new StudentDAO();

    for(Student s : stuList){
        dao.insert(s);
    }
}
```

班级类 StudentClass 中添加一个方法 saveToDB()，将班级中的学生信息写入到数据库中。类 StudentDAO 是一个完成学生数据库操作的类，具体定义稍后介绍，该类定义了一个方法 insert()，负责将一个学生的信息写入到数据库中。该方法使用循环语句遍历班级 ArrayList 类对象 stuList 中的每一个 Student 对象，调用 dao 对象的 insert()方法依次将每个学生信息存放到数据库中。

**【程序 22.5】** 编写数据库操作类 DbOperation，连接数据库、插入数据记录。

```
import java.sql.Connection;
import java.sql.Statement;
import java.sql.DriverManager;
import java.sql.SQLException;

public class DbOperation{

    public DbOperation(){
    }

    public Connection getConnection()
    throws ClassNotFoundException, SQLException{

        String sDBDriver="com.mysql.jdbc.Driver";
        String conStr="jdbc:mysql://localhost:3306/javadb";
        String username="root";
        String password="root";

        Class.forName(sDBDriver);
        Connection conn=DriverManager.getConnection(conStr, username, password);

        return conn;
    }

    public void update(Connection conn, String sql)throws SQLException{

        Statement st=conn.createStatement();
        st.executeUpdate(sql);

        st.close();
    }

    public void close(Connection conn)throws SQLException{
        conn.close();
    }
}
```

数据库操作类 DbOperation，完成连接数据库、插入数据记录等操作。

方法 public Connection getConnection()；的作用是得到数据库连接，即一个 Connection 类对象。要想访问数据库，首先需要连接数据库，连接数据库的相关信息保存在 Connection 类对象中。获取连接过程的具体语句：

```
Class.forName(sDBDriver);
```

负责装入由字符串 sDBDriver 指定的类 com.mysql.jdbc.Driver，这个类是 MySQL 数据库的驱动程序。下一条语句：

```
Connection conn=DriverManager.getConnection(conStr,username,password);
```

负责获取数据库连接，conStr 值为使用的连接字符串 jdbc:mysql://localhost:3306/javadb，包括数据库连接方式(jdbc:mysql)、机器的 IP 地址(localhost)、端口号(3306)和数据库名字(javadb)。另外两个参数 username 和 password 的值是连接数据库的用户名和密码，这两个参数是在安装数据库时设定的。得到的连接保存在 conn 中返回。

方法 public void update(Connection conn, String sql)实现对数据库表的插入、删除和更新操作。参数 conn 对象保存着打开的数据库连接。参数 sql 存放需要操作的 SQL 语句字符串。方法先创建一个 Statement 对象 st，调用 st 的 executeUpdate(sql)方法，完成数据库的数据操作，根据参数 sql 中的不同 SQL 语句完成不同的数据库操作。

方法 public void close(Connection conn)完成关闭连接 conn 的功能。一般一次数据库操作完成后，需要关闭前面打开的连接，为了操作方便单独定义了一个关闭方法 close()。

**【程序 22.6】** 编写数据库访问类 StudentDAO，保存学生数据。

```
import java.sql.Connection;
import java.sql.SQLException;

public class StudentDAO{

    public void insert(Student s){
        String sql;

        sql="insert into student(name,age,grade)values('";
        sql=sql+s.getName();
        sql=sql+"', ";
        sql=sql+s.getAge();
        sql=sql+", ";
        sql=sql+s.getGrade();
        sql=sql+")";
        DbOperation db=new DbOperation();
        try{
            Connection con=db.getConnection();
```

```
            db.update(con, sql);
            db.close(con);
        }catch(ClassNotFoundException e){
            System.out.println("数据库驱动程序不存在!");
            e.printStackTrace();
        }catch(SQLException e){
            System.out.println("数据库操作错误!");
            e.printStackTrace();
        }
    }
}
```

数据库操作类是一个通用的数据库类,具体到要完成某一个对象的数据库操作,需要再提供相应的数据库访问类。例如要将学生信息保存到数据库中,则定义一个StudentDAO类,该类定义一个方法insert(),实现将一个学生对象信息插入到数据库表student中。对数据库的所有操作都是通过SQL语句来实现的,因此程序中先拼接了一个SQL的insert语句字符串sql。接下来定义DbOperation类对象db,获取数据库连接con,调用db对象方法update()将学生对象信息插入到数据库表student中。最后关闭数据库连接。

读者自己可以参考StudentDAO类的insert()方法,实现修改一个学生对象信息的方法update(),以及删除一个学生对象方法delete()。

**【程序22.7】** 编写测试类程序Test.java。

```
import java.util.List;
import java.util.Map;
import java.io.IOException;

public class Test {
    public static void main(String[] args){

        //创建班级对象
        StudentClass xg=new StudentClass();

        //给班级添加学生
        xg.createClass();

        //保存学生信息到数据库
        xg.saveToDB();
    }
}
```

读者可以参考附录 A 安装配置 MySQL 数据库并创建实例数据库 javadb 和数据表 student，再配置 MySQL 数据库的 JDBC 驱动。数据库安装成功后，还需要配置环境，使用命令"set classpath =% classpath%; mysql-connector-java-5. 1. 39-bin. jar"设置 CLASSPATH 环境变量。

编译和运行程序 22.7，运行效果如图 22.5 所示。

```
D:\program\unit22\22-2\2-2>javac Test.java

D:\program\unit22\22-2\2-2>java Test

D:\program\unit22\22-2\2-2>
```

图 22.5　数据库保存功能

然后进入 MySQL 数据库，打开数据库，可以使用 SQL 语句查看学生信息，结果显示学生数据已经成功存入 student 数据表中，如图 22.6 所示。

```
mysql> set names gbk;
Query OK, 0 rows affected (0.00 sec)

mysql> use javadb
Database changed
mysql> select * from student;
+----+------+-----+-------+
| id | name | age | grade |
+----+------+-----+-------+
| 22 | 张三  |  17 |    67 |
| 23 | 王五  |  18 |  78.5 |
| 24 | 李四  |  18 |    98 |
| 25 | 赵六  |  19 |  76.5 |
| 26 | 孙七  |  17 |    90 |
+----+------+-----+-------+
5 rows in set (0.00 sec)
```

图 22.6　数据表 student 的内容

**2. 代码分析**

程序从测试类 Test. java 的 main()方法开始执行，执行过程如下：

第一步，定义班级类 StudentClass 对象 xg，并进行实例化；

第二步，调用对象 xg 的方法 createClass()，创建 5 个学生，添加到班级对象 xg 中；

第三步，调用对象 xg 的方法 saveToDB()，将班级学生对象保存到数据库表 student 中。

这里特别需要注意的是，必须事先按照附录 A 正确地安装配置 MySQL 数据库环境和 JDBC 驱动程序，并正确设置 CLASSPATH 环境变量之后，程序才能正确运行。另外，在进入 MySQL 数据库的命令行客户端后，需要先执行 set names gbk 命令正确设置字符集，再执行 use javadb 命令将实例数据库 javadb 设置为当前数据库，最后执行 select * from student 命令查看 student 数据表中存入的数据。

**3. 改进和完善**

在实现了数据库保存功能后，可以参考数据保存功能实现数据的修改和删除功能。并在此基础上进一步可以实现查询功能，例如查看所有学生成绩或者按姓名查询指定学生的成绩等等。

数据库表中的数据修改使用SQL语句中的update语句，读者可以修改指定的学生对象的年龄和成绩。修改方法需要参考插入方法inert()，完成对应update语句的拼接，其他操作与insert()方法相同。数据库表中数据删除操作使用SQL语句中的delete语句，读者可以删除指定的学生对象所对应的学生。删除方法需要参考插入方法inert()，完成对应delete语句的拼接。数据库表中数据查询操作要复杂一些，有兴趣的读者可以自己查找相关信息或者到网上查找相关程序说明，实现这个功能。

### 22.2.3 重构程序结构

仔细看看程序22.4到程序22.7，这些程序完成了不同的功能。因此根据实现功能不同可以将这些程序进行分类，划分成不同的包，重构后的包结构如图22.7所示。

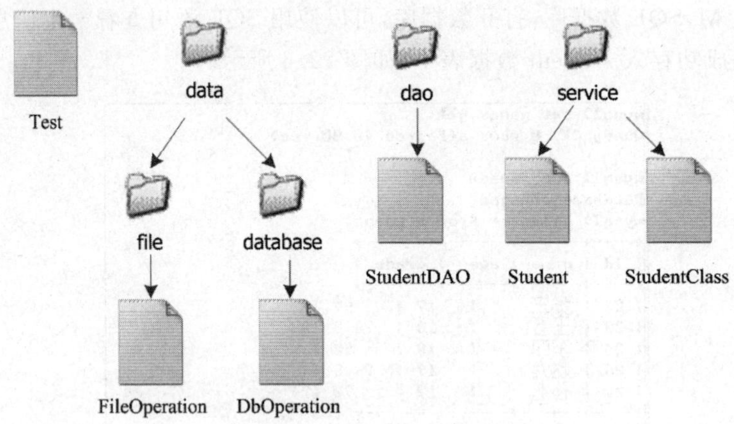


图22.7 重构后的包结构

测试类Test位于当前目录下，在当前目录下还有三个包，包data是数据操作包，包dao是数据库操作对象包，包service是业务服务包。包data中包括了所有与数据操作相关的类，下面有两个子包。子包file中存放与文件操作相关的类FileOperation。子包database中存放与数据库操作相关的类DbOperation。包dao是数据访问相关的包，程序中的对象需要保存到数据库中，因此每个数据类都对应一个数据访问类，例如Student类对应数据访问类StudentDAO。业务逻辑包service中存放与业务处理相关的类，完成程序需要的功能，例如类Student和类StudentClass。

定义好了包结构后，每个类前面需要增加包定义语句，还需要导入用到的包。例如，类StudentDAO中添加代码段如下：

```
package dao;
import java.sql.Connection;
import java.sql.SQLException;

import service.Student;
import data.database.DbOperation;
```

第一条语句是一条包定义语句：

```
package dao;
```

定义类 StudentDAO 位于包 dao 中，对应的文件 StudentDAO.java 保存到目录下。另外还增加了两个导入语句：

```
import service.Student;
import data.database.DbOperation;
```

之前这些类都在一个包中，因此不需要导入，但此时已经放到不同包中，因此需要导入类 Student 和类 DbOperation。读者可以自己尝试完成其他类的包定义语句和导入包语句。编译运行结果如图 22.8 所示。

```
D:\program\unit22\22-2\2-3>javac Test.java

D:\program\unit22\22-2\2-3>java Test

D:\program\unit22\22-2\2-3>
```

**图 22.8 增加包结构程序结果**

编译程序 Test.java，编译程序会自动找到导入的包进行编译，运行程序正确，将 5 个学生的信息保存到数据库表中。需要说明的是，每次运行这个程序都会把这 5 名学生对象的信息保存一次。

## 22.3 文件操作相关类库

大多数程序的核心功能都是针对数据进行各种处理。数据处理过程中需要对数据进行传输、保存和读取。Java 语言中提供了丰富的基础类库完成这些功能。在逐步学习这些类库用法的基础上，可以直接利用这些类来创建对象，实现所需的功能。

### 22.3.1 I/O 流

Java 使用 UNIX 中的概念——流，将处理和传输的数据视作连续的字节流。流的源端和目的端可以是计算机的内存空间、磁盘文件，或者是 Internet 上的某个 URL。从程序设计者的角度看，根据数据传输的方向，可以将流分为输入流和输出流，如图 22.9 和图 22.10 所示。

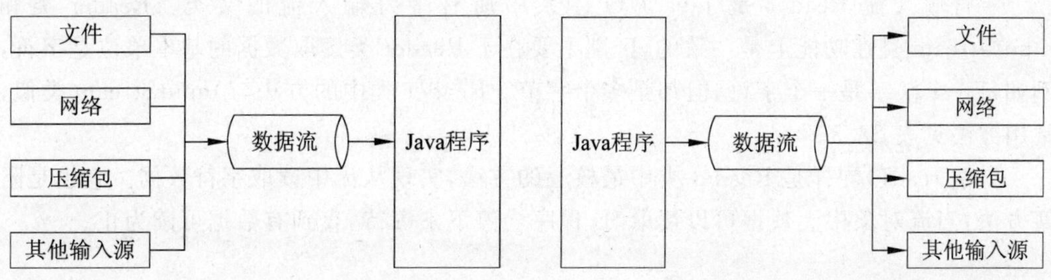


**图 22.9 Java 输入流**　　**图 22.10 Java 输出流**

Java 语言中与流操作相关的类称为 Java I/O 类，这些类位于 java.io 包中。这些类还可以根据I/O流中数据序列的传输单位，分为字节流（bytestream）和字符流（char stream）。因此 Java 的 I/O 类体系按照上面分成四组流操作类：字节输入流 InputStream、字节输出流 OutputStream、字符输入流 Reader 和字符输出流 Writer。

字节输入流 InputStream 是 Java I/O 体系中所有字节输入流的父类。InputStream 类中包含的方法会被所有字节输入流子类继承，常用方法见表 22.1。

**表 22.1 InputStream 类常用方法**

| 方法声明 | 功能简介 |
| --- | --- |
| public void close() | 关闭当前流对象，并释放该流对象占用的资源 |
| public abstract int read() | 读取当前流对象中的第一个字节 |

方法 read()是 InputStream 类中最核心的方法，实现从流中读取字节数据。在读取流中的数据时，只能按照流中的数据存储顺序依次进行读取。InputStream 类读取数据的最小单位是字节。另外，read()方法是阻塞方法，当流对象中无数据可读时，read()方法会阻止程序运行，一直等到有数据可以读取为止。该方法是一个抽象方法，在子类中会被覆盖，具体实现实际的数据读取功能。

字节输出流 OutputStream 类是 Java I/O 体系中所有字节输出流的父类。字节输出流负责把要输出的数据写出到数据目的端。字节输出流写数据的单位是字节，通常在输出时需要将数据转换为字节数组。OutputStream 类的常用方法见表 22.2。

**表 22.2 OutputStream 类常用方法**

| 方法声明 | 功能简介 |
| --- | --- |
| public void close() | 关闭当前流对象，并释放该流对象占用的资源 |
| public void flush() | 将当前流对象中的暂存数据强制输出到数据目的端，可用于实现立即输出 |
| public abstract void write (int b) | 向流的末尾写出参数 b 的最后一个字节 |

OutputStream 类中的 write()方法是最核心的方法，其作用是向流的末尾写一个字节数据。数据为参数 b 的最后一个字节，按照方法的执行顺序输出。该方法也是一个抽象方法，在子类中会被覆盖，具体实现实际的数据输出。

字符输入流 Reader 是 Java I/O 体系中所有字符输入流的父类。Reader 类和 InputStream 类在功能上是一致的，区别主要在于 Reader 类读取数据的基本单位是字符，例如每一个汉字是一个字符，但却是多个字节。Reader 类中的方法与 InputStream 类似，常用方法见表 22.3。

方法 read()同样是 Reader 类中最核心的方法，实现从流中读取字符数据。它也是阻塞方法，当流对象中无数据可以读取时，程序会停下来等待，直到有数据可读为止。

表 22.3 Reader 类的常用方法

| 方法声明 | 功能简介 |
| --- | --- |
| public void close() | 关闭当前流对象,并释放该流对象占用的资源 |
| public abstract int read() | 读取当前流对象中的第一个字符 |

字符输出流 Writer 是 Java I/O 体系中所有字符输出流的父类。Writer 类和 OutputStream 类在功能上是一致的,区别主要在于 Writer 类写出数据的基本单位是字符。Writer 类中的方法与 OutputStream 类似,另外还增加了一些其他方法。Writer 类的常用方法见表 22.4。

表 22.4 Writer 类的常用方法

| 方法声明 | 功能简介 |
| --- | --- |
| public abstract void close() | 刷新后关闭当前流对象,并释放该流对象占用的资源 |
| public abstract void flush() | 将当前流对象中的暂存数据强制输出到数据目的端,可用于实现立即输出 |
| public void write(int c) | 向流的末尾写出单个字符,要写出的字符包含在给定参数 c 的低 16 位中 |
| public void write(String str) | 将字符串 str 中的字符数据依次写到当前的流对象 |

方法 write 是 OutputStream 类中最核心的方法,将字符数据写出到流中,写出的顺序就是实际数据输出的顺序。

在 I/O 操作类中,除了流之外还有与文件相关的操作类。文件的读写操作是程序设计中常见的功能。Java 提供了 FileReader 和 FileWriter 两个专门的类。这两个类分别是 Reader 类和 Writer 类的子类,称为文件字符输入流和文件字符输出流。通过这两个流可以对关联的文件进行读取或写出字符。FileReader 类和 FileWriter 类的构造方法见表 22.5。

表 22.5 FileReader 类和 FileWriter 类的构造方法

| 方法声明 | 功能简介 |
| --- | --- |
| FileReader(String fileName) | 创建一个 FileReader 对象,参数 fileName 是要从中读取数据的文件的名称 |
| FileWriter(String fileName) | 创建一个 FileWriter 对象,参数 fileName 是要写出数据的文件名称 |
| FileWriter ( String fileName, boolean append) | 创建一个 FileWriter 对象,参数 fileName 是要向其中写出数据的文件的名称,参数 append 如为 true,则将数据写到文件末尾处,而非文件开始处 |

创建相应的对象之后,使用从 Reader 类继承的 read()方法即可实现读取文件内容,使用从 Writer 类继承的 write 方法即可实现内容写入到文件。

### 22.3.2 I/O 操作步骤

Java 的 I/O 程序主要分成两种:一种是输入程序,从文件或者是网上读取数据,传给程序。另一种是输出程序，将程序中的数据输出到显示器，或者是输出到文件中。Java的I/O程序都有比较固定的操作步骤，例如程序22.2的文件操作类FileOperation和程序22.3测试类Test，使用FileWriter类实现。常见的输出程序包括以下步骤。

第一步，导入Java I/O类库，导入java.io包中的FileWriter类；

```
import java.io.FileWriter;
```

第二步，创建输出流对象，例如下面代码段中创建一个FileWriter类对象out，关联到当前目录中的文件student.txt，如果该文件不存在，系统会自动创建文件；

```
FileWriter out=new FileWriter(filename);
```

第三步，向流中写入数据，使用write()方法将需要输出的数据写出到输出流中，Map类型对象m中保存了学生的姓名和成绩，转换成字符串输出；

```
for(Map.Entry entry : m.entrySet()){
    out.write(entry.getKey()+":"
    +entry.getValue()+"\t");
}
out.write("\r\n");
```

第四步，关闭输出流，调用输出流对象的close()方法关闭输出流，释放占用的资源，回写缓冲区中的内容。

```
out.close();
```

程序22.2的文件操作类FileOperation和程序22.3测试类Test就是按照这个步骤实现了向文件中存储学生姓名和成绩功能。使用FileWriter的wirte()方法向流中写入数据后，如果需要立即将数据强制输出到外部的数据目的端，可以通过调用流对象的flush()方法实现。如果不需要强制输出，则只需要在写入结束以后，关闭流对象即可。在关闭流对象时，系统会首先将流中未输出到数据源中的数据强制输出，然后再释放该流对象占用的内存空间。对于其他类型的字节输出流和字符输出流来说，只需要创建和连接不同的数据流对象，都是使用write方法实现数据输出。

与常见的输出程序步骤相似，输入程序也包括这些步骤，下面以FileReader类为例实现文件输入功能，修改后的文件操作类FileInOperation.java如程序22.8所示。

**【程序22.8】** 修改后的文件操作类程序FileInOperation.java。

```
package data.file;

import java.util.List;
import java.util.Map;
```

```
import java.io.FileWriter;
import java.io.FileReader;
import java.io.IOException;

public class FileInOperation{

    private FileReader in;

    public FileInOperation(String fileName)throws IOException{
        in=new FileReader(fileName);
    }

    public void read()throws IOException{
        int ch;
        ch=in.read();
        while(ch !=-1){
            System.out.print(""+(char)ch);
            ch=in.read();
        }
    }

    public void close()throws IOException{
        in.close();
    }
}
```

修改程序 22.3 中的测试类，使用文件操作类 FileInOperation 读取文件 student.txt 中内容，如程序 22.9 所示。

**【程序 22.9】** 测试类程序 Test.java。

```
import java.util.List;
import java.util.Map;
import java.io.IOException;

import service.StudentClass;
import data.file.FileInOperation;
public class Test {
    public static void main(String[] args){
        try{
            FileInOperation fo=new FileInOperation("student.txt");
```

```
                fo.read();
                fo.close();
            }
            catch(IOException e){
                System.out.println("文件出错!");
            }
        }
    }
```

使用 Java I/O 类库实现的读入程序主要步骤与输出程序相同，参看上面的程序段，以 FileReader 类为例说明，不再给出详细说明。

第一步，导入 Java I/O 类库；

第二步，创建输入流对象，实现从输入流到外部输入源的连接；

第三步，从流中读出数据，使用 read()方法读取流中的一个字符，通过循环可以读取流中的所有字符，当到达流的末尾时，read 方法的返回值是－1，使用这个返回值作为循环结束条件；

第四，关闭输入流。

读取其他输入源的操作与读取文件类似，最大的区别在于建立流对象时选择的类不同。输入流对象一旦建立，其读取方法是一样的。Java I/O 体系的这种设计形式，使得只要熟悉该体系中某一个类的使用，就可以触类旁通地学会其他类的使用。

## 22.4 数据库操作

大多数常见的应用程序都会涉及到数据库操作，将输入数据和处理结果保存到数据库中，从数据库中读取需要处理的数据。Java 语言中提供了多个与数据库操作相关的类，利用这些类可以实现对数据库的操作。

### 22.4.1 数据库操作概述

为了简化在程序中的数据库存取操作，Java 提供了一套专门用于执行 SQL 语句的 API，称为 JDBC(Java DataBase Connectivity)。JDBC 由一组接口和类组成，可以连接各种关系型数据库，使用 SQL 语句操作数据库，完成对数据库中数据的增、删、查、改四种基本操作。基于 JDBC 编写访问数据库的 Java 程序，屏蔽了不同数据库系统的差异，使得程序员可以无差别地操作不同的数据库，简化了数据库编程。JDBC 原理如图 22.11 所示。

Java 语言中有许多与数据库访问相关的类，存放在包 java. sql 下。下面对常用的几个接口和类进行说明。

Driver 接口提供用来注册和连接支持 JDBC 的驱动程序，每个 JDBC 驱动程序都应该提供一个实现 Driver 接口的类。需要把指定数据库驱动程序或类库加载到 CLASSPATH 中。例如程序 22.5 访问 MySQL 数据库，就需要将数据库厂商提供的实

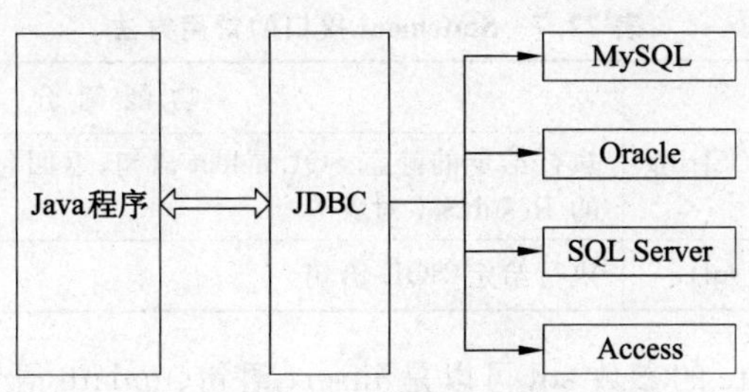


图 22.11 JDBC 原理图

现了 Driver 接口的驱动程序 com. mysql. jdbc. Driver 所在的 jar 包文件 mysql-connector-java-5. 1. 39-bin. jar 加载到 CLASSPATH 中。加载某一 Driver 类时,它应该创建自己的实例并向 DriverManager 注册该实例,例如语句:

```
Class.forName("com.mysql.jdbc.Driver")
```

负责加载和注册 MySQL 数据库的驱动程序。Java 程序通过 DriverManager 建立与驱动程序的连接。常用方法为:

```
static Connection getConnection(String url, String user, String password)
```

该方法试图建立到给定数据库的连接。DriverManager 会试图从已注册的 JDBC 驱动程序集中选择一个适当的驱动程序。例如语句:

```
String conStr="jdbc:mysql://localhost:3306/javadb";
String username="root";
String password="root";
Connection conn=DriverManager.getConnection(conStr, username, password);
```

三个参数如下:conStr 是数据库连接字符串,username 是数据库用户名,password 是数据库用户的密码。此方法返回一个到指定数据库的连接对象。Connection 接口代表了 Java 程序与数据库之间的连接,用于提供创建语句和管理连接及其属性的方法。常用方法见表 22.6。

表 22.6 Connection 接口的常用方法

| 方法声明 | 功能简介 |
|---|---|
| Statement createStatement() | 创建一个 Statement 对象,用于将 SQL 语句发送到数据库 |
| PreparedStatement prepareStatement(String sql) | 创建一个 PreparedStatement 对象,用于将参数化的 SQL 语句发送到数据库 |
| void close() | 释放此 Connection 对象的数据库和 JDBC 资源 |

Statement 接口用于执行静态 SQL 语句,并返回它所生成结果的对象。常用方法见表 22.7。

表 22.7 Statement 接口的常用方法

| 方法声明 | 功能简介 |
|---|---|
| ResultSet executeQuery(String sql) | 执行给定的静态 SQL select 语句，返回包含给定查询所生成数据的 ResultSet 对象 |
| int executeUpdate(String sql) | 执行给定 SQL 语句 |

方法 executeUpdate 的参数 sql 可以是 insert 语句、update 语句或 delete 语句，而方法 executeQuery 执行 select 语句，返回的查询结果保存在 ResultSet 对象中。

ResultSet 接口用于表示数据库查询返回的结果集，通常由执行查询数据库的语句生成，其中存放了查询数据库的结果。在 ResultSet 对象中具有指向当前数据行的光标，可以在 while 循环中使用 next()方法来迭代结果集。

```
boolean next() throws SQLException
```

ResultSet 对象有一个游标，指向结果集的一条记录，该方法将游标从当前位置向前移动一行。ResultSet 游标最初位于第一行之前，第一次调用 next 方法使第一行成为当前行，第二次调用使第二行成为当前行，依此类推。如果新的当前行有效则返回 true，如果不存在则返回 false。

### 22.4.2 数据库操作步骤

在 Java 语言中，使用 JDBC 编程操作数据库的过程一般需要以下步骤，以 MySQL 数据库为例说明如下。

第一步，导入数据库操作需要的包，例如代码：

```
import java.sql.Connection;
import java.sql.Statement;
import java.sql.DriverManager;
import java.sql.SQLException;
```

第二步，加载驱动程序，然后调用 Class 类的 forName()方法加载驱动程序类，加载成功后即可使用该驱动程序与数据库建立连接，实现代码如下：

```
Class.forName("com.mysql.jdbc.Driver");
```

第三步，建立数据库连接，这里通过提供数据库连接字符串、数据库用户名和数据库密码，即可建立数据库连接，例如代码：

```
String sConnStr="jdbc:mysql://localhost:3306/javadb";
String username="root";
String password="mysql";
Connection conn=DriverManager.getConnection(sConnStr,username,password);
```

第四步，创建 Statement 对象，代码如下：

```
Statement st=conn.createStatement();
```

第五步，执行 SQL 语句，完成对数据库操作，代码如下：

```
st.executeUpdate(sql);
```

第六步，处理执行结果，如果有处理结果，例如查询结果，需要将查询结果保存。

第七步，关闭数据库连接，释放所占用的资源。

```
conn.close();
```

程序 22.6 中类 StudentDAO 的 insert()方法就是按照这个步骤实现了向数据库中存储学生成绩信息的功能。

数据库操作中最常用的操作是查询操作，使用 SQL 中的 select 语句完成查询操作。下面给出一个例子，实现从数据库表 student 中查询所有学生的信息。

**【程序 22.10】** 在数据库操作类 DbOperation 中增加方法 getAll()，从数据库 student 表中读取学生信息。

```
public List<Student>getAll(Connection conn, String sql){

    List<Student>result=new ArrayList<Student>();

    Student temp;
    String name;
    int age;
    double grade;

    try {
        PreparedStatement ps=conn.prepareStatement(sql);
        ResultSet rs=ps.executeQuery();
        while(rs.next()){
            name=rs.getString("name");
            age=rs.getInt("age");
            grade=rs.getDouble("grade");
            temp=new Student(name, age, grade);
            result.add(temp);
        }
    } catch(SQLException e1){
        System.err.println(e1);
```

```
        }

        return result;
    }
```

数据库操作类 DbOperation 中增加方法 getAll()后，就可以实现从数据库表中读取学生数据了。当然这个方法还有点局限，就是只能读取学生类信息。读者有兴趣可以自己设计更加通用的数据库读取程序。核心代码如下：

```
PreparedStatement pst=con.prepareStatement(sql);
ResultSet rs=pst.executeQuery();
ResultSetMetaData rsmd=rs.getMetaData();
while(rs.next()){
    Map<String, String>record =new HashMap<String, String>();
    for(int i=0; i<rsmd.getColumnCount(); i++){
        String colName=rsmd.getColumnLabel(i+1);
        String colContent=rs.getString(i+1);
        record.put(colName, colContent);
    }
    list.add(record);
}
```

读者可以自己研读这段代码，弄清楚代码的含义后，使用这段代码替换上面 getAll()方法，实现更加通用的数据库访问方法。

## 22.5 实做程序

1. 修改程序 22.1 和程序 22.3，给班级类增加排序功能，保存排序后的结果，输出按照学生成绩排序后的结果。

要点提示：

(1) 在 StudentClass 类中增加一个排序方法，对班级学生进行排序；

(2) 测试类 Test 中先进行排序，保存排序后的结果。

2. 使用 FileReader 编程实现文件读取功能，读出 student.txt 中的保存的学生成绩信息并进行显示。

要点提示：可参考 22.3.2 节中的程序实现。

3. 参考 StudentDAO 类中的 insert()方法实现 update()方法和 delete()方法。

要点提示：

(1) 方法 update()需要拼接 SQL 中的 update 语句，假设根据学生姓名修改其他信息；

(2) 方法 delete()需要拼接 SQL 中的 delete 语句，假设根据学生姓名删除学生。

4. 参考 StudentDAO 类的 getAll()方法增加一个 getByName()方法，根据学生姓名查找学生信息。

要点提示：

(1) 方法定义如下 public Student getByName(String name)，返回学生对象；

(2) 使用方法 getAll()实现，取结果中的第一个。

# 第 23 章

# 图形界面成绩管理

**学习目标**

- 掌握常用 Swing 组件和布局管理器的使用；
- 理解 AWT 事件处理机制；
- 能够应用 GUI 编程方法实现图形界面的成绩管理功能。

## 23.1 开发任务

本章继续完善前面的程序，实现一个图形界面的成绩管理系统，能够对存储到学生成绩数据库中的学生成绩实现录入、查看、排序和按姓名查询等功能。本章有两个任务，第一个开发任务是实现所需要的图形界面，如图 23.1 所示。

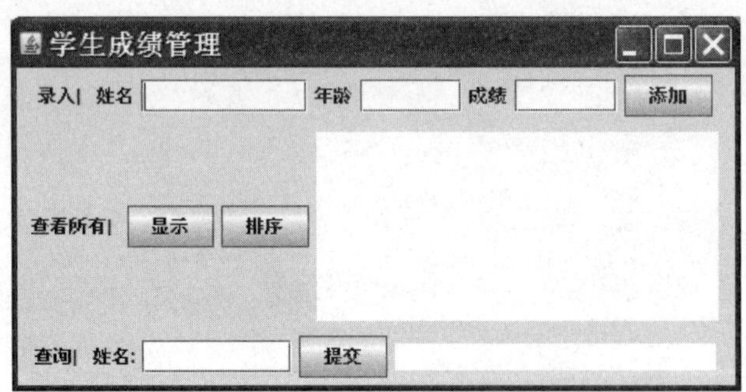


图 23.1 学生成绩管理界面

第二个开发任务是为图形界面中的组件增加处理程序，完成所需要的功能。在录入功能中输入姓名、年龄和成绩，单击“添加”按钮，即可将学生信息存入数据库，运行效果如图 23.2 所示。

实现学生成绩查看功能，增加“显示”按钮处理程序，单击界面中间的“显示”按钮，找出数据库中保存的所有学生信息，将这些信息显示在右侧显示区中，运行效果如图 23.3 所示。

单击界面中的“排序”按钮，实现学生成绩排序功能，找到数据库中保存的所有学生信息，按照成绩从低到高排序后显示在右侧显示区中，运行效果如图 23.4 所示。

在查询功能中输入姓名，单击“提交”按钮，即可根据姓名查询相应学生的信息并显示在右下侧显示区中，运行效果如图 23.5 所示。

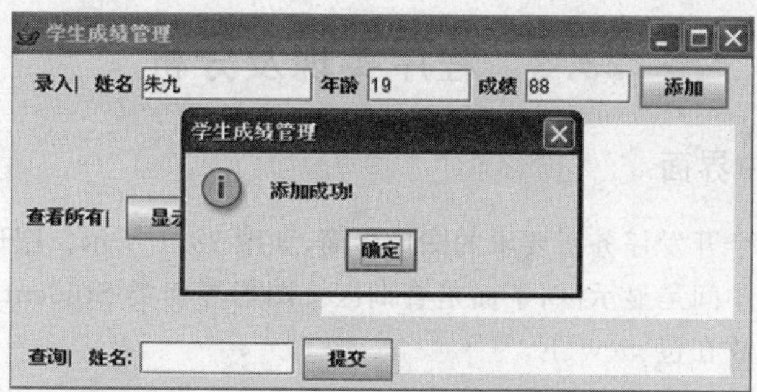


图 23.2　录入成绩功能

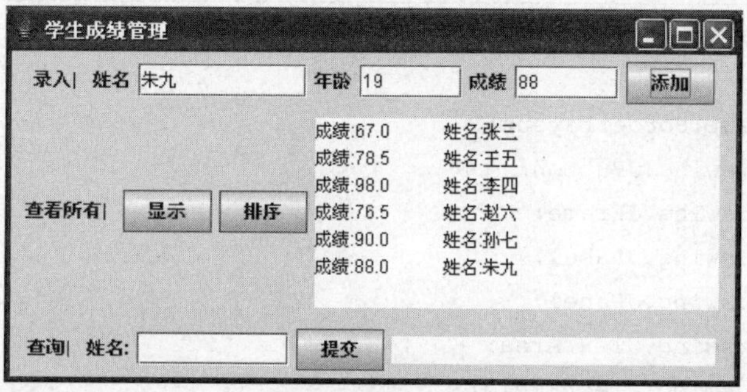

图 23.3　查看成绩功能

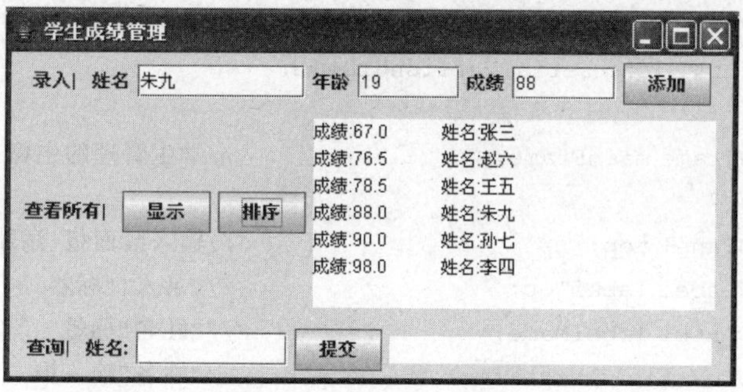

图 23.4　成绩排序功能

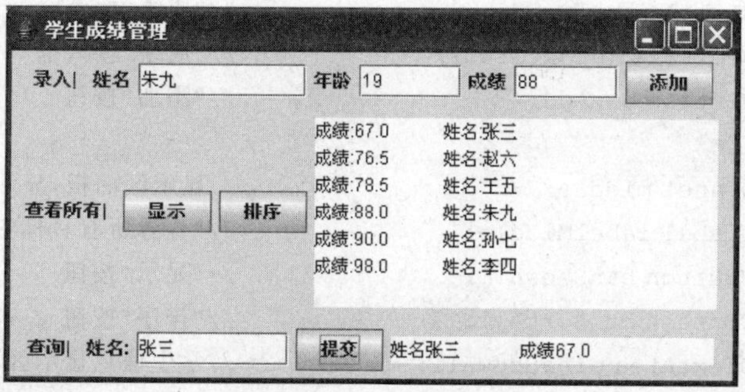

图 23.5　查询成绩功能

## 23.2 程序实现及分析

### 23.2.1 图形用户界面

首先实现第一个开发任务所要求的图形界面，如图 23.1 所示。图形界面分成三个部分，上面是输入区，中间是显示区，下面是查询区。图形界面类 StudentManagement 如程序 23.1 所示，该类放在包 view 下。

**1. 程序实现**

**【程序 23.1】** 编写程序 StudentManagement.java，实现图形界面。

```
package view;

import java.awt.BorderLayout;
import javax.swing.JButton;
import javax.swing.JFrame;
import javax.swing.JLabel;
import javax.swing.JPanel;
import javax.swing.JTextArea;
import javax.swing.JTextField;

public class StudentManagement {

    private final long serialVersionUID=1L;

    private JFrame mainFrame;                    //学生管理的主窗口

    private JPanel top;                          //输入区面板,添加学生信息区域
    private JLabel labelTop;                     //"录入|"标签
    private JLabel labelName;                    //"姓名"标签
    private JTextField textName;                 //"姓名"输入框
    private JLabel labelAge;                     //"年龄"标签
    private JTextField textAge;                  //"年龄"输入框
    private JLabel labelGrade;                   //"成绩"标签
    private JTextField textGrade;                //"成绩"输入框
    private JButton btnAdd;                      //"添加"按钮

    private JPanel middle;                       //显示区面板,显示学生信息区域
    private JLabel labelMiddle;                  //"查看所有|"标签
    private JButton btnShowAll;                  //"显示"按钮
    private JButton btnSortAll;                  //"排序"按钮
    private JTextArea areaShowAll;               //学生信息显示区
```

```
    private JPanel bottom;                              //查询区面板,查询学生信息
    private JLabel labelBottom;                         //"查询|"标签
    private JLabel labelQuery;                          //"姓名:"标签
    private JTextField textQuery;                       //"姓名"输入框
    private JButton btnQuery;                           //"提交"按钮
    private JTextArea areaQuery;                        //查询结果显示区

    public StudentManagement(String title){
        mainFrame=new JFrame(title);
    }

    public void run(){
        mainFrame.setBounds(100,100,500,250);           //设置窗口位置大小
        mainFrame.setVisible(true);                     //设置窗口可见
        //设置单击"关闭"按钮的功能为退出程序
        mainFrame.setDefaultCloseOperation(JFrame.EXIT_ON_CLOSE);

        addInput();
        addShowAll();
        addQuery();

        mainFrame.validate();
    }

    private void addInput(){
        top=new JPanel();
        labelTop=new JLabel("录入|  ");
        labelName=new JLabel("姓名");
        labelAge=new JLabel("年龄");
        labelGrade=new JLabel("成绩");
        textName=new JTextField(10);
        textAge=new JTextField(6);
        textGrade=new JTextField(6);
        btnAdd=new JButton("添加");

        top.add(labelTop);
        top.add(labelName);
        top.add(textName);
        top.add(labelAge);
        top.add(textAge);
        top.add(labelGrade);
        top.add(textGrade);
        top.add(btnAdd);
```

```
        mainFrame.add(top,BorderLayout.NORTH);
    }
    private void addShowAll(){
        middle=new JPanel();

        labelMiddle=new JLabel("查看所有|  ");
        btnShowAll=new JButton("显示");
        btnSortAll=new JButton("排序");
        areaShowAll=new JTextArea(7,25);

        middle.add(labelMiddle);
        middle.add(btnShowAll);
        middle.add(btnSortAll);
        middle.add(areaShowAll);

        mainFrame.add(middle,BorderLayout.CENTER);
    }

    private void addQuery(){
        bottom=new JPanel();

        labelBottom=new JLabel("查询|  ");
        labelQuery=new JLabel("姓名:");
        textQuery=new JTextField(9);
        btnQuery=new JButton("提交");
        areaQuery=new JTextArea(1,20);

        bottom.add(labelBottom);
        bottom.add(labelQuery);
        bottom.add(textQuery);
        bottom.add(btnQuery);
        bottom.add(areaQuery);

        mainFrame.add(bottom,BorderLayout.SOUTH);
    }
}
```

类 StudentManagement 实现一个图形用户界面，使用 Java 提供的 JFrame 类作为界面的主窗口。窗口中可以放置各种组件，上面程序中放置了 JLabel 标签对象、JTextField 文本框对象、JButton 按钮对象、JTextArea 文本域对象以及 JPanel 面板对象。

JLabel 是标签组件，用于显示信息，例如标签 labelTop 显示“录入|”。JTextField 组件是文本框，用于输入信息，例如输入框 textName 用于输入“学生姓名”。JButton 组件

是按钮，用于完成某种操作和功能，例如“添加”按钮 btnAdd，编写相应的处理程序后可以将输入的学生信息添加到数据库中。JTextArea 组件是文本域，用于显示内容较多的文本信息。JPanel 组件是一个面板，本身是透明的，可以把多个组件放到面板上作为一个整体使用，例如面板 top，里面有 4 个标签、3 个输入框和一个按钮，并把 top 作为整体放到窗口的上部。

在构造方法 StudentManagement(String title)中，实例化 JFrame 类赋给窗口对象 mainFrame。参数 title 是窗口的标题。方法 run()负责显示窗口，前 3 条语句分别是设置窗口位置大小，窗口可见和将单击“关闭”按钮的功能设置为退出程序，接下来 3 条语句依次调用 addInput()、addShowAll()和 addQuery()方法向窗口中添加 3 个面板，分别是上面的输入区，中间的显示区和下面的查询区。

为了能够让窗口中的组件摆放更美观，Java 提供了布局管理器负责摆放组件。JFrame 的默认布局管理器是 BorderLayout 布局管理器。三个方法 addInput()、addShowAll()和 addQuery()中的最后一句都是向主窗口中添加面板，并指示面板的位置。例如语句：

```
mainFrame.add(top, BorderLayout.NORTH);
```

调用 mainFrame 对象的 add()方法向主窗口 mainFrame 中添加，参数 top 是添加的面板对象，参数 BorderLayout. NORTH 指示添加位置，屏幕的上方为北。这条语句的功能是将面板 top 添加到主窗口的上部。使用同样的方法把面板 middle 添加到主窗口的中间，面板 bottom 添加到主窗口的下部。

这个例子的窗口中需要添加的组件比较多，都写在 run()方法中太长了。因此根据窗口的 3 个功能区，设计了 addInput()、addShowAll()和 addQuery()3 个私有方法。每个方法负责一个功能区的组件摆放。每个方法都有一个面板对象，首先将功能区的所有组件摆放到面板上，然后再将面板摆放到主窗口中。

方法 addInput()中创建了一个面板对象 top、4 个标签 JLabel 对象、3 个文本框 JTextField 对象和一个按钮 JButton 对象。JLabel 对象在实例化时指定了要显示的文本，JTextField 对象实例化时指定文本框的大小，JButton 对象实例化时指定了按钮上要显示的名字。然后调用 top 对象的 add()方法，按顺序把所创建的基本组件依次添加到中间容器中。面板 JPanel 默认的布局管理器是 FlowLayout，添加到面板中的组件会按顺序在面板上从左到右摆放，一行摆放不开转到下一行继续排放。因此可以看到程序中面板 top 上按照添加的顺序显示排放组件。

addShowAll()和 addQuery()两个方法的代码结构与 addInput()方法类似。分别布置中间显示区的组件和下面查询区域的组件。这两个方法读者可以自己分析，这里不再详述。

**【程序 23.2】** 测试类程序 Test. java。

```
import view.StudentManagement;

public class Test {
```

```
    public static void main(String[] args){
        StudentManagement sm=new StudentManagement("学生成绩管理");
        sm.run();
    }
}
```

编译和运行程序 23.2 运行过程如图 23.6 所示。运行后弹出的图形窗口如图 23.1 所示。

```
D:\program\unit23\23-2\2-1>javac Test.java

D:\program\unit23\23-2\2-1>java Test
```

图 23.6　编译运行程序 23.2

**2. 代码分析**

程序从测试类 Test 的 main()方法开始执行,执行过程如下:

第一步,程序运行之前需要导入 view 包中的类 StudentManagement,定义这个类对象 sm,实例化,设置主窗口标题为"学生成绩管理";

第二步,调用对象 sm 的方法 run(),完成主窗口显示功能;

第三步,方法 run()前 3 条语句设置窗口位置、可见性和"关闭"按钮;

第四步,方法 run()接着调用了三个方法 addInput()、addShowAll()和 addQuery(),显示主窗口的三个区域:输入区、显示区和查询区。

**3. 改进和完善**

程序 23.2 只是实现了图形用户界面,这个图形界面还不够美观,比如中间的工作区左边有一个提示和两个按钮,这三个组件可以纵向排列,有兴趣的读者可以自己尝试完成这个功能。另外,读者可以根据自己的想法给这个图形界面增加功能,例如增加一个删除学生的按钮等。

目前只完成了一个图形界面,界面中的按钮还不能工作,没有实现要求的功能。下一节将继续完成这个程序。

### 23.2.2　成绩管理功能

接下来完成第二个任务,为前面实现的图形用户界面的每个按钮增加相应的实现程序。程序具体实现之前,先将以前的程序进行重构,设计包结构,将完成不同功能的类放在不同包中。包结构如图 23.7 所示。

**1. 程序实现**

**【程序 23.3】**　修改类 StudentManagement,增加按钮的处理程序。

```
package view;

import java.awt.BorderLayout;
```

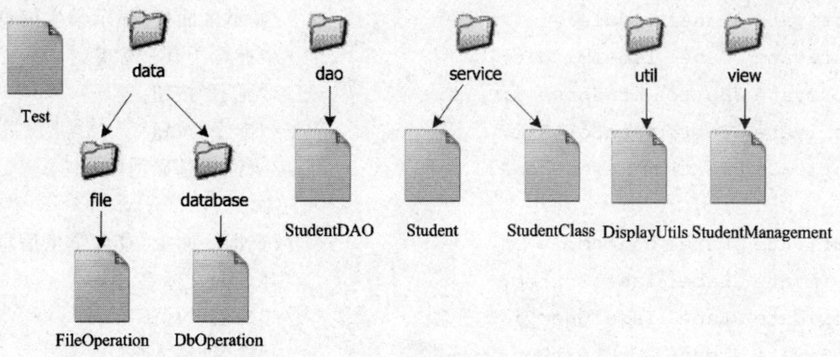


图 23.7　程序包结构

```
import javax.swing.JButton;
import javax.swing.JFrame;
import javax.swing.JLabel;
import javax.swing.JPanel;
import javax.swing.JTextArea;
import javax.swing.JTextField;
import javax.swing.JOptionPane;

import java.awt.event.ActionEvent;
import java.awt.event.ActionListener;

import dao.StudentDAO;
import service.Student;
import service.StudentClass;
import util.DisplayUtils;

public class StudentManagement implements ActionListener{

    private JFrame mainFrame;                      //学生管理的主窗口

    private JPanel top;                            //输入区面板,添加学生信息区域
    private JLabel labelTop;                       //"录入|"标签
    private JLabel labelName;                      //"姓名"标签
    private JTextField textName;                   //"姓名"输入框
    private JLabel labelAge;                       //"年龄"标签
    private JTextField textAge;                    //"年龄"输入框
    private JLabel labelGrade;                     //"成绩"标签
    private JTextField textGrade;                  //"成绩"输入框
    private JButton btnAdd;                        //"添加"按钮
```

```
    private JPanel middle;                          //显示区面板,显示学生信息区域
    private JLabel labelMiddle;                     //"查看所有|"标签
    private JButton btnShowAll;                     //"显示"按钮
    private JButton btnSortAll;                     //"排序"按钮
    private JTextArea areaShowAll;                  //学生信息显示区

    private JPanel bottom;                          //查询区面板,查询学生信息
    private JLabel labelBottom;                     //"查询|"标签
    private JLabel labelQuery;                      //"姓名:"标签
    private JTextField textQuery;                   //"姓名"输入框
    private JButton btnQuery;                       //"提交"按钮
    private JTextArea areaQuery;                    //查询结果显示区

    public StudentManagement(String title){
        mainFrame=new JFrame(title);
    }

    public void run(){
        mainFrame.setBounds(100,100,500,250);  //设置窗口位置大小
        mainFrame.setVisible(true);             //设置窗口可见
        mainFrame.setDefaultCloseOperation(JFrame.EXIT_ON_CLOSE);

        addInput();
        addShowAll();
        addQuery();

        setAction();

        mainFrame.validate();
    }

    private void addInput(){
        top=new JPanel();
        labelTop=new JLabel("录入|  ");
        labelName=new JLabel("姓名");
        labelAge=new JLabel("年龄");
        labelGrade=new JLabel("成绩");
        textName=new JTextField(10);
        textAge=new JTextField(6);
        textGrade=new JTextField(6);
        btnAdd=new JButton("添加");

        top.add(labelTop);
```

```
    top.add(labelName);
    top.add(textName);
    top.add(labelAge);
    top.add(textAge);
    top.add(labelGrade);
    top.add(textGrade);
    top.add(btnAdd);

    mainFrame.add(top,BorderLayout.NORTH);
}
private void addShowAll(){
    middle=new JPanel();

    labelMiddle=new JLabel("查看所有|  ");
    btnShowAll=new JButton("显示");
    btnSortAll=new JButton("排序");
    areaShowAll=new JTextArea(7,25);

    middle.add(labelMiddle);
    middle.add(btnShowAll);
    middle.add(btnSortAll);
    middle.add(areaShowAll);

    mainFrame.add(middle,BorderLayout.CENTER);
}

private void addQuery(){
    bottom=new JPanel();

    labelBottom=new JLabel("查询|  ");
    labelQuery=new JLabel("姓名:");
    textQuery=new JTextField(9);
    btnQuery=new JButton("提交");
    areaQuery=new JTextArea(1,20);

    bottom.add(labelBottom);
    bottom.add(labelQuery);
    bottom.add(textQuery);
    bottom.add(btnQuery);
    bottom.add(areaQuery);

    mainFrame.add(bottom,BorderLayout.SOUTH);
}
```

```
private void setAction(){
    btnAdd.addActionListener(this);
    btnShowAll.addActionListener(this);
    btnSortAll.addActionListener(this);
    btnQuery.addActionListener(this);
}

public void actionPerformed(ActionEvent e){
    String inputText=e.getActionCommand();
    if(inputText.equals("添加")){
        addStudent();
    } else if(inputText.equals("显示")){
        displayAll();
    } else if(inputText.equals("排序")){
        sortAll();
    }else if(inputText.equals("提交")){
        queryStudent();
    } else {
        showError("error");
    }
}
private void addStudent(){
    String name;
    int age;
    double grade;

    try{
        //读取输入的姓名、年龄和成绩
        name=textName.getText();
        age=Integer.parseInt(textAge.getText());
        grade=Double.parseDouble(textGrade.getText());
    }catch(NumberFormatException e){
        showError("输入有错误!");
        return;
    }

    Student student=new Student(name,age,grade);

    StudentDAO sd=new StudentDAO();
    if(sd.insert(student)){
        showMsg("添加成功!");
        displayAll();
    }else{
```

```
            showError("添加错误!");
        }
    }

    private void displayAll(){
        StudentDAO sd=new StudentDAO();
        StudentClass xg=sd.getStudentClass();
        String content=DisplayUtils.display(xg.formatStudent());
        areaShowAll.setText(content);
    }

    private void sortAll(){
        StudentDAO sd=new StudentDAO();
        StudentClass xg=sd.getStudentClass();
        xg.sort();
        String content=DisplayUtils.display(xg.formatStudent());
        areaShowAll.setText(content);
    }

    private void queryStudent(){
        String name=textQuery.getText();

        StudentDAO sd=new StudentDAO();
        Student student=sd.getByName(name);

        if(name !=null && name.length()>0){
            String content=showStudent(student);
            areaQuery.setText(content);
        }else{
            showError("查询条件错误!");
        }
    }

    private String showStudent(Student student){
        String result;
        if(student !=null){
            result="姓名"+student.getName()+"\t成绩"
                +student.getGrade();
        }else{
            result="学生不存在!";
        }
        return result;
    }
```

```
    private void showError(String errorMsg){
        String dialogTitle="学生成绩管理";
        JOptionPane.showMessageDialog(mainFrame, errorMsg,
            dialogTitle,JOptionPane.WARNING_MESSAGE);
    }
    private void showMsg(String msg){
        String dialogTitle="学生成绩管理";
        JOptionPane.showMessageDialog(mainFrame, msg,
            dialogTitle,JOptionPane.INFORMATION_MESSAGE);
    }
}
```

类 StudentManagement 增加了按钮处理程序，单击按钮就可以完成相应的功能。Java 图形界面开发中采用事件处理机制来响应用户的操作，因此类定义中实现了 ActionListener 接口，定义如下：

```
public class StudentManagement implements ActionListener{…}
```

ActionListener 接口有一个方法 actionPerformed(ActionEvent e)，需要在实现类 StudentManagement 中实现这个方法，用户单击按钮时会调用这个方法。类中的运行方法 run()中调用 setAction()方法，这个方法中有 4 条语句，给窗口中的 4 个按钮添加事件监听器。例如语句：

```
btnAdd.addActionListener(this);
```

给"添加"按钮 btnAdd 增加事件监听器，告诉按钮当有单击动作时，执行本类对象的 actionPerformed()方法。这样就把界面中的按钮与处理程序所在类关联起来。类 StudentManagement 中重写了接口 ActionListener 的方法 actionPerformed()，参数 e 指示用户单击的按钮。方法中使用 e.getActionCommand()获取按下按钮的名字字符串，并据此判断是哪个按钮按下，执行不同的处理程序。例如，如果判断是"添加"按钮，则执行对应的处理方法 addStudent()。

方法 addStudent()中先从三个文本框 textName、textAge、textGrade 中得到输入的学生姓名"朱九"，年龄 19，成绩 88。使用三个输入数据创建一个学生对象 student，调用 StudentDAO 类的 insert()方法，将添加的学生信息保存到数据库中。添加完成后提示"添加成功"，然后显示所有学生的信息。同样，另外三个按钮（显示、排序和提交）的实现过程与此相似，读者可以自己分析这个过程。

**【程序 23.4】** 修改数据访问类 StudentDAO，增加获取全班学生信息的方法 getStudentClass()和按名查找的方法 getByName()。

```
package dao;
```

```
import java.sql.Connection;
import java.sql.SQLException;

import java.util.List;

import service.Student;
import service.StudentClass;
import data.database.DbOperation;

public class StudentDAO{
    public boolean insert(Student s){

        boolean flag=false;
        String sql;

        sql="insert into student(name,age,grade)values('";
        sql=sql+s.getName();
        sql=sql+"', ";
        sql=sql+s.getAge();
        sql=sql+", ";
        sql=sql+s.getGrade();
        sql=sql+")";

        DbOperation db=new DbOperation();
        try{
            Connection con=db.getConnection();
            db.update(con, sql);
            db.close(con);
            flag=true;
        }catch(ClassNotFoundException e){
            System.out.println("数据库驱动程序不存在!");
            e.printStackTrace();
        }catch(SQLException e){
            System.out.println("数据库操作错误!");
            e.printStackTrace();
        }

        return flag;
    }

    public StudentClass getStudentClass(){
        List<Student>lst=null;
        StudentClass sc=new StudentClass();
```

```
        String sql="select name, age, grade from student";

        DbOperation db=new DbOperation();
        try{
            Connection con=db.getConnection();
            lst=db.getAll(con, sql);
            db.close(con);
        }catch(ClassNotFoundException e){
            System.out.println("数据库驱动程序不存在!");
            e.printStackTrace();
        }catch(SQLException e){
            System.out.println("数据库操作错误!");
            e.printStackTrace();
        }

        sc.createClass(lst);
        return sc;
    }

    public Student getByName(String name){
        List<Student>lst=null;

        String sql="select name, age, grade from student ";
        sql=sql+" where name='"+name+"'";

        DbOperation db=new DbOperation();
        try{
            Connection con=db.getConnection();
            lst=db.getAll(con, sql);
            db.close(con);
        }catch(ClassNotFoundException e){
            System.out.println("数据库驱动程序不存在!");
            e.printStackTrace();
        }catch(SQLException e){
            System.out.println("数据库操作错误!");
            e.printStackTrace();
        }

        Student s;
        if((lst ==null)||(lst.size()==0)){
            s=null;
        }
        else{
```

```
            s=lst.get(0);
        }

        return s;
    }
}
```

获取全班学生方法 getStudentClass()定义如下：

```
public StudentClass getStudentClass() {…}
```

方法从数据库读取所有的学生信息，使用 SQL 中的 select 语句实现，select 语句定义格式如下：

```
select name, age, grade from student
```

表示从数据库表 student 中读取每个学生的姓名、年龄和成绩。接着定义一个 DbOperation 类对象 db，获取数据库连接 con，调用 con 方法 getAll 读取数据库中所有的学生。

另一个方法是根据姓名读取一个学生信息，方法定义如下：

```
public Student getByName(String name) {…}
```

该方法从数据库读取姓名为 name 的学生信息，使用 SQL 中的 select 语句实现，语句如下所示：

```
select name, age, grade from student where name='张三'
```

表示从数据库表 student 中读取姓名为"张三"学生的姓名、年龄和成绩。接着定义一个 DbOperation 类对象 db，获取连接 con，调用 con 方法 getAll 读取数据库中所有符合条件的学生，如果有学生，则取第一个作为查找结果。

**【程序 23.5】** 编写数据库操作类 DbOperation，增加查找方法 getAll。

```
package data.database;

import java.util.List;
import java.util.ArrayList;

import java.sql.Connection;
import java.sql.Statement;
import java.sql.DriverManager;
import java.sql.SQLException;
import java.sql.PreparedStatement;
import java.sql.ResultSet;

import service.Student;
```

```
public class DbOperation{

    public DbOperation(){
    }

    public Connection getConnection()
        throws ClassNotFoundException, SQLException{
        String sDBDriver="com.mysql.jdbc.Driver";
        String conStr="jdbc:mysql://localhost:3306/javadb";
        conStr=conStr +"?useUnicode=true&characterEncoding=UTF-8";
        String username="root";
        String password="root";

        Class.forName(sDBDriver);
        Connection conn=DriverManager.getConnection(conStr, username, password);

        return conn;
    }

    public List<Student>getAll(Connection conn, String sql){
        List<Student>result=new ArrayList<Student>();

        Student temp;
        String name;
        int age;
        double grade;

        try {
            PreparedStatement ps=conn.prepareStatement(sql);
            ResultSet rs=ps.executeQuery();

            while(rs.next()){
                name=rs.getString("name");
                age=rs.getInt("age");
                grade=rs.getDouble("grade");
                temp=new Student(name, age, grade);
                result.add(temp);
            }
        } catch(SQLException e1){
            System.err.println(e1);
        }

        return result;
```

```
    }

    public void update(Connection conn, String sql)throws SQLException{
        Statement st=conn.createStatement();
        st.executeUpdate(sql);

        st.close();
    }

    public void close(Connection conn)throws SQLException{
        conn.close();
    }
}
```

获取连接的方法 getConnection 中增加了一条语句：

```
conStr=conStr +"?useUnicode=true&characterEncoding=UTF-8"
```

添加的字符串作用是告诉数据库，传递给数据库的字符串采用 UTF-8 编码，主要是为了防止汉字出现乱码。DbOperation 类中增加了 getAll 方法，定义如下：

```
public List<Student>getAll(Connection conn, String sql){…}
```

方法根据参数 sql 中保存的 SQL 语句字符串的要求，查询数据库，将查询结果返回给调用这个方法的程序。

**【程序 23.6】** 修改班级类 StudentClass，增加一个排序方法。

```
public class StudentClass{
    private List<Student>stuList;
    private int size;

    public StudentClass(){
        size=0;
        stuList=null;
    }

    public void createClass(List<Student>lst){
        stuList=lst;
        size=lst.size();
    }

    public void createClass(){
        String names[]={ "张三", "王五", "李四", "赵六", "孙七" };
        double grades[]={ 67, 78.5, 98, 76.5, 90 };
```

```
        int ages[]={ 17, 18, 18, 19, 17 };

        size=names.length;

        stuList=new ArrayList<Student>();
        Student temp;

        for(int i=0; i<size; i++){
            temp=new Student(names[i], ages[i], grades[i]);
            stuList.add(temp);
        }
    }

    public void sort(){
        Student temp;
        //冒泡排序
        for(int i=0; i<size; i++){
            for(int j=1; j<size-i; j++){
                if(stuList.get(j-1).getGrade()>stuList.get(j).getGrade()){
                    temp=stuList.get(j-1);
                    stuList.set(j-1, stuList.get(j));
                    stuList.set(j,temp);
                }
            }
        }
    }

    public List<Map<String, String>>formatStudent(){
        List<Map<String, String>>fClass=new ArrayList<Map<String, String>>();
        Map<String, String>stu;
        for(Student s : stuList){
            stu=new HashMap<String, String>();
            stu.put("姓名", s.getName());
            stu.put("成绩", new Double(s.getGrade()).toString());
            fClass.add(stu);
        }
        return fClass;
    }

    public void saveToDB(){
        StudentDAO dao=new StudentDAO();

        for(Student s : stuList){
```

```
                dao.insert(s);
            }
        }
    }
```

类 Student 中增加了一个排序方法 sort(),这个方法是程序 21.4 中的排序方法。另外还用到了程序 21.17 的 DisplayUtils 类,将这个类放到包 util 下。测试类 Test 与程序 23.2 相同,不再给出。

编译和运行 Test 类,如图 23.8 所示。根据所设计的功能,分别输入相应内容并单击按钮,即可看到如图 23.2、图 23.3、图 23.4、图 23.5 所示的运行效果。

```
D:\program\unit23\23-2\2-2>javac Test.java

D:\program\unit23\23-2\2-2>java Test
```

图 23.8 编译运行程序 Test.java

**2. 代码分析**

运行测试类,显示图形界面窗口,操作四个不同的按钮完成不同的功能。注意,为了实现按钮的动作程序,需要实现 ActionListener 接口,并重写接口中的方法,添加按钮的动作,关联按钮与对应处理程序,在用户单击相应按钮时触发相应的程序运行,实现要求的功能。

**3. 改进和完善**

这里实现了一个简单的学生成绩管理系统。后面章节中将提供远程查询功能,让学生能够通过网络查看自己的成绩。

## 23.3 图形界面基础类库

图形用户界面(Graphical User Interface,GUI)是指以图形化方式与用户进行交互的程序运行界面,一般包括窗口、菜单、按钮等图形界面元素。由于 GUI 程序具有界面友好、形式丰富等优点,能够提供灵活的人机交互功能,已经成为应用程序设计的常见形式。

### 23.3.1 Java 图形界面

AWT (Abstract Window ToolKit )是 Java1.0 中提供的一个基于 GUI 的基础类库。AWT 中的组件是利用操作系统所提供的图形库来实现的。Swing 是在 AWT 的基础上构建的一套新的图形界面系统,其组件所提供的功能要比 AWT 更为广泛,而且是用 100%的 Java 代码来实现的。

一个 Java 图形界面应用通常由顶层容器、中间容器和基本组件(也称为控件)组成。每个基本组件或容器都可以触发相应事件。容器是一种能够容纳其他组件的特殊组件。Swing 组件类按照层次以树状结构组织,如图 23.9 所示。

层次结构图中的 JFrame 用于实现基于窗体的应用程序,JDialog 用于提供对话框形

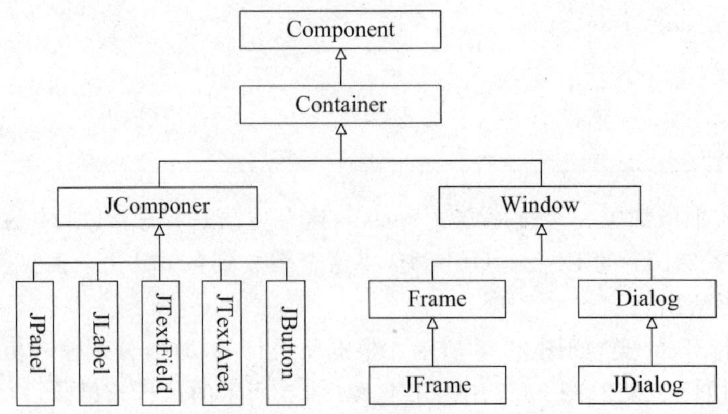


图 23.9 Swing 组件类层次结构图

式的界面。中间容器包括 JPanel、JScrollPane(滚动窗格)、JSplitPane(拆分窗格)等。它们可以作为组件添加到顶层容器中,也可以作为容器容纳其他组件,介于顶层组件和基本组件之间。使用中间容器可以让组件更容易摆放和布置。常用的基本组件包括 JButton、JTextField、JLabel、JTextArea、JComboBox、JList、JMenu、JSlider、JCheckBox 等。

事件处理机制用于响应用户在图形界面上的操作。图形界面元素的相关处理程序段都是基于事件处理机制来实现的。Java 的事件处理机制涉及到下面几个基本概念。

- 事件:用户对组件的一次操作被称为一个事件。根据操作的不同,事件分为不同类别。例如前面程序中单击按钮"添加"就是一个动作事件。
- 事件源:能够产生事件的组件对象被称为事件源。例如前面例子中单击"添加"按钮,这个按钮就是单击事件的事件源。
- 事件监听器:负责监听事件源上发生的事件,并对不同的事件做出不同的响应处理,实现与用户交互的对象被称为事件监听器。

根据所监听的事件类别不同,有不同类别的事件监听器。例如动作事件监听器、文本事件监听器等。事件处理机制的运行模式是:当用户对事件源进行某种操作之后,事件源会自动将该操作封装成相应的事件类对象。事件监听器一直在监听组件是否有事件产生,一旦发现组件接收到来自用户的操作,就会自动调用相应的事件处理方法来对事件进行处理。事件监听器本质上就是一个能够对特定事件进行处理的类。在 Java 中使用事件处理机制的一般步骤是:

(1) 向组件上注册特定的事件监听器。例如向按钮对象 btnAdd 上注册一个动作事件监听器的语句为 btnAdd.addActionListener(this)。

(2) 实现事件监听器中的事件处理方法,对产生的事件做相应处理,在所添加的动作事件监听器中实现事件处理方法。例如编写单击按钮 btnAdd 时所需要运行的代码,程序实现了方法:

```
public void actionPerformed(ActionEvent e){…}
```

事件处理流程如图 23.10 所示。该图中描述了事件处理的整个过程,其中步骤(1)注册事件监听器和步骤(6)运行事件处理方法中的代码需要程序员编程实现；步骤(2)是程序运行时用户的单击或输入操作；步骤(3)、(4)、(5)则由Java的事件处理机制自动实现。

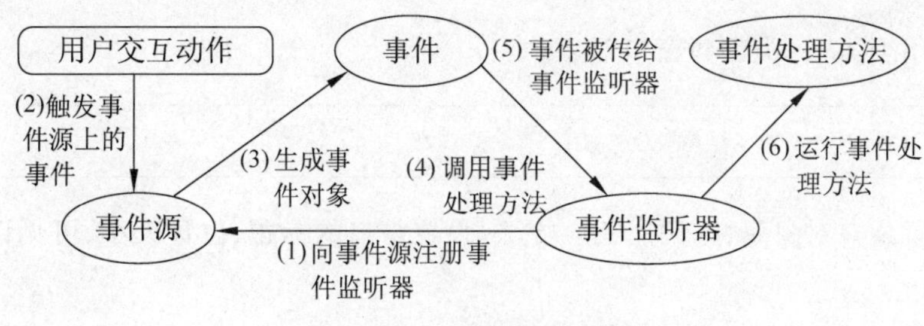


图23.10　事件处理流程图

## 23.3.2　组件类

Java图形界面的基础类库有很多类，下面介绍一些常见的类。JFrame类用于实现一个独立存在、带有标题和边框的顶层窗口，是一个顶层容器。JFrame类的常用方法见表23.1。

表23.1　JFrame类的常用方法

| 方 法 声 明 | 功 能 简 介 |
|---|---|
| public JFrame() | 构造方法，创建一个初始时不可见的新窗体 |
| public void setTitle(String title) | 将窗体的标题设置为指定的字符串title |
| public void setBounds(int x, int y, int width, int height) | 移动窗体位置并调整其大小，x和y指定左上角的新位置，width和height指定宽和高 |
| public void setVisible(boolean b) | 根据参数b的值显示或隐藏此窗体 |
| public void setDefaultCloseOperation(int operation) | 设置用户在此窗体上点击"关闭"按钮时要执行的操作，operation的取值为预定的常量 |
| public Component add(Component comp) | 将指定组件追加到此窗体的尾部 |
| public void validate() | 刷新此窗体及其中的所有组件 |

其中，setDefaultCloseOperation()方法的参数operation取值必须为以下选项之一：

- DO_NOTHING_ON_CLOSE：不执行任何操作。
- HIDE_ON_CLOSE：隐藏该窗体。
- DISPOSE_ON_CLOSE：隐藏并释放该窗体。
- EXIT_ON_CLOSE：结束并退出窗体所在的应用程序。

这4个常量都是JFrame类中定义的静态常量。当用户单击窗口的"关闭"按钮时，程序会根据operation的取值做出相应的响应。此参数的默认值为HIDE_ON_CLOSE。使用JFrame创建窗口一般包括三步：

(1) 首先导入 javax.swing 包中的 JFrame 类。

```
import javax.swing.JFrame;
```

(2) 使用 JFrame 类创建窗口对象。

```
JFrame frame1=new JFrame();
```

(3) 设置窗口对象属性,调用相应方法,设置窗口的标题、位置大小、可见以及关闭按钮的功能。

```
frame1.setTitle("测试窗口");
frame1.setBounds(60,100,288,208);
frame1.setVisible(true);
frame1.setDefaultCloseOperation(JFrame.EXIT_ON_CLOSE);
```

这里设置窗口的标题为"测试窗口",位置为左上角坐标(60,100),长和宽分别是 288 和 208。并设置单击"关闭"按钮时结束程序运行。使用上述代码就可以创建一个空的窗口程序。

JDialog 类用于创建对话框窗口。但更方便地创建对话框方式是使用 JOptionPane 类。JOptionPane 类提供了一组静态方法,可以用来非常容易地创建各种标准对话框。

JOptionPane 类提供了一组 showXxxDialog()方法用于创建简单的模式对话框。模式对话框的意思是 showXxxDialog()方法会一直等待用户相应完成后,再继续执行程序。其中最常用的是 showMessageDialog()方法。该方法用于创建并显示一个模式对话框,其中有一个按钮和一些显示给用户的提示信息,其用法见表 23.2。

**表 23.2 showMessageDialog()方法声明**

| 方法声明 | 功能简介 |
| --- | --- |
| static void showMessageDialog(Component, Object) | 参数分别表示对话框的父组件和要显示的提示信息 |
| static void showMessageDialog(Component, Object, String, int) | 参数分别表示对话框的父组件、要显示的提示信息、标题和消息类型 |
| static void showMessageDialog(Component, Object, String, int, Icon) | 参数分别表示对话框的父组件、要显示的提示信息、标题、消息类型和对话框中的图标 |

对话框中的消息类型由一个整数值定义,决定了消息的样式。外观管理器根据消息类型的取值对对话框进行不同地布置,并提供默认图标。消息类型可能的取值在 JOptionPane 类中有定义,详细数值和含义可以查看 JavaAPI 文档。程序 23.3 中类 StudentManagement 的 showError()方法和 showMsg()方法中使用了 JOptionPane 类的 showMessageDialog 方法实现显示错误提示对话框和消息提示对话框的功能。JOptionPane 类中的其他方法还包括显示确认对话框的 showConfirmDialog 方法、显示

输入对话框的 showInputDialog 方法以及显示自定义内容对话框的 showOptionDialog 方法。

JPanel 类用于创建一个面板对象，JPanel 类的常用方法见表 23.3。

**表 23.3 JPanel 类的常用方法**

| 方法声明 | 功能简介 |
|---|---|
| public JPanel () | 构造方法，创建一个新的面板对象 |
| public Component add(Component comp) | 将指定组件追加到此窗体的尾部 |

Java 基础类库还提供了布局管理器，用来管理容器中组件的位置和大小。常用的布局管理器是 BorderLayout 和 FlowLayout，都在 java.awt 包中。JFrame 的默认布局管理器是 BorderLayout，而 JPanel 的默认布局管理器是 FlowLayout。另外，所有的容器类都从 Container 类继承了 setLayout()方法，可以根据需要指定其布局管理器。下面主要介绍这两种布局管理器。

BorderLayout 将容器划分为五个区域，分别是北区（North）、南区（South）、东区（East）、西区（West）和中区（Center），按照"上北下南，左西右东"的规则排列。使用 add()方法将某个组件添加到容器的指定位置上。BorderLayout 布局的容器指定位置的参数取值如下：

- BorderLayout.EAST：东区，容器右侧
- BorderLayout.WEST：西区，容器左侧
- BorderLayout.SOUTH：南区，容器底部
- BorderLayout.NORTH：北区，容器顶部
- BorderLayout.CENTER：中区，容器中部

为了方便起见，BorderLayout 默认是常量 CENTER。如下代码：

```
JPanel pa=new JPanel();
pa.setLayout(new BorderLayout());
pa.add(new TextArea(5,12));
```

先创建一个 JPanel 对象 pa，然后调用 setLayout 方法设置其布局管理器为 BorderLayout，再用 add 方法添加一个文本域对象。因为没有指定位置参数，相当于 p.add(new TextArea(), BorderLayout.CENTER)，亦即文本域放置在容器中部。

流式布局管理器 FlowLayout 是将容器中的组件按从左到右依次排列，一行放不下时则折返到下一行继续摆放。流式布局也是最常用的布局，对于使用 FlowLayout 布局的容器类，直接调用其 add 方法依次向其中添加组件即可。如下代码：

```
JFrame win=new JFrame();
win.setLayout(new FlowLayout());
TextArea  ta1=new TextArea(5,12);
TextArea  ta2=new TextArea(5,12);
```

```
win.add(ta1);
win.add(ta2);
```

先创建一个 JFrame 对象 win，然后调用 setLayout 方法设置其布局管理器为 FlowLayout。再创建两个文本域对象 ta1、ta2，然后用 add 方法相继添加到 win 中。ta1 和 ta2 会按照从左到右的顺序排列在窗口 win 中的第一行。

常见的组件(例如 JButton、JLabel、JTextField 和 JTextArea 等)的常用方法及其用法见表 23.4。

**表 23.4 常用基本组件类及其方法**

| 方法声明 | 功能简介 |
|---|---|
| public JButton(String text) | 构造方法，创建一个带文本的按钮 |
| public void addActionListener(ActionListener l) | 将一个动作监听器对象添加到按钮中。这个方法的详细用法见 23.3.3 节 |
| public JLabel(String text) | 构造方法，创建一个具有指定文本的标签 |
| public JTextField(int columns) | 构造方法，创建一个具有指定列数的文本框 |
| public String getText() | 返回此文本框中包含的文本 |
| public JTextArea(int rows, int columns) | 构造方法，创建具有指定行数和列数的文本域 |
| public void setText(String t) | 将此文本域中的文本设置为指定文本 |

例如在程序 23.3 的 queryStudent()方法中，有如下代码：

```
String name=textQuery.getText();
...
areaQuery.setText(content);
```

这里使用 getText()方法获取文本框 textQuery 中输入的学生姓名，使用 setText 方法将 content 设置为文本域 areaQuery 中显示的内容。

### 23.3.3 事件类与接口

动作事件类 ActionEvent 在 java.awt.event 包中，用于指示发生了组件定义的动作的语义事件。例如单击按钮时，由按钮生成事件对象，并被自动传递给每一个注册的 ActionListener 对象，方法 getActionCommand()返回与此动作相关的命令字符串。

动作事件接口 ActionListener 在 java.awt.event 包中，用于接收动作事件。对处理动作事件感兴趣的类可以实现此接口，而使用该类创建的对象可使用组件的 addActionListener 方法向组件注册。在发生动作事件时，该对象的 actionPerformed()方法被自动调用。

## 23.4　实做程序

1. 编程实现学生成绩查询客户端的用户界面，如图 23.11 所示。

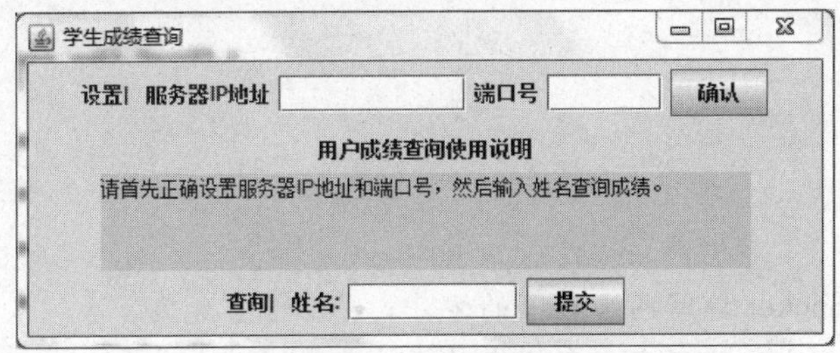


图 23.11　成绩查询界面

要点提示：

(1) 可仿照程序 23.1 的 StudentManagement 类编写；

(2) 窗口中间使用 JTextArea 组件来显示使用说明的内容，可调用其方法 setBackground()和 setEditable()来设置背景色和不可编辑。

2. 为"确认"按钮和"提交"按钮实现两个功能：功能一，单击"确认"按钮时，弹出"设置成绩服务器 IP"提示对话框，如图 23.12 所示；功能二，单击"提交"按钮时，弹出"远程查询学生成绩"提示对话框，如图 23.13 所示。

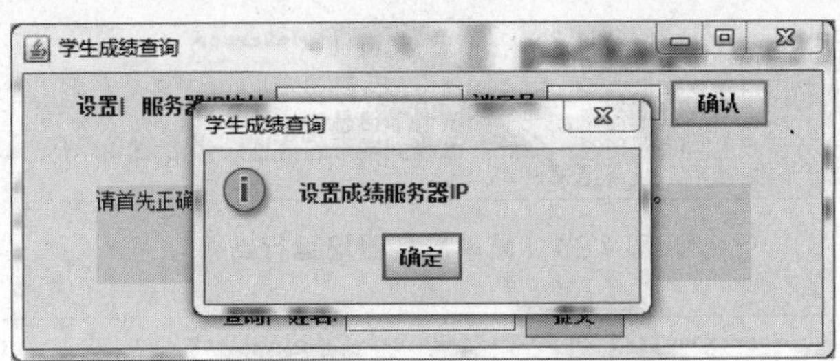


图 23.12　"确认"按钮运行界面

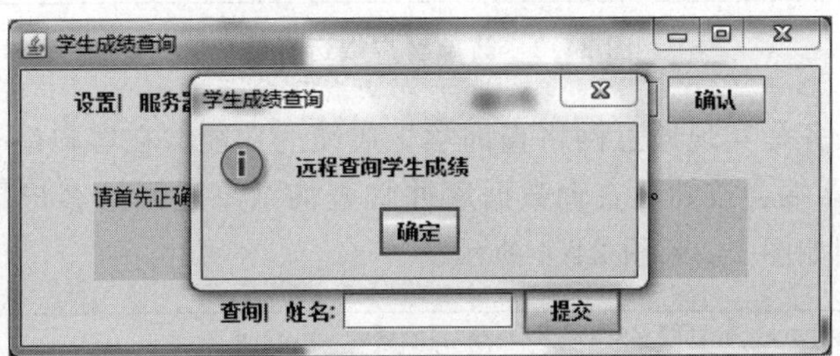


图 23.13　"提交"按钮运行界面

要点提示：为按钮添加功能和实现弹出提示对话框功能可参考程序 23.3 中"添加"按钮的实现代码。

# 第24章 网上学生成绩查询

**学习目标**

- 掌握使用 Socket 编写网络程序的方法；
- 能够应用 Socket 编程实现网络查询学生成绩功能。

## 24.1 开发任务

本章继续完善学生成绩管理的例子，实现一个能够远程查询学生成绩的网络应用程序。这里把开发过程分解为两个任务。第一个开发任务是编写一组简单的服务器端程序和客户端程序，实现网络数据传输功能。运行服务器端程序，运行结果如图 24.1。接着运行客户端程序，运行结果如图 24.2 所示。

```
D:\program\unit24\24-2\2-1>javac net\*.java

D:\program\unit24\24-2\2-1>java net.SimpleServer
服务器启动成功,等待用户请求...
收到用户建立连接请求，客户端地址：/127.0.0.1
服务器端收到请求信息：一个测试请求信息
服务器端返回响应信息：你好，已收到发来的信息[一个测试请求信息]
断开网络连接，服务结束！
```

图 24.1 简单服务器端运行结果

```
D:\program\unit24\24-2\2-1>java net.SimpleClient
连接服务器成功!
客户端发送请求信息：一个测试请求信息
客户端收到响应信息：你好，已收到发来的信息[一个测试请求信息]
断开网络连接，请求结束！
```

图 24.2 简单客户端运行结果

第二个开发任务是实现通过网络查询学生成绩的功能。在客户端输入用户姓名发送给服务器端，服务器端会按姓名查询数据库并将查询结果返回给客户端。服务器端和客户端运行效果分别如图 24.3、图 24.4 所示。

```
D:\program\unit24\24-2\2-2>javac TestServer.java

D:\program\unit24\24-2\2-2>java TestServer
2016-09-07 21:05:43 服务器启动成功,等待用户请求...
2016-09-07 21:06:32 收到用户请求，客户端地址：/127.0.0.1
2016-09-07 21:06:32 服务器端收到：张三
2016-09-07 21:06:38 服务器端发送：姓名:张三        成绩:67.0
2016-09-07 21:06:38 与客户端</127.0.0.1>断开网络连接，本次服务结束！
```

图 24.3 查询成绩服务器端运行结果

```
D:\program\unit24\24-2\2-2>javac TestClient.java

D:\program\unit24\24-2\2-2>java TestClient 张三
客户端发送：张三
客户端收到：姓名:张三    成绩:67.0
--------------
查询结果是：姓名:张三    成绩:67.0
与服务器端断开网络连接，本次请求结束！
```

图 24.4 查询成绩客户端运行结果

# 24.2 程序实现及分析

## 24.2.1 简单网络通信功能

在第23章图形界面学生成绩管理程序的基础上继续完善。添加一个 net 包，包中有两个程序：服务器端程序和客户端程序，实现简单网络通信功能。程序如 24.1 和 24.2 所示。

**1. 程序实现**

**【程序 24.1】** 编写服务器端程序 SimpleServer.java，实现简单服务器功能。

```
package net;

import java.io.DataInputStream;
import java.io.DataOutputStream;
import java.io.IOException;
import java.net.InetAddress;
import java.net.ServerSocket;
import java.net.Socket;

public class SimpleServer {
    public static void main(String args[]){
        ServerSocket server=null;
        Socket socketS=null;
        DataOutputStream out=null;
        DataInputStream in=null;
        InetAddress iaddress=null;
        int port=4330;                    //服务器端监听的端口号,自己设定
        String requestStr, responseStr;
        try {
            server=new ServerSocket(port);
            System.out.println("服务器启动成功,等待用户请求...");
        } catch(IOException e)      {
            e.printStackTrace();
```

```
        }
        try {
            socketS=server.accept();
            iaddress=socketS.getInetAddress();
            System.out.println("收到用户建立连接请求,客户端地址:"+iaddress);

            in=new DataInputStream(socketS.getInputStream());
            out=new DataOutputStream(socketS.getOutputStream());

            requestStr=in.readUTF();
            System.out.println("服务器端收到请求信息:"+requestStr);

            responseStr="你好,已收到发来的信息["+requestStr+"]";
            out.writeUTF(responseStr);
            System.out.println("服务器端返回响应信息:"+responseStr);

            in.close();
            out.close();
            socketS.close();
            System.out.println("断开网络连接,服务结束!");
        } catch(IOException e){
            e.printStackTrace();
        }
    }
}
```

程序 SimpleServer.java 的 main()方法中首先声明了用于提供网络服务器功能的 ServerSocket 对象 server 和服务器端通信使用的 Socket 对象 socketS,通过 socketS 对象与客户端进行通信,使用 I/O 流对象 in 和 out 实现从网络读取数据,向网络发送数据。定义客户端 IP 地址的 InetAddress 类对象 iaddress、服务器端监听端口号 port 和请求字符串 requestStr、响应字符串 responseStr。

在指定端口创建一个 ServerSocket 对象 server。创建成功之后,调用 server 对象的 accept()方法等待客户端的连接请求,此时服务器端程序会处于阻塞状态。

当有客户端程序向此服务器的指定端口发出了连接请求,服务器端收到请求,accept()方法会返回一个 Socket 对象 socketS。此时网络连接建立成功,程序才会继续向下运行。这里返回的 Socket 对象 socketS 实际上是服务器端与客户端通信的实际承担者。程序中使用的端口号是程序设计者自己设定的,只要不与系统中现有的端口号冲突就可以了。

接下来调用 Socket 对象 socketS 的 getInetAddress()方法取得客户端的 IP 地址并输出显示。使用 I/O 流对象 in 和 out 完成数据传输。调用 DataInputStream 对象 in 的 readUTF()方法读取一个 UTF-8 格式编码的字符串。这个字符串就是客户端程序通过刚刚建立的 Socket 网络连接发送的数据。然后拼接出响应字符串,再调用

DataOutputStream 对象 out 的 writeUTF()方法向网络发送一个 UTF-8 格式编码的字符串。这个字符串就会通过 Socket 网络连接发送给客户端程序。最后依次关闭输入输出流和 Scoket 连接。一次网络通信结束。

**【程序 24.2】** 编写客户端程序 SimpleClient.java，实现简单客户端请求功能。

```
package net;

import java.io.DataInputStream;
import java.io.DataOutputStream;
import java.net.Socket;

public class SimpleClient {
    public static void main(String args[]) {
        Socket socketC=null;
        DataOutputStream out=null;
        DataInputStream in=null;
        String ip="127.0.0.1";                //客户端请求的服务器 IP 地址
        int port=4330;                        //客户端请求的服务器端口号
        String requestStr, responseStr;

        try {
            socketC=new Socket(ip, port);
            System.out.println("连接服务器成功!");
        } catch(Exception e){
            e.printStackTrace();
        }
        try {
            out=new DataOutputStream(socketC.getOutputStream());
            in=new DataInputStream(socketC.getInputStream());

            requestStr="一个测试请求信息";
            out.writeUTF(requestStr);
            System.out.println("客户端发送请求信息:"+requestStr);

            responseStr=in.readUTF();
            System.out.println("客户端收到响应信息:"+responseStr);

            in.close();
            out.close();
            socketC.close();
            System.out.println("断开网络连接,请求结束!");
```

```
            } catch(Exception e){
                e.printStackTrace();
            }
        }
    }
```

程序 SimpleClient. java 的 main()方法中首先声明了客户端通信使用的 Socket 类对象 socketC,使用 Socket 定义 I/O 流对象 in 和 out,指定服务器端 IP 地址 ip、服务器端口号 port,定义请求、响应字符串对象 requestStr、responseStr。

使用指定的服务器端 IP 和端口号 port 创建 Socket 对象 socketC。客户端创建 Socket 对象向服务器发送连接请求。如果此时服务器端正在被 accept()方法阻塞,等待提供服务,则网络连接建立成功。

接下来使用输入输出流对象 in 和 out 用于网络数据传输。调用 DataOutputStream 对象 out 的 writeUTF()方法写出一个 UTF-8 格式编码的字符串。这个字符串就会通过刚刚建立的 Socket 网络连接发送给服务器端程序。然后调用 DataInputStream 对象 in 的 readUTF()方法读取一个 UTF-8 格式编码的字符串。这个字符串就是服务器端程序通过 Socket 网络连接返回的响应数据。最后依次关闭输入输出流和 Scoket 连接。一次网络通信结束。

编译服务器端程序,运行服务器端程序,如图 24.1 所示。然后编译和运行客户端程序,如图 24.2 所示。

**2. 代码分析**

网络通信程序是两个程序之间进行通信,例如程序 24.1 和程序 24.2 的 SimpleServer 类和 SimpleClient 类,通信过程如下:

第一步,服务器端先开启服务,监听指定的网络端口。例如程序 24.1 中的语句:

```
server=new ServerSocket(port);
```

为了方便找到服务器,程序提供了 IP 地址和端口号,IP 地址指示服务器所在物理计算机的 IP 地址,而端口号则指示是计算机上的哪一个服务器程序,同一个计算机上的多个服务器程序是通过端口号进行区分的。因此创建服务器需要指定端口号。

第二步,服务器启动后等待用户连接,使用语句:

```
socketS=server.accept();
```

执行方法 accept()等待客户端连接,如果没有收到客户端的连接则一直等待。当有客户端连接时,返回一个 socketS 对象,负责与客户端通信。

第三步,客户端发出连接请求,例如程序 24.2 中的语句:

```
socketC=new Socket(ip, port);
```

客户端创建 Socket 实例时,需要使用参数指定服务器的 IP 地址和端口号。在服务器端接收到请求后双方成功建立连接。

第四步，建立连接后，双方就可以通过网络连接的I/O流向对方发送或接收数据，实现网络通信功能。例如程序24.1和程序24.2中的语句：

```
requestStr=in.readUTF();
out.writeUTF(responseStr);
```

方法read()从网络上读取对方传过来的数据，而方法write()则是向网络写数据，发给对方数据。

第五步，关闭连接，双方通信结束后需要关闭连接，例如使用语句：

```
in.close();
out.close();
socketS.close();
```

先关闭输入流和输出流，再关闭Socket对象。

**3. 改进和完善**

本例实现了一组简单的网络通信服务器和客户端程序，能够通过网络实现客户端与服务器端的数据传输。下面将客户端和服务器的通信程序应用到实际场景中，实现基于网络的学生成绩查询功能。

### 24.2.2 网络查询

结合前面的例子可以实现一个网络学生成绩查询的功能。客户端发送一个学生姓名给服务器端，服务器根据学生姓名从数据库读取学生信息，回发给客户端。

**1. 程序实现**

**【程序24.3】** 编写日志程序LogRecorder.java，实现简单的日志功能。

```
package util;

import java.text.SimpleDateFormat;
import java.util.Date;

public class LogRecorder {
//增加下列方法
    public static void log(String msg){
        SimpleDateFormat df=new SimpleDateFormat("yyyy-MM-dd HH:mm:ss");
        String nowStr =df.format(new Date());
        System.out.println(nowStr+" "+msg);
    }
}
```

类LogRecorder实现一个简单的日志，方法log()显示日志信息，包括时间和操作内容。程序只是简单显示日志内容，有兴趣的读者可以设计一个日志文件，将日志信息输入到文件中。设置日志文件的目的是为了记录所有操作的时间和内容，出现问题时可以分析日志文件中的记录,帮助找到问题。

**【程序 24.4】** 编写服务器端程序 StudentServer.java,实现学生成绩管理服务器端功能。

```
package net;

import java.io.DataInputStream;
import java.io.DataOutputStream;
import java.io.IOException;
import java.io.EOFException;
import java.net.InetAddress;
import java.net.ServerSocket;
import java.net.Socket;

import service.Student;
import dao.StudentDAO;
import util.LogRecorder;

/**
 * 提供成绩查询功能的服务器,只能为一个用户提供服务
 * @author lyf
 */
public class StudentServer {
    private ServerSocket server=null;
    private Socket socketS=null;
    private DataOutputStream out=null;
    private DataInputStream in=null;
    private Student student=null;
    private StudentDAO sd=new StudentDAO();

    public Socket getSocketS(){
        return socketS;
    }
    public void setSocketS(Socket socketS){
        this.socketS=socketS;
    }
    public void startServer(int port)throws IOException {
        server=new ServerSocket(port);
        LogRecorder.log("服务器启动成功,等待用户请求...");
    }

    public void makeSocket()throws IOException {
        socketS=server.accept();
```

```
        InetAddress address=socketS.getInetAddress();
        LogRecorder.log("收到用户请求,客户端地址:"+address);
    }

    public void prepareIO()throws IOException {
        out=new DataOutputStream(socketS.getOutputStream());
        in=new DataInputStream(socketS.getInputStream());
    }

    public void service()throws IOException{
        String name, result;

        name=receive();
        student=sd.getByName(name);
        if(student !=null){
            result="姓名:"+student.getName()+"\t 成绩:"
                +student.getGrade();
        } else {
            result="学生不存在";
        }
        send(result);

        close();
    }

    public String receive()throws IOException, EOFException {
        String result=null;
        result=in.readUTF();
        LogRecorder.log("服务器端收到:"+result);
        return result;
    }

    public void send(String data)throws IOException {
        out.writeUTF(data);
        LogRecorder.log("服务器端发送:"+data);
    }

    public void close()throws IOException {
        InetAddress address=socketS.getInetAddress();
        in.close();
        out.close();
        socketS.close();
        LogRecorder.log("与客户端<"+address+">断开网络连接,本次服务结束!");
    }
}
```

程序 StudentServer.java 在 net 包中,其代码处理逻辑与程序 24.1 中简单服务器基本一致。在实现中将完成不同功能的程序段组织到不同的方法中。

方法 startServer()中,在指定端口创建一个 ServerSocket 对象 server,并在创建成功后调用 LogRecorder 类的静态方法 log()在控制台输出日志记录。方法 makeSocket()中调用 server 对象的 accept()方法等待客户端的连接请求。网络连接建立成功后,调用 log()方法输出日志记录。方法 prepareIO()中基于 socketS 分别创建用于数据输入和输出的 I/O 流对象。方法 service()中先调用 receive()方法接收客户端发送的学生姓名,然后调用 sd 对象的 getByName()方法从数据库中查询学生成绩信息,再根据查询结果拼接出响应字符串,然后调用方法 send()向客户端发送响应信息。最后调用 close()方法关闭输入输出流和 Scoket 连接。结束本次网络通信。

**【程序 24.5】** 编写服务器程序 TestServer.java,启动服务器。

```
import java.io.IOException;
import java.io.EOFException;

import net.StudentServer;

public class TestServer{
    public static void main(String args[]){
        StudentServer ss=null;
        int port=4331;
        try {
            ss=new StudentServer();
            ss.startServer(port);
            ss.makeSocket();
            ss.prepareIO();
            ss.service();
        } catch(IOException e){
            System.out.println("数据传输错误");
            e.printStackTrace();
        }
    }
}
```

测试类 TestServer 中声明 StudentServer 对象 ss,并指定端口号 port。接下来创建 StudentServer 对象并依次调用 startServer()方法、makeSocket()方法、prepareIO()方法和 service()方法启动服务器,为客户端提供学生成绩网络查询服务功能。

**【程序 24.6】** 编写客户端程序 StudentClient.java,实现学生成绩查询客户端功能。

```
package net;

import java.io.DataInputStream;
```

```
import java.io.DataOutputStream;
import java.net.Socket;

/**
 * 实现网络客户端功能,远程查询成绩
 * @author lyf
 */
public class StudentClient {
    private DataOutputStream out=null;
    private DataInputStream in=null;
    private Socket socketC=null;

    public void makeSocket(String ip, int port)throws Exception {
        socketC=new Socket(ip, port);
    }
    public void prepareIO()throws Exception {
        out=new DataOutputStream(socketC.getOutputStream());
        in=new DataInputStream(socketC.getInputStream());
    }
    public void send(String data)  throws Exception {
        out.writeUTF(data);
        System.out.println("客户端发送:"+data);
    }

    public String receive()  throws Exception {
        String result=null;
        result=in.readUTF();
        System.out.println("客户端收到:"+result);
        return result;
    }
    public void close()throws Exception {
        in.close();
        out.close();
        socketC.close();
        System.out.println("与服务器端断开网络连接,本次请求结束!");
    }
}
```

程序 StudentClient.java 中同样首先声明了客户端通信使用的 Socket 对象 socketC，以及通过 Socket 进行输入输出要使用的 I/O 流对象 in 和 out。方法 makeSocket()中使用指定的服务器端 IP 和端口号创建 Socket 对象 socketC。如果此时服务器端正在等待客户端连接，双方就会同时创建 Socket 对象，网络连接建立成功。方法 prepareIO()中基于 socketS 分别创建用于数据输入和输出的 I/O 流对象。方法 send() 中使用

DataOutputStream 对象 out 的 writeUTF()方法通过 Socket 网络连接向服务器端程序发送一个请求信息。方法 receive()中使用 DataInputStream 对象 in 的 readUTF()方法读取服务器端程序返回的响应信息并返回。方法 close()中依次关闭输入输出流和 Scoket 连接。

**【程序 24.7】** 编写客户端程序 TestClient.java,启动客户端。

```
import java.io.IOException;

import net.StudentClient;

public class TestClient {
    public static void main(String args[]){
        String grade,qName;

        if(args.length<1){
            System.out.println("Usage: java unit24.Test24_2_2 <name>");
            System.exit(0);
        }

        StudentClient sc=new StudentClient();
        try {
            String ip="127.0.0.1";
            int port=4331;
            sc.makeSocket(ip, port);
            sc.prepareIO();

            //根据命令行参数查询成绩
            qName=args[0];
            sc.send(qName);
            grade=sc.receive();
            System.out.println("--------------\r\n查询结果是:"+grade);
            sc.close();
        } catch(IOException e){
            System.out.println("数据传输错误");
            e.printStackTrace();
        } catch(Exception e){
            e.printStackTrace();
        }
    }
}
```

TestClient 的 main()方法中,首先声明要查询的学生姓名 qName。这个 main()方法带有一个参数 args,需要查询的学生姓名通过运行程序时的命令行参数 args 提供,如

图 24.4 所示。这里首先判断 args 数组的长度，如果小于 1，说明没有提供所需的参数，则输出提示信息并结束程序，否则程序继续运行。接下来创建 StudentClient 对象 sc 并依次调用 makeSocket()方法和 prepareIO()方法，然后取出命令行中的查询参数，再调用 send()方法向服务器端发送查询请求，接着调用 receive()方法接收服务器端响应并输出。

运行程序之前需要先用"set classpath=%classpath%;mysql-connector-java-5.1.39-bin.jar"命令设置 CLASSPATH 环境变量，并保证.jar 文件位于当前目录中(运行程序的目录)，这样数据库访问功能才可以正常运行。然后分别编译和运行 TestServet.java 和 TestClient.java 程序，运行结果如图 24.3 和图 24.4 所示。

**2. 代码分析**

程序实现通过网络查询学生成绩的功能，需要通过服务器和客户端两个程序进行网络通信实现，服务器 StudentServer 类和客户端 StudentClient 类的通信过程如下：

第一步，服务器端先开启服务，监听指定的网络端口。例如程序 24.4 中的语句：

```
server=new ServerSocket(port);
```

服务器启动后，进入准备接收状态，等待客户端连接服务器，查询学生成绩。

第二步，启动客户端，向服务器发出连接请求，例如程序 24.6 中的语句：

```
socketC=new Socket(ip, port);
```

客户端运行时，使用输入命令行中的学生姓名，连接服务器，向服务器发送学生姓名；

第三步，建立连接后，服务器收到学生姓名，从数据库表 student 中查找指定姓名的学生，获取学生的成绩，返回给客户端。

第四步，客户端收到学生成绩，显示学生成绩。

第五步，双方通信结束后关闭连接。

**3. 改进和完善**

本章程序实现了基于网络的成绩查询功能，但服务器端程序仍然比较简单，只能为一个客户端程序提供查询服务。而在实际应用场景中，服务器应该能同时为多个客户端提供查询服务。下一章将通过多线程实现支持多用户同时查询的服务器端程序。

## 24.3 网络编程相关类库

Java 中应用最广泛的网络编程方法是 Socket 编程，相关类在 java.net 包中。这些类屏蔽了底层的网络通信细节，程序员可以直接使用它们进行网络编程，只需专注于解决问题的算法，无须关注通信的实现过程。

### 24.3.1 Socket 编程概念

网络中的两个程序通过一个双向的通信连接来实现数据交换。常见的网络编程模型是客户机/服务器(Client/Server,C/S)结构。在通信双方中，一方作为服务器等待接收客户端提出的请求并做出响应，另一方作为客户端在有需要时向服务器发出请求，得到结果。服务器程序运行后，持续监听特定的网络端口，一旦收到客户请求，就响应这个客户。

这里需要说明的是，无论是客户端还是服务器端，对 Socket 对象的写入和读取操作都是以 I/O 流的方式来实现的。也就是说，需要首先获得 Socket 对象的 I/O 流，然后通过对流的输入输出实现网络通信功能。对于一个建立好的 Socket 连接，其客户端的输出流会自动连接到服务器端的输入流，而客户端的输入流则会自动连接到服务器端的输出流。

### 24.3.2 Socket 相关类

Socket 类的构造函数会尝试连接指定的服务器和端口号，如果通信成功建立，则会在客户端创建一个 Socket 对象用于和服务器进行通信。同时，在服务器端等待的 accept()方法会返回服务器上的一个 Socket 对象，用于和客户端进行通信。服务器端程序使用 ServerSocket 类得到一个端口，并监听客户端请求。ServerSocket 类的常用方法见表 24.1。

**表 24.1 ServerSocket 类的常用方法**

| 方法声明 | 功能简介 |
| --- | --- |
| public ServerSocket(int port) | 构造方法，创建绑定到特定端口的服务器 Socket |
| public Socket accept() | 监听并接收到此 Socket 的连接 |

ServerSocket 类的构造方法如果没有抛出异常，就表示程序已经成功绑定到指定的端口，并且开始监听客户端请求。服务器端通过 accept()方法的返回值获得一个 Socket 对象，而客户端则需要通过创建来获得 Socket 对象。如在程序 24.1 中 SimpleServer 类的 main()方法中，有以下代码：

```
ServerSocket server=null;
Socket socketS=null;
int port=4330;
server=new ServerSocket(port);
…
socketS=server.accept();
```

这里首先创建了绑定到 4330 端口的 ServerSocket 对象 server，然后调用其 accept()方法监听到此端口的连接请求，并在接受请求后返回一个 Socket 对象给 socketS。需要说明的是，由于这些方法在执行过程中都有可能产生异常，因此需要将这些代码放置在 try 语句块中。

Socket 类是建立网络连接时使用的。在连接成功时，服务器端和客户端都会产生一个 Socket 对象。Socket 类的常用方法见表 24.2。

表 24.2　Socket 类的常用方法

| 方法声明 | 功能简介 |
| --- | --- |
| public Socket(String host, int port) | 创建一个 Socket 对象并将其连接到指定主机上的指定端口号 |
| public InputStream getInputStream() | 返回此 Socket 的输入流 |
| public OutputStream getOutputStream() | 返回此 Socket 的输出流 |
| public void close() | 关闭此 Socket |
| public InetAddress getInetAddress() | 返回 Socket 连接到的远程 IP 地址 |

Socket 类的构造方法并不只是简单的实例化了一个 Socket 对象，它实际上会尝试连接到指定的服务器和端口。在服务器端和客户端的 Socket 对象都建立成功之后，双方就可以基于各自的 Socket 对象创建 I/O 流对象，通过对流的输入输出实现基于网络的数据通信。如在程序 24.1 中 SimpleServer 类的 main()方法中，有以下代码：

```
InetAddress    ia=socketS.getInetAddress();
System.out.println("客户端地址:"+ia);
DataInputStream in=new DataInputStream(socketS.getInputStream());
DataOutputStream out=new DataOutputStream(socketS.getOutputStream());
String requestStr=in.readUTF();
String responseStr="你好,已收到发来的信息["+requestStr+"]";
out.writeUTF(responseStr);
```

这里先使用 Socket 对象 socketS 的 getInetAddress()方法获取客户端 IP 地址并输出；然后分别获取其输入输出流；之后使用 DataInputStream 对象 in 的 readUTF()方法，从网络中读取请求字符串；再拼接出响应字符串并用 DataOutputStream 对象 out 的 writeUTF()方法将其输出到网络中；最后关闭所使用的输入输出流和 Socket 连接。

## 24.4　实做程序

1. 对 SimpleServer.java 和 SimpleClient.java 程序进行修改，实现多次网络请求和响应处理。服务器端和客户端的运行效果分别如图 24.5 和图 24.6 所示。

要点提示：在 SimpleServer 和 SimpleClient 程序中，增加循环以实现多次请求和响应。

2. 实现图形用户界面的学生成绩查询客户端程序，运行效果如图 24.7 所示。

要点提示：

(1) 在“确认”按钮的处理方法中，调用 StudentClient 类的 makeSocket(ip, port)方法和 prepareIO()方法设置服务器 IP 地址并申请建立网络连接。

(2) 在“提交”按钮的处理方法中，调用 StudentClient 类的 send(name)方法和

```
D:\program\unit24\24-4\4-1>java SimpleServer
服务器启动成功，等待用户请求...
收到用户建立连接请求，客户端地址：/127.0.0.1
服务器端收到请求信息：测试请求1
服务器端返回响应消息：你好，已收到发来的消息[测试请求1]
服务器端收到请求信息：测试请求2
服务器端返回响应消息：你好，已收到发来的消息[测试请求2]
服务器端收到请求信息：测试请求3
服务器端返回响应消息：你好，已收到发来的消息[测试请求3]
断开网络连接，服务结束！
```

图 24.5　服务器端运行效果

```
D:\program\unit24\24-4\4-1>java SimpleClient
链接服务器成功
客户端发送请求信息：[测试请求1]
客户端收到响应信息：[你好，已收到发来的消息[测试请求1]]
客户端发送请求信息：[测试请求2]
客户端收到响应信息：[你好，已收到发来的消息[测试请求2]]
客户端发送请求信息：[测试请求3]
客户端收到响应信息：[你好，已收到发来的消息[测试请求3]]
断开网络连接，请求结束！
```

图 24.6　客户端运行效果

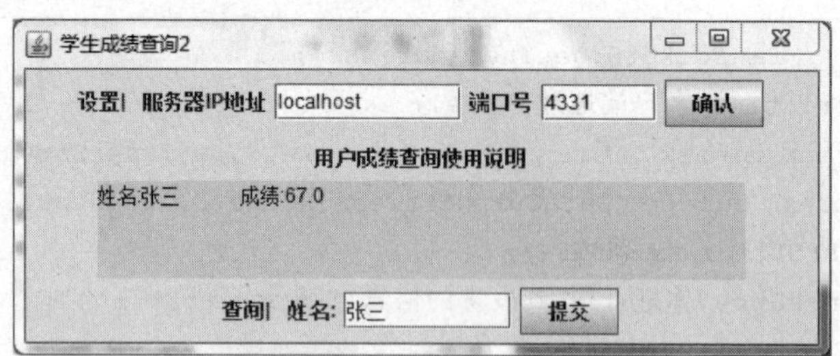


图 24.7　学生成绩查询客户端

receive()方法向服务器端发送查询请求和接收响应信息，并将查询结果显示在中部的文本域中。

3. 改进程序 24.3 LogRecorder.java，设计一个日志文件，将输出信息写入到日志文件中。

要点提示：

(1) 日志文件可以保存在当前目录的 log 子目录下。

(2) 参考第 22 章中程序 22.1～22.3，实现写入文件操作，可以使用已有的 FileOperation 类。

# 第 25 章 多用户查询学生成绩

**学习目标**

- 了解多线程的概念和用途；
- 掌握使用 Thread 类和 Runnable 接口编写多线程程序的方法；
- 能够应用多线程实现多用户查询学生成绩的功能。

## 25.1 开发任务

本章完成多线程网络程序开发，将第 24 章实现的服务器端程序扩展为一个能够同时为多个客户端提供成绩查询服务的服务器。这里仍然把开发过程分解为两个任务。第一个开发任务是实现一个简单的多线程程序。第二个开发任务是实现多线程服务器端功能，同时运行多个客户端，都可以向服务器端发送学生姓名，服务器端会按姓名查询数据库并将查询结果分别返回给各个客户端。服务器端和两个客户端的运行效果分别如图 25.1、图 25.2 和图 25.3 所示。

```
D:\program\unit25\25-2\2-3>javac TestServer.java

D:\program\unit25\25-2\2-3>java TestServer
2016-08-29 19:18:06 服务器启动成功,等待用户请求...
2016-08-29 19:19:02 收到用户请求，客户端地址：/127.0.0.1
2016-08-29 19:19:02 服务器端收到：张三
2016-08-29 19:19:02 服务器端发送：姓名:张三        成绩:67.0
2016-08-29 19:19:02 与客户端</127.0.0.1>断开网络连接，本次服务结束!
```

图 25.1 服务器端运行效果

```
D:\program\unit25\25-2\2-3>javac TestClient.java

D:\program\unit25\25-2\2-3>java TestClient
客户端发送：张三
客户端收到：姓名:张三    成绩:67.0
--------------
查询结果是：姓名:张三    成绩:67.0
```

图 25.2 客户端运行效果

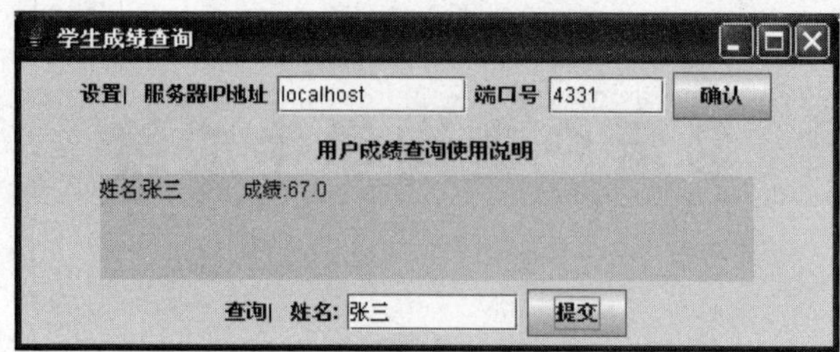


图 25.3 图形界面客户端运行效果

# 25.2 程序实现及分析

## 25.2.1 简单多线程程序一

先来完成第一个任务,实现一个简单的多线程程序。Java 语言提供了类 Thread 支持多线程。继承 Thread 类来实现多线程功能的程序,如程序 25.1 和程序 25.2 所示。

**1. 程序实现**

**【程序 25.1】** 编写程序 SimpleMultiThread.java,继承 Thread 类实现简单多线程功能。

```
public class SimpleMultiThread extends Thread{
    private int counter=0;
    private String title;
    public SimpleMultiThread(String title){
        this.title=title;
    }
    public void run(){
        while(counter<3){
            counter++;
            System.out.println("Thread线程<"+title+">正在输出:"+counter);
            try{
                sleep((int)(Math.random()*100+100));
            }
            catch(InterruptedException e){
                System.out.println("线程休眠出错!");
            }
        }
    }
}
```

程序 SimpleMultiThread.java 中,定义多线程类 SimpleMultiThread 继承自 Thread 类,实现多线程功能。该类首先声明了一个计数器变量 counter 并置初值为 0,以及线程名称字符串 title。在构造方法中，将参数值 title 设为线程名称。方法 run()是继承自 Thread 类的方法，需要在子类中重写这个方法，方法体中代码是该线程运行时要执行的代码。循环三次，每次将计数器加 1，然后输出当前线程名称及计数器值，最后调用 Thread 类的 sleep()方法让当前线程休眠一个随机长度的时间，之后再继续运行。调用 sleep()方法让正在执行的线程进入休眠状态，以便别的线程得到执行，方便我们看到多线程的运行效果。读者可以注释掉这条语句，查看运行结果。

**【程序 25.2】** 编写程序 Test.java，实现多个线程同时运行。

```
public class Test{
    public static void main(String args[]){
        SimpleMultiThread smt1=new SimpleMultiThread("Thread1");
        SimpleMultiThread smt2=new SimpleMultiThread("Thread2");
        int counter=0;
        smt1.start();
        smt2.start();
        while(counter<3){
            counter++;
            System.out.println("主线程正在输出:"+counter);
            try{
                Thread.sleep((int)(Math.random()*100+100));
            }
            catch(InterruptedException e){
                System.out.println("线程休眠出错!");
            }
        }
    }
}
```

Test 类从 main()方法开始执行，方法 main()执行后成为 Test 类的主线程。在方法 main()中创建了两个 SimpleMultiThread 类对象 smt1 和 smt2，这两个对象称为子线程对象，名字分别是“Thread1”和“Thread2”。调用对象的 start()方法启动两个线程。此时计算机中会有主线程、smt1 和 smt2 三个线程同时在运行。主线程接下来执行三次循环，每次循环输出主线程提示信息。线程 smt1 和 smt2 则各自运行自己的 run()方法，分别循环三次，每次输出自己的计数器当前值，子线程运行结束。编译和运行程序 25.2，运行结果如图 25.4 所示。

**2. 代码分析**

从上面两个程序可以看出，编写一个多线程程序需要以下几步：

第一步，定义多线程类 SimpleMultiThread，继承 Thread 类。重写 Thread 类的 run()方法，方法体就是子线程需要执行的内容。例如程序 25.1 中的语句：

```
public class SimpleMultiThread extends Thread{
    …
```

```
public void run(){
    …
  }
}
```

```
D:\program\unit25\25-2\2-1>javac Test.java

D:\program\unit25\25-2\2-1>java Test
主线程正在输出：1
Thread线程<Thread1>正在输出：1
Thread线程<Thread2>正在输出：1
Thread线程<Thread2>正在输出：2
主线程正在输出：2
Thread线程<Thread1>正在输出：2
Thread线程<Thread2>正在输出：3
主线程正在输出：3
Thread线程<Thread1>正在输出：3
```

**图 25.4 继承 Thread 多线程运行效果**

第二步，创建子类的对象实例。例如程序 25.2 中的语句：

```
SimpleMultiThread smt1=new SimpleMultiThread("Thread1");
```

第三步，调用线程的 start()方法，启动线程运行，执行线程对象的 run()方法。例如程序 25.2 中的语句：

```
smt1.start();
```

除了子线程外，启动子线程程序的 main 方法是主线程。从图 25.4 中可以看出，程序中定义的三个线程交替运行输出。需要注意，这段程序的执行次序既与程序中的随机数有关，又与具体的计算机运行环境有关，在不同的计算机上执行的次序可能会不同。

另外，调用线程的 start()方法启动线程后，线程进入准备运行状态。等到系统允许这个线程运行时，该线程才获得 CPU 执行。

**3. 改进和完善**

上述程序实现了简单的多线程功能，这个程序没有更多的实际意义，只是演示如何实现多线程程序。下面给出第二种实现多线程的方法，定义多线程类，实现 Runnable 接口来完成多线程功能。

## 25.2.2 简单多线程程序二

另一种实现多线程的方法是设计一个多线程类，实现 Runnable 接口，完成多线程功能。如程序 25.3 和程序 25.4 所示。

**1. 程序实现**

**【程序 25.3】** 编写程序 SimpleMultiThread.java，实现 Runnable 接口，完成简单多线程功能。

```
public class SimpleMultiThread implements Runnable{
    private int counter=0;
```

```
    private String title;

    public SimpleMultiThread(String title){
        this.title=title;
    }

    public void run(){
        while(counter<3){
            counter++;
            System.out.println("Runnable 线程<"+title+">正在输出:"+counter);
            try{
                Thread.sleep((int)(Math.random() * 100+100));
            }
            catch(InterruptedException e){
                System.out.println("线程休眠出错!");
            }
        }
    }
}
```

程序 25.3 没有继承 Thread 类，而是实现了接口 Runnable。同样重写接口中的 run()方法，该方法中的内容就是线程运行的内容。

**【程序 25.4】** 编写测试类 Test.java，实现多个线程同时运行。

```
public class Test{
    public static void main(String args[]){
        SimpleMultiThread smt1=new SimpleMultiThread("Thread1");
        SimpleMultiThread smt2=new SimpleMultiThread("Thread2");
        int counter=0;

        Thread thread1=new Thread(smt1);
        Thread thread2=new Thread(smt2);

        thread1.start();
        thread2.start();

        while(counter<3){
            counter++;
            System.out.println("主线程正在输出:"+counter);

            try{
                Thread.sleep((int)(Math.random() * 100+100));
```

```
                }
                catch(InterruptedException e){
                    System.out.println("线程休眠出错!");
                }
            }
        }
    }
```

程序 25.4 中 main()方法是主线程，该方法创建了两个 SimpleMultiThread 类对象 smt1 和 smt2，然后分别以这两个对象为参数，创建两个线程对象 thread1 和 thread2，语句格式如下：

```
Thread thread1=new Thread(smt1)
```

定义 Thread 类对象 thread1，使用有参数的构造方法实例化，使用的参数 smt1 就是前面定义的线程类对象。这条语句的含义是定义一个新的线程，新线程将执行 smt1 的 run()方法。对比程序 25.2 中的创建线程方法可以看出，在程序 25.2 中线程类 SimpleMultiThread 继承了类 Thread，二者是继承关系；而程序 25.4 中 Thread 类依赖 Runnable 接口，使用下面构造方法创建子线程

```
public Thread(Runnable target)
```

构造方法的实参是实现 Runnable 接口的 SimpleMultiThread 类。两种方法都需要实现 run()方法。

接着调用这两个线程各自的 start()方法，启动两个线程。此时程序中会有主线程、smt1 和 smt2 三个线程同时运行。编译和运行程序 25.4，运行结果如图 25.5 所示。

```
D:\program\unit25\25-2\2-2>javac Test.java

D:\program\unit25\25-2\2-2>java Test
Runnable线程<Thread1>正在输出: 1
主线程正在输出: 1
Runnable线程<Thread2>正在输出: 1
Runnable线程<Thread1>正在输出: 2
主线程正在输出: 2
Runnable线程<Thread2>正在输出: 2
Runnable线程<Thread2>正在输出: 3
主线程正在输出: 3
Runnable线程<Thread1>正在输出: 3
```

**图 25.5 实现 Runable 接口多线程运行结果**

**2. 代码分析**

从程序 25.3 和程序 25.4 中可以看出，编写一个实现 Runnable 接口的多线程程序需要以下几步：

第一步，定义多线程类。实现 Runnable 接口，并重写 Runnable 接口中的 run()方法，方法体就是子线程需要执行的内容。例如程序 25.3 中的语句：

```
public class SimpleMultiThread implements Runnable{
```

```
    ...
    public void run(){
        ...
    }
}
```

第二步，创建实现 Runnable 接口的线程子类的对象实例，例如程序 25.4 中的语句：

```
SimpleMultiThread smt1=new SimpleMultiThread("Thread1");
```

第三步，使用 Runnable 接口线程子类的对象实例创建 Thread 类对象实例，例如程序 25.4 中的语句：

```
Thread thread1=new Thread(smt1);
```

第四步，调用线程的 start()方法，启动线程运行，执行线程对象的 run()方法。例如程序 25.4 中的语句：

```
thread1.start();
```

启动子线程程序的 main()方法是主线程。从图 25.5 中可以看出，程序中定义的三个线程交替运行输出。继承 Thread 类和实现 Runnable 接口都可以创建线程类，实现方式也差不多。由于 Java 是单继承，一般父类应该是通过泛化得到。因此建议在设计多线程时，尽量采用实现 Runnable 接口的方法。

**3. 改进和完善**

上面两个例子使用两种方法实现了多线程程序，读者可以尝试使用每种方法分别实现自己的多线程程序。接下来就可以将多线程功能应用于学生成绩查询服务器端程序，实现能够同时为多个客户端提供查询服务的程序。

### 25.2.3　多线程网络查询

前面介绍了简单的多线程程序的实现过程，下面就应用多线程程序，实现支持多用户同时访问服务器端的学生成绩查询程序，并实现图形界面的客户端程序。

**1. 程序实现**

**【程序 25.5】**　编写程序 PromptDialog.java，显示提示和错误窗口。

```
package util;

import java.awt.Component;
import javax.swing.JOptionPane;

public class PromptDialog {
    public static void showError(Component c, String title, String errorMsg){
        JOptionPane.showMessageDialog(c, errorMsg, title,
            JOptionPane.WARNING_MESSAGE);
    }
```

```
    public static void showMsg(Component c, String title, String msg){
        JOptionPane.showMessageDialog(c, msg, title,
            JOptionPane.INFORMATION_MESSAGE);
    }
}
```

图形界面客户端程序中设计了两个显示框，一个是错误显示框，一个是提示框。这两个显示框与具体的客户端实现没有直接关系，可以提取出来放到一个单独的类PromptDialog中，这个类作为工具类放到包util下。类PromptDialog中的两个方法，方法showMsg()显示提示信息，方法showError()显示错误信息，这两个方法都不需要实例，因此都设计成静态方法，方便使用。

**【程序25.6】** 编写程序StudentServer.java，作为学生成绩查询服务器。

```
package net;

import java.io.DataInputStream;
import java.io.DataOutputStream;
import java.io.IOException;
import java.io.EOFException;
import java.net.InetAddress;
import java.net.ServerSocket;
import java.net.Socket;

import service.Student;
import dao.StudentDAO;
import util.LogRecorder;

/**
 * 提供成绩查询功能的服务器,可以为多个用户提供服务
 * 先 setSocketS(Socket),再 run()为一个用户提供服务
 * @author lyf
 */
public class StudentServer  implements Runnable{
    private ServerSocket server=null;
    private Socket socketS=null;
    private DataOutputStream out=null;
    private DataInputStream in=null;
    private Student student=null;
    private StudentDAO sd=new StudentDAO();

    public Socket getSocketS(){
        return socketS;
```

```
    }
    public void setSocketS(Socket socketS){
        this.socketS=socketS;
    }
    public void startServer(int port)throws IOException {
        server=new ServerSocket(port);
        LogRecorder.log("服务器启动成功,等待用户请求...");
    }

    public void makeSocket()throws IOException {
        socketS=server.accept();
        InetAddress address=socketS.getInetAddress();
        LogRecorder.log("收到用户请求,客户端地址:"+address);
    }

    public void prepareIO()throws IOException {
        out=new DataOutputStream(socketS.getOutputStream());
        in=new DataInputStream(socketS.getInputStream());
    }

    public void service()throws IOException{
        String name, result;

        name=receive();
        student=sd.getByName(name);
        if(student !=null){
            result="姓名:"+student.getName()+"\t 成绩:"
              +student.getGrade();
        } else {
            result="学生不存在";
        }
        send(result);

        close();
    }

    public String receive()throws IOException, EOFException {
        String result=null;
        result=in.readUTF();
        LogRecorder.log("服务器端收到:"+result);
        return result;
    }
```

```
    public void send(String data)throws IOException {
        out.writeUTF(data);
        LogRecorder.log("服务器端发送:"+data);
    }

    public void close()throws IOException {
        InetAddress address=socketS.getInetAddress();
        in.close();
        out.close();
        socketS.close();
        LogRecorder.log("与客户端<"+address+">断开网络连接,本次服务结束!");
    }

    public void run(){
        try {
            prepareIO();
            service();
        }catch(IOException e){
            System.out.println("数据传输错误");
            e.printStackTrace();
        }
    }
}
```

StudentServer 类实现了 Runnable 接口,重写了接口的 run()方法,以支持多线程。同时每个线程都可以接收客户端的连接,从客户端获取学生姓名,根据姓名访问数据库查询学生信息,回传学生信息给客户端。具体语句的功能前面都已经讲过,不再详述。

**【程序 25.7】** 编写程序 TestServer.java,运行学生成绩查询服务器。

```
import java.io.IOException;
import java.io.EOFException;

import java.net.Socket;

import net.StudentServer;

/**
 * 提供多用户服务的 server 端程序
 * @author lyf
 */
public class TestServer{
    public static void main(String args[]){
```

```
        StudentServer stuServer=null;
        StudentServer serverThread=null;

        Socket socketS=null;
        int port=4331;

        try {
            stuServer=new StudentServer();
            stuServer.startServer(port);
        } catch(IOException e){
            System.out.println("数据传输错误");
            e.printStackTrace();
        }

        while(true){
            try{
                stuServer.makeSocket();
            }catch(Exception e){
                e.printStackTrace();
            }

            socketS=stuServer.getSocketS();
            if(socketS !=null){
                serverThread=new StudentServer();
                serverThread.setSocketS(socketS);
                new Thread(serverThread).start();
            }
        }
    }
}
```

TestServer 类的 main()方法中，声明了 StudentServer 对象 stuServer 和 serverThread，以及 Socket 对象 socketS，并指定端口 port 为 4331。首先调用 stuServer 对象的 startServer()方法开启服务。接下来在 while 循环中，调用 stuServer 的 makeSocket()方法等待客户端的连接请求。当与客户端成功建立 socket 网络连接后，再创建 StudentServer 对象 serverThread，并把刚刚创建的 Socket 对象 socketS 传给 serverThread。然后以 serverThread 为参数创建 Thread 对象并启动，在新的线程中运行，为此客户端提供服务。同时，主线程继续循环，等待下一个用户连接请求。

**【程序 25.8】** 编写客户端程序 StudentClient.java，实现图形界面的成绩查询客户端功能。

```
package net;
```

```
import java.io.DataInputStream;
import java.io.DataOutputStream;
import java.io.IOException;
import java.net.Socket;

import java.awt.BorderLayout;
import javax.swing.JFrame;
import javax.swing.JLabel;
import javax.swing.JButton;
import javax.swing.JTextField;
import javax.swing.JTextArea;
import javax.swing.JPanel;

import java.awt.Color;
import java.awt.event.ActionEvent;
import java.awt.event.ActionListener;

import util.PromptDialog;

/**
 * 使用 SClient 的网络客户端功能,远程查询成绩并显示在图形界面中
 * @author lyf
 */
public class StudentClient implements ActionListener{

    private JFrame mainFrame;                    //定义主窗口

    private JPanel top;                          //定义上部面板,摆放设置信息
    private JLabel labelTop;                     //定义"设置|"标签
    private JLabel labelIp;                      //定义"服务器 IP 地址"标签
    private JTextField textIp;                   //定义"IP 地址"文本框
    private JLabel labelPort;                    //定义"端口号"标签
    private JTextField textPort;                 //定义"端口号"文本框
    private JButton btnSet;                      //定义"确认"按钮

    private JPanel middle;                       //定义中部面板,摆放提示信息
    private JLabel labelMiddle;                  //定义标签,说明信息提示
    public JTextArea areaDesc;                   //定义文本域,显示说明信息

    private JPanel bottom;                       //定义下部面板,摆放查询信息
    private JLabel labelBottom;                  //定义"查询|"标签
    private JLabel labelQuery;                   //定义"姓名:"标签
    private JTextField textQuery;                //定义"姓名"文本框
```

```
private JButton btnQuery;                    //定义"提交"按钮

public String dialogTitle="学生成绩查询";

private DataOutputStream out=null;
private DataInputStream in=null;
private Socket socketC=null;

private String ip="127.0.0.1";
private int port=4331;


public StudentClient(String title){
    mainFrame=new JFrame(title);
    mainFrame.setBounds(100,100,500,200);
    mainFrame.setVisible(true);
    mainFrame.setDefaultCloseOperation(JFrame.EXIT_ON_CLOSE);

    addIpSet();
    addMiddle();
    addQuery();

    mainFrame.validate();

    setAction();
}

void setAction(){
    btnSet.addActionListener(this);
    btnQuery.addActionListener(this);
}

private void addIpSet(){
    top=new JPanel();
    labelTop=new JLabel("设置|  ");
    labelIp=new JLabel("服务器 IP 地址");
    labelPort=new JLabel("端口号");
    textIp=new JTextField(10);
    textPort=new JTextField(6);
    btnSet=new JButton("确认");

    top.add(labelTop);
    top.add(labelIp);
```

```
        top.add(textIp);
        top.add(labelPort);
        top.add(textPort);
        top.add(btnSet);


        mainFrame.add(top,BorderLayout.NORTH);
    }
    private void addMiddle(){
        String desc="请首先正确设置服务器 IP 地址和端口号,然后输入姓名查询成绩。";
        middle=new JPanel();

        labelMiddle=new JLabel("用户成绩查询使用说明");
        areaDesc=new JTextArea(7,36);
        areaDesc.setText(desc);
        areaDesc.setBackground(new Color(225,225,225));
        areaDesc.setEditable(false);

        middle.add(labelMiddle);
        middle.add(areaDesc);

        mainFrame.add(middle,BorderLayout.CENTER);
    }
    private void addQuery(){
        bottom=new JPanel();

        labelBottom=new JLabel("查询|   ");
        labelQuery=new JLabel("姓名:");
        textQuery=new JTextField(9);
        btnQuery=new JButton("提交");

        bottom.add(labelBottom);
        bottom.add(labelQuery);
        bottom.add(textQuery);
        bottom.add(btnQuery);


        mainFrame.add(bottom,BorderLayout.SOUTH);
    }

    public void actionPerformed(ActionEvent e){
        String inputText=e.getActionCommand();
```

```
        if(inputText.equals("确认")){
            setServerIp();
        } else if(inputText.equals("提交")){
            queryStudent();
        } else {
            PromptDialog.showError(mainFrame,dialogTitle,"error");
        }
    }

    private void setServerIp(){
        ip=textIp.getText();
        port=Integer.parseInt(textPort.getText());

        PromptDialog.showMsg(mainFrame, dialogTitle, "设置成绩服务器 IP");
    }
    private void queryStudent(){
        PromptDialog.showMsg(mainFrame, dialogTitle, "远程查询学生成绩");
        String name=textQuery.getText();

        String grade="没有找到!";

        try{
            makeSocket(ip, port);
            prepareIO();

            send(name);
            grade=receive();
        }catch(IOException e){
            System.out.println("数据传输错误");
            e.printStackTrace();
        }

        areaDesc.setText(grade);
        System.out.println("--------------\r\n查询结果是:"+grade);
    }
    public void makeSocket(String ip, int port)throws IOException {
        socketC=new Socket(ip, port);
    }
    public void prepareIO()throws IOException {
        out=new DataOutputStream(socketC.getOutputStream());
        in=new DataInputStream(socketC.getInputStream());
    }
    public void send(String data)  throws IOException {
```

```
        out.writeUTF(data);
        System.out.println("客户端发送:"+data);
    }

    public String receive()  throws IOException {
        String result=null;
        result=in.readUTF();
        System.out.println("客户端收到:"+result);
        return result;
    }
    public void close()throws IOException {
        in.close();
        out.close();
        socketC.close();
        System.out.println("与服务器端断开网络连接,本次请求结束!");
    }

    public void setIP(String ip){
        textIp.setText(ip);
    }


    public void setPort(String port){
        textPort.setText(port);
    }
}
```

StudentClient 类实现了图形界面和网络客户端两个功能,并实现了 ActionListen 接口,以便处理图形界面的按钮动作。客户端的图形用户界面如图 25.3 所示,分成三个部分:上部是设置 IP 地址和端口号部分,中间是显示提示信息和运行结果部分,下部是查询学生操作部分。使用中间容器 JPanel 实现了组件的摆放。StudentClient 类的方法 setAction()为两个按钮添加注册事件监听器。

在 actionPerformed()方法中,首先通过 ActionEvent 对象 e 的 getActionCommand()方法获取按钮上的文本,然后通过判断此文本的值来确认用户单击的是哪个按钮,据此分别调用不同的处理方法。如果单击的是"确认"按钮,则调用 setServerIp()方法设置并保存服务器 IP 地址和端口号,并显示"设置成功"消息对话框。如果单击的是"提交"按钮,调用 queryStudent()方法,首先向服务器请求建立连接,依次调用 makeSocket()和 prepareIO()方法,然后调用 send 方法向服务器端发送查询请求,使用文本框中输入的学生姓名作为 send 方法的参数 name,最后调用 receive()方法接收服务器端响应并将输出设置为 areaDesc 的文本进行显示。

**【程序 25.9】** 编写客户端程序 TestClient.java,运行成绩查询客户端。

```
import java.io.IOException;
import net.StudentClient;


public class TestClient {
    public static void main(String args[]){
        StudentClient sc=new StudentClient("学生成绩查询");
        sc.setIP("localhost");
        sc.setPort("4331");
    }
}
```

TestClient 类的 main 方法中，直接创建 StudentClient 对象 sc，创建窗口并为按钮添加功能，实现所要求的功能。

在当前目录下使用"set classpath＝%classpath%;mysql-connector-java-5.1.39-bin.jar"命令设置 CLASSPATH 环境变量，保证数据库访问功能可以正常运行。然后分别编译服务器端程序 TestServer.java 和客户端程序 TestClient.java。运行服务器端程序结果如图 25.6 所示，运行客户端程序结果如图 25.2 和图 25.3 所示。

```
D:\program\unit25\25-2\2-3>java TestServer
2016-09-08 11:54:36 服务器启动成功，等待用户请求...
2016-09-08 11:55:42 收到用户请求，客户端地址：/127.0.0.1
2016-09-08 11:55:42 服务器端收到：张三
2016-09-08 11:55:43 服务器端发送：姓名:张三        成绩:67.0
2016-09-08 11:55:43 与客户端</127.0.0.1>断开网络连接，本次服务结束！
```

图 25.6 编译运行服务器端程序

在客户端窗口中分别设置服务器 IP 地址和端口号之后，单击"确认"按钮，再输入姓名进行查询，即可实现图 25.2、图 25.3 和图 25.6 所示的运行效果。此时服务器端显示收到的信息和发送到客户端的信息。可以运行多个客户端程序，实现多用户的网上查询。

**2. 代码分析**

至此完成了一个相对比较完整的学生成绩管理系统，学生成绩保存在服务器端的数据库中，每个学生可以运行自己的客户端，通过网络程序访问服务器，查询自己的成绩。服务器根据收到的学生姓名，从数据库中的 student 表中查询学生信息，找到后返回给客户端。完成这个功能的类组织结构如图 25.7 的包结构所示。

下面详细介绍学生查询成绩的执行过程：

第一步，运行服务器端程序 TestServer，执行 main()方法。创建 StudentServer 类对象的实例；

第二步，调用 StudentServer 类对象 stuServer 的方法 startServer()，创建 ServerSocket 类对象，启动服务器，给出提示。至此服务器启动完成，等待客户端的连接；

第三步，运行客户端程序 TestClient，执行 main()方法。创建 StudentClient 类对象的实例，显示图形界面，界面输入框内显示给定的 IP 地址和端口号。字符串"localhost"表示本机，也就是说客户端和服务器同在一台计算机上。客户端和服务器也可以不在一

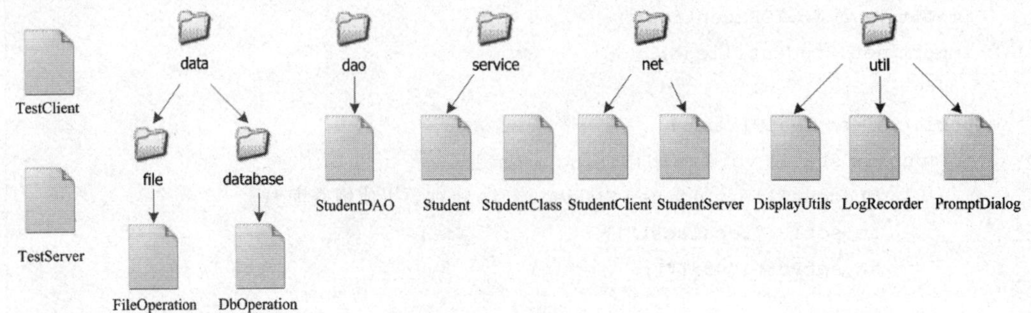


图 25.7 完整包结构图

台机器上,此时需要修改 IP 地址。

第四步,单击“确认”按钮,将输入框中的 IP 地址和端口号保存到程序中;

第五步,在“姓名”输入框中输入学生姓名,单击“提交”按钮,执行 StudentClient 类对象的按钮处理程序 queryStudent()。

第六步,方法 queryStudent()中调用 makeSocket()方法连接服务器,调用 send()方法将学生名字发送给服务器;

第七步,服务器收到客户端连接后,获取 Socket 对象 socketS,创建启动新的线程,负责与客户端进行通信;

第八步,服务器新线程执行 run()方法,调用 StudentServer 类对象的 service()方法,进一步调用 receive()方法得到客户端的学生姓名;

第九步,服务器执行 StudentDAO 类的 getByName()方法,使用给定的学生姓名从数据库中查找这个学生,找到后将学生姓名和成绩拼接成字符串回发给客户端;

第十步,客户端发送学生姓名后,调用 receive()方法等候服务器回复,收到学生信息后,显示到客户端图形界面的中间显示区,同时显示到客户端的命令窗口中。至此完成了整个学生成绩查询过程。

**3. 改进和完善**

到此为止,已实现了一个基于网络的学生成绩查询管理系统。这个系统涉及到图形用户界面、网络数据传输、I/O 操作和多线程等多个方面的内容,是一个比较综合的例子。读者可以在此基础上,根据自己的理解进一步改进和完善,逐步增加这个程序的实用性。例如,在客户端程序中,IP 地址和端口号可以单独放到一个设置界面中;设置结果可以保存在文件中;客户端的显示信息部分可以增加滚动条,每次将要显示的信息添加在末尾,前面信息的依然保留等等。也可以考虑增加服务器端功能,比如能够保存学生的排名;可以查询所有学生和学生排名;同样客户端可以查询学生排名,显示一个班级的学生成绩列表等。

## 25.3 多线程相关类库

在 Windows 系统中,线程是一段程序代码的执行,可以允许多个线程同时执行。一个 Java 程序总是从 main()方法开始运行,main()方法执行后就是一个线程,这个线程称为主线程。创建新线程有两种方法,一种是将类声明为 Thread 类的子类,另一种方法是定义实现 Runnable 接口的类。两种方法实现的类都需要重写 run()方法。Thread 类和 Runnable 接口都在 java.lang 包中,不需要单独导入。Thread 类的主要方法见表 25.1。

表 25.1 Thread 类的主要方法

| 方法声明 | 功能简介 |
| --- | --- |
| public void run() | 线程执行时运行此方法 |
| public void start() | 使该线程开始执行 |
| public static void sleep(long millis) | 在指定的毫秒数内让当前正在执行的线程休眠(暂停执行) |

Thread 的子类要重写 run()方法,在程序中调用线程的 start()方法时,由 Java 虚拟机执行新线程的 run()方法。如在程序 25.1 中的程序段:

```
SimpleMultiThread smt1=new SimpleMultiThread("Thread1");
smt1.start();
while(counter<3){
    …
    Thread.sleep((int)(Math.random()*100+100));
}
```

创建线程的另一种方法是声明实现 Runnable 接口,然后可以在测试类中创建该实现类的实例,并作为参数创建 Thread 对象,调用新建 Thread 对象的 start()方法,就会启动新线程,执行类中的 run()方法。在程序 25.3 中,SimpleMultiThread 类就实现了 Runnable 接口,主要代码如下:

```
public class SimpleMultiThread implements Runnable{
    …
    public void run(){…}
}
```

在程序 25.4 的 main 方法中,创建 SimpleMultiThread 对象 smt1,再使用 smt1 为参数创建 Thread 对象并启动新线程,主要代码如下:

```
SimpleMultiThread smt1=new SimpleMultiThread("Thread1");
…
Thread thread1=new Thread(smt1);
…
thread1.start();
…
```

通过实现 Runnable 接口来实现多线程的方式,可以使用已经继承了某个类的子类来创建线程,在实际开发中经常使用。

## 25.4 实做程序

1. 修改程序 25.8 的 StudentClient 类,IP 地址和端口号不放在主界面中,而是单独放在一个新窗口中,单击“确认”按钮弹出这个窗口进行设置。

要点提示:

(1) 修改按钮“确定”的处理程序;

(2) 使用 JFrame 创建新窗口;

(3) 新窗口的文本框中输入 IP 地址和端口号。

2. 在第 1 题基础上,设计一个文件来保存设置结果,程序每次从文件中读取 IP 地址和端口号的值,在弹出窗口中默认值为文件中保存的值,可以修改这个值,并保存到文件中。文件的格式和样式可以参考第 20 章的配置文件。

要点提示:

(1) 设计一个保存 IP 地址和端口号的配置文件;

(2) 在设置界面中可以修改 IP 地址和端口号,并将修改后的值保存在文件中。

3. 修改程序 25.8 的 StudentClient 类,在客户端的显示信息部分增加滚动条,每次将要显示的信息追加在末尾,已有的显示内容依然保留。显示内容包括客户端发送的信息和时间,服务器端回发的信息和时间。

要点提示:

(1) 中间的显示文本域可以先放到一个 JScrollPane 容器中,再放到显示区;

(2) 每次显示信息时,先取出文本域内容,加上新内容再次显示。

# 附录 A 安装配置数据库环境

本书中的数据库环境使用的是 MySQL。这是一个开源的数据库产品，可以免费使用。从 MySQL 的官网(http://www.mysql.com)下载其安装程序即可安装。

**1. 安装 MySQL 数据库**

解压 MySQL 安装程序 mysql-5.5.25-win32.zip，双击运行 mysql-5.5.25-win32.msi 文件，启动安装向导，如图 A.1 所示。

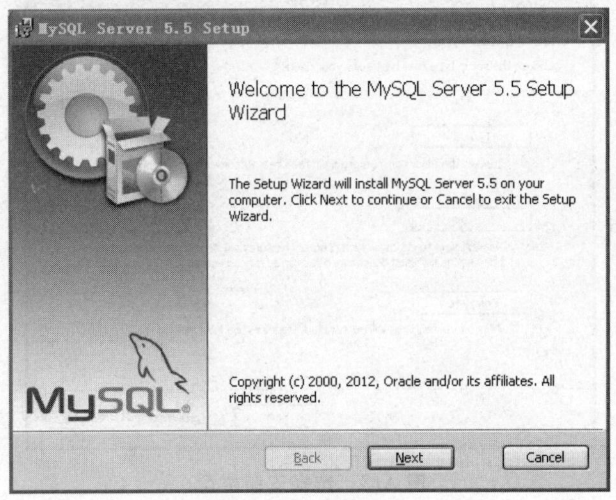


图 A.1 启动安装向导

单击 Next 按钮，选中"I accept the terms in the License Agreement"，如图 A.2 所示。

继续单击 Next 按钮，选择安装类型。一般选择 Typical(典型安装)，如图 A.3 所示。

单击 Next 按钮，进入确认界面，如图 A.4 所示。

确认设置正确后，单击 Install 按钮开始安装 MySQL，如图 A.5 所示。

安装完成后，会出现 MySQL 企业版的介绍内容，直接单击 Next 跳过即可。最后进入安装完成界面，默认选中的"Launch the MySQL Instance Configuration Wizard"可以启动配置向导，如图 A.6 所示。

**2. 配置 MySQL 数据库**

安装完成后，继续使用配置向导对 MySQL 数据库进行配置。配置向导的启动界面如图 A.7 所示。

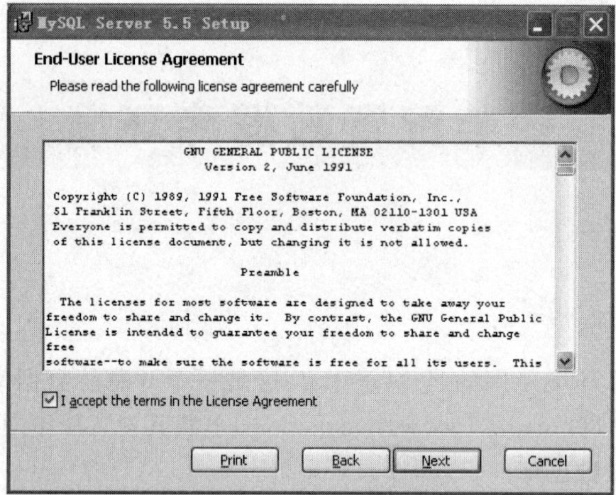


图 A.2 选择接受协议

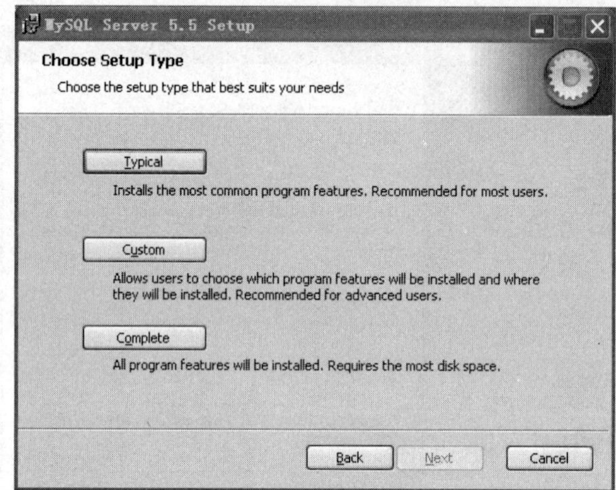


图 A.3 选择安装类型

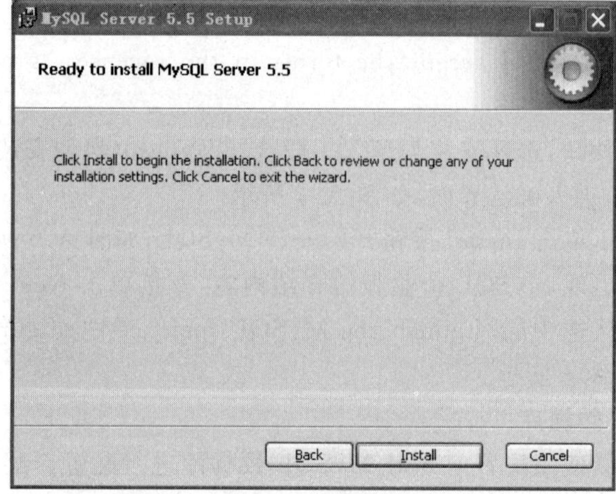


图 A.4 确认界面

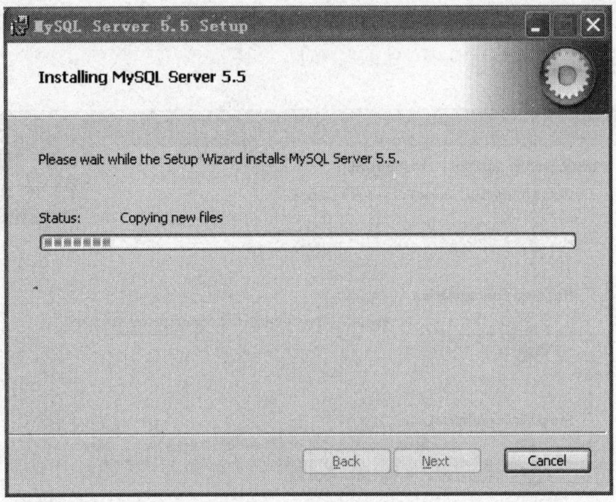

图 A.5　开始安装

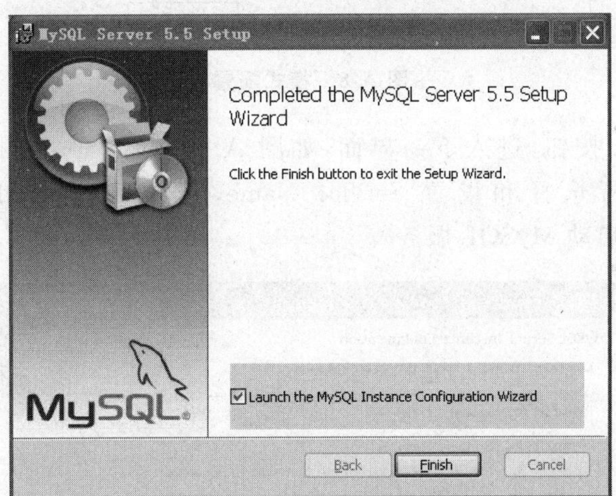


图 A.6　安装完成

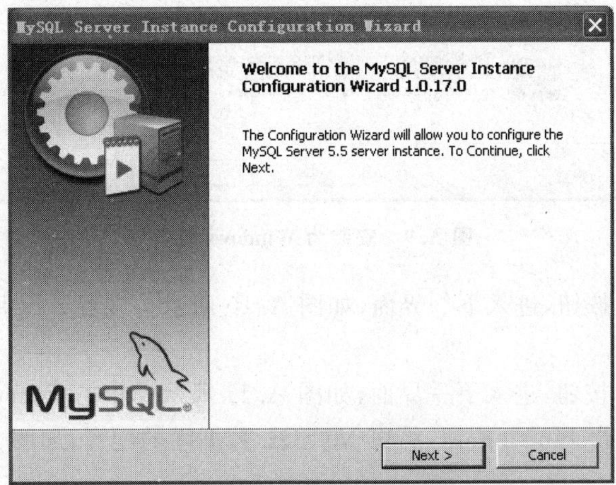


图 A.7　启动配置向导

单击 Next 按钮，进入模式配置界面，如图 A.8 所示。一般选择 Standard Configuration(标准配置模式)。

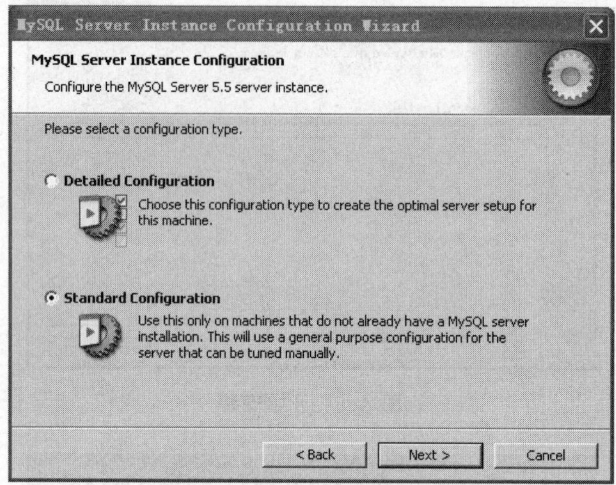


**图 A.8　模式配置**

继续单击 Next 按钮，进入下一界面，如图 A.9 所示。选择 Install As Windows Services 选项，自行选择和设置 Service Name，选中 Launch the MySQL Server automatically(自动启动 MySQL 服务)。

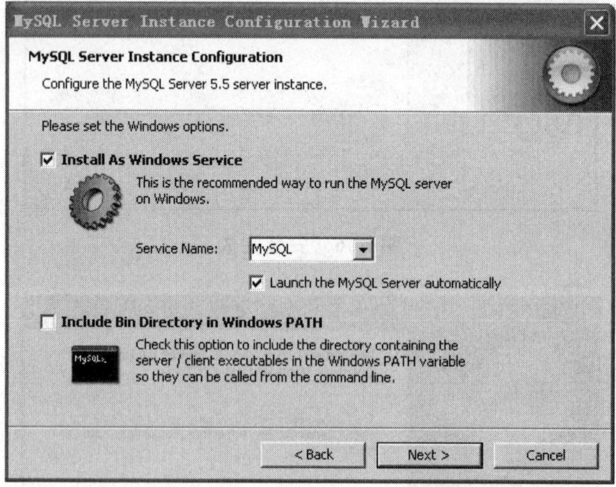


**图 A.9　安装为 Windows 服务**

继续单击 Next 按钮，进入下一界面，如图 A.10 所示。设置 root 用户的密码，此处设为 mysql。

继续单击 Next 按钮，进入下一界面，如图 A.11 所示。单击 Execute 按钮开始配置。

配置完成后，单击 Finish 按钮，结束 MySQL 数据库的配置，如图 A.12 所示。

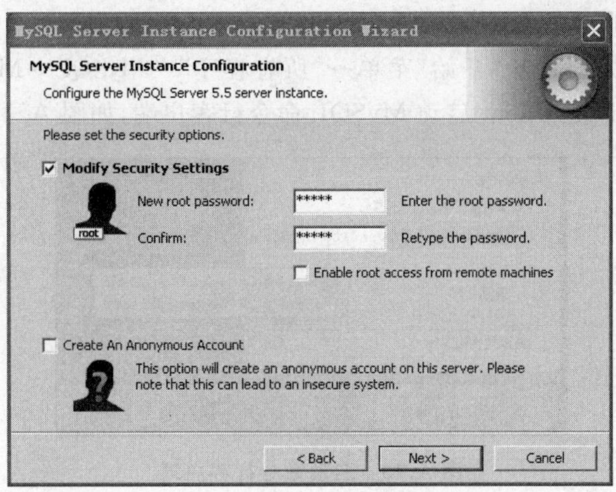


图 A. 10　设置 root 用户的密码

图 A. 11　开始配置

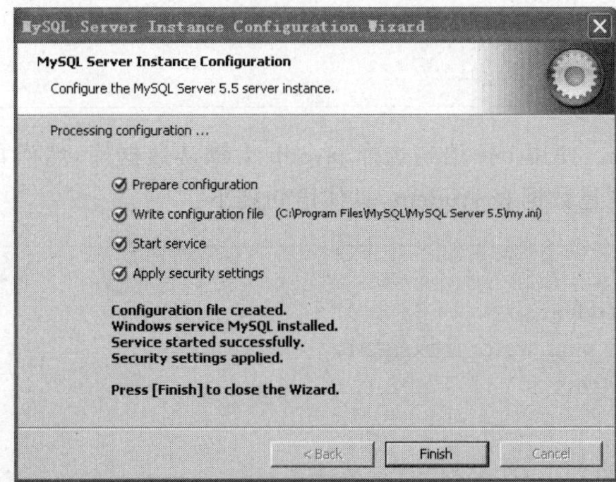


图 A. 12　配置完成

### 3. 测试 MySQL 数据库

安装和配置完成之后，从“开始”菜单→“所有程序”→MySQL→MySQL Server 5.5→MySQL Command Line Client 启动 MySQL 命令行客户端，如图 A.13 所示。

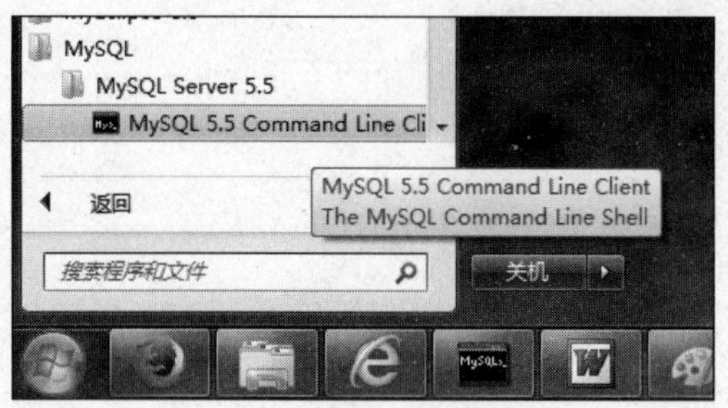


图 A.13 启动命令行客户端

输入在配置时设置的密码之后，进入命令行界面，如图 A.14 所示。

```
MySQL 5.5 Command Line Client
Enter password: *****
Welcome to the MySQL monitor.  Commands end with ; or \g.
Your MySQL connection id is 1
Server version: 5.5.28 MySQL Community Server (GPL)

Copyright (c) 2000, 2012, Oracle and/or its affiliates. All rights reserved.

Oracle is a registered trademark of Oracle Corporation and/or its
affiliates. Other names may be trademarks of their respective
owners.

Type 'help;' or '\h' for help. Type '\c' to clear the current input statement.

mysql>
```

图 A.14 命令行界面

(1) 创建数据库。使用 create database 语句创建实例数据库 javadb，具体语句如下：

```
create database javadb
CHARACTER  SET  'utf8'
COLLATE  'utf8_general_ci';
```

(2) 创建数据表。使用 use 语句选择 javadb 为默认数据库，然后再使用 create table 语句在该数据库中创建数据表 student，具体语句如下：

```
use javadb;
create table student(
  id int(11)NOT NULL AUTO_INCREMENT,
  name varchar(10),
  age int(11),
  grade double,
  PRIMARY KEY(id)
```

```
)
ENGINE=InnoDB   DEFAULT   CHARSET=utf8;
```

操作过程如图 A.15 所示。

```
mysql> create database javadb;
Query OK, 1 row affected (0.00 sec)

mysql> use javadb;
Database changed
mysql> create table student (
    ->    id int(11) NOT NULL AUTO_INCREMENT,
    ->    name varchar(10),
    ->    age int(11),
    ->    grade double,
    ->    PRIMARY KEY (id)
    -> );
Query OK, 0 rows affected (0.03 sec)
```

**图 A.15　创建数据库和数据表**

(3) 查看数据表结构。使用 desc 语句查看 student 表的结构，具体语句如下：

```
desc student;
```

操作过程如图 A.16 所示。

```
mysql> desc student;
+-------+-------------+------+-----+---------+----------------+
| Field | Type        | Null | Key | Default | Extra          |
+-------+-------------+------+-----+---------+----------------+
| id    | int(11)     | NO   | PRI | NULL    | auto_increment |
| name  | varchar(10) | YES  |     | NULL    |                |
| age   | int(11)     | YES  |     | NULL    |                |
| grade | double      | YES  |     | NULL    |                |
+-------+-------------+------+-----+---------+----------------+
4 rows in set (0.02 sec)
```

**图 A.16　查看数据表结构**

### 4. 配置 JDBC 驱动程序

可以从 http://dev.mysql.com/downloads/connector 下载 MySQL 的 JDBC 驱动文件。将驱动文件 mysql-connector-java-5.1.39-bin.jar 复制到要运行的 Java 程序所在的目录中。打开命令窗口，进入该目录，使用下面的命令设置 CLASSPATH 环境变量。

```
set classpath=%classpath%;mysql-connector-java-5.1.39-bin.jar
```

可以使用 set classpath 命令查看设置结果，如图 A.17 所示。能够看到如图中方框内的 jar 文件名，即说明 JDBC 驱动配置成功。

```
D:\program\unit23\23-2\2-1>set classpath=%classpath%;mysql-connector-java-5.1.39
-bin.jar

D:\program\unit23\23-2\2-1>set classpath
CLASSPATH=.;D:\Java\jdk1.6.0_10\lib;D:\Java\jdk1.6.0_10\lib\tools.jar;D:\Java\jd
k1.6.0_10\lib\dt.jar;;mysql-connector-java-5.1.39-bin.jar

D:\program\unit23\23-2\2-1>
```

**图 A.17　配置 JDBC 驱动**

# 附录B 推荐书目

读者学习完本书应该对Java语言有一个基本的掌握，同时能够编写一些简单的Java应用程序，如果想深入了解Java语言的各种细节，理解Java语言技术，成为Java程序设计高手，下面书籍对你会有很多帮助。

| 序号 | 书名 | 作者 | 推荐理由 |
|---|---|---|---|
| 1 | 《疯狂Java讲义》 | 李刚 | Java基础书籍，讲解详细，内容具体全面 |
| 2 | 《Java面向对象编程》 | 孙卫琴 | Java基础书籍，从面向对象角度介绍Java，讲解详细 |
| 3 | 《代码大全》 | Steve McConnell | 对程序设计中最基础的变量、类型和语句，以及最简单的程序应该如何设计有详细讲解，适合反复研读，提升程序设计能力 |
| 4 | 《Java编程思想》 | Bruce Eckel | Java学习者必读书籍，适合有一定Java基础的读者长期研读 |
| 5 | 《重构——改善既有代码设计》 | Maitin Fowler | 适合有一定Java基础读者阅读，提升对Java程序的理解，提高代码质量 |
| 6 | 《面向对象分析与设计》 | Grady Booch | 适合有一定Java基础读者阅读，提升面向对象的理解和设计能力 |
| 7 | 《UML基础与应用》 | 王养廷 | 适合UML初学者，简单明了，介绍UML基本内容，了解如何应用UML进行面向对象分析、设计和实现 |
| 8 | 《Effective Java中文版》 | Joshua Bloch | 适合有一定Java语言基础读者学习，可以深入理解Java语言及如何合理使用Java |
| 9 | 《深入Java虚拟机》 | Bill Venners | 适合想深入了解Java实现机理读者阅读，理解Java虚拟机的工作原理，更好理解Java语言 |
| 10 | 《冒号课堂》 | 郑辉 | 适合有一定面向对象功底的读者阅读，寓庄于谐，深入浅出，有助于理解语言和面向对象的真谛 |